U0965409

高等职业教育“十四五”规划教材

高等职业教育校企合作“双元”教材
高等职业教育产教融合新形态教材
甘肃省职业教育教学改革研究项目成果

猪的饲料筹划与供给

刘瑞玲　隋晓东　王香祖　主编

中国农业大学出版社
·北京·

内容简介

教材共分六个模块，分别为猪饲养标准与使用、猪饲料原料与标准、猪饲料检测与分析、猪饲料配方与筛选、猪饲料加工与设备、猪饲料供应与管理。模块设有“学习目标”“学习任务”“技能训练”“典型案例”“学习评价”“信息链接”等环节，并以任务的形式展开叙述，明确学生通过学习应达到的识记、理解和应用等方面的基本要求；有些项目的相关理论知识或实践技能，可通过扫描二维码、技能训练、信息链接等形式学习，为实现课程的教学目标和提高学生的学习效果奠定基础。

教材内容丰富，结构合理，资料翔实可靠，叙述层次分明，条理清晰，通俗易懂，现代职教特色鲜明。教材在编写过程中渗透了在教学过程中培养学生的创新能力的理念，树立以学生为中心的教学理念，加强实践教学，改革教学内容和教学模式。既可作为教师和学生开展“校企合作、工学结合”人才培养模式的特色教材，又可作为企业技术人员的培训教材，还可作为广大畜牧兽医工作者短期培训、技术服务和继续学习的参考用书。

图书在版编目(CIP)数据

猪的饲料筹划与供给 / 刘瑞玲，隋晓东，王香祖主编. --北京：中国农业大学出版社，2022.3
ISBN 978-7-5655-2724-1

Ⅰ. ①猪… Ⅱ. ①刘…②隋…③王… Ⅲ. ①猪－饲料－高等职业教育－教材 Ⅳ. ①S828.5

中国版本图书馆 CIP 数据核字(2022)第 027778 号

书　　名　猪的饲料筹划与供给
作　　者　刘瑞玲　隋晓东　王香祖　主编

策划编辑　康昊婷　　**责任编辑**　康昊婷
封面设计　李尘工作室　郑　川
出版发行　中国农业大学出版社
社　　址　北京市海淀区圆明园西路2号　　**邮政编码**　100193
电　　话　发行部 010-62733489，1190　　读者服务部 010-62732336
编辑部 010-62732617，2618　　出　版　部 010-62733440
网　　址　http://www.caupress.cn　　**E-mail** cbsszs@cau.edu.cn
经　　销　新华书店
印　　刷　涿州市星河印刷有限公司
版　　次　2022年8月第1版　　2022年8月第1次印刷
规　　格　185 mm×260 mm　　16开本　　15.75印张　　410千字
定　　价　49.00元

图书如有质量问题本社发行部负责调换

编审人员

主　编　刘瑞玲（甘肃畜牧工程职业技术学院）

隋晓东（甘肃傲农饲料科技有限公司）

王香祖（新疆农业职业技术学院）

副主编　郭　圆（内蒙古农业大学职业技术学院）

张　岩（黑龙江职业学院）

孙攀峰（河南农业职业技术学院）

编　者　（按姓氏笔画排序）

王香祖（新疆农业职业技术学院）

刘瑞玲（甘肃畜牧工程职业技术学院）

孙攀峰（河南农业职业技术学院）

张　岩（黑龙江职业学院）

张　玺（甘肃畜牧工程职业技术学院）

张玲清（甘肃畜牧工程职业技术学院）

郭　圆（内蒙古农业大学职业技术学院）

郭小会（甘肃畜牧工程职业技术学院）

隋晓东（甘肃傲农饲料科技有限公司）

审　稿　滚双宝（甘肃农业大学）

李和国（甘肃畜牧工程职业技术学院）

总　序

《国家职业教育改革实施方案》明确提出，要建设一大批校企“双元”合作开发的国家规划教材，倡导使用新型活页式、工作手册式教材并配套开发信息化资源。围绕现代职业教育“德技并修、工学结合”的育人模式，如何基于工作过程和职业岗位，深度对接行业、企业的技术标准和规范，以项目、任务、模块等为编写体例，开发适应现代职业教育校企“双元”育人和学生学习需求的新形态教材，助推课堂教学方式革新，满足多样化教学活动，提升学生学习的积极性，将是摆在职业教育工作者面前的重要任务。

现代职业教育大力推进产教融合校企“双元”育人，如何通过校企“双主体”育人和工学“双融通”教学，充分发挥其效力，提升人才培养质量，是职业院校进行人才培养模式改革创新的根本。学校和企业应当协同配合、紧密合作，基于校企“双主体”育人的专业教学标准、人才培养方案、课程教学标准，精准构建完善的课岗融通体系，编写工学结合教材，依据工作过程和职业岗位精准教学，并将教学、实习、就业融为一体，力争做到学生培养与毕业就业之间的无缝对接。

正是在这样的背景下，甘肃畜牧工程职业技术学院畜牧科技学院联合宁夏中卫正通农牧科技有限公司、兰州正大有限公司、四川德康集团北方区域公司等多家企业，以甘肃省职业教育李和国名师工作室为平台，结合教育部《“十四五”职业教育规划教材建设实施方案》和“互联网＋职业教育”发展需求，共同组织编写了畜牧兽医专业（现代养猪方向）校企“双元”系列教材。

本系列教材坚持职业教育产教融合校企双元育人的原则，努力将现代养猪企业的新技术、新工艺、新规范纳入教学内容，并以“项目、任务、模块”的形式将职业岗位标准和职业活动要素融入教材，旨在通过学校和企业、专业和课程、教师和师傅、学生和学徒等纽带，将课程标准与职业岗位、教学内容与工艺标准、教学过程与生产过程、实习实训与就业创业高度融合，把企业场景融入课堂，把企业项目搬到课堂，把企业专家请进课堂，实施“工学结合、知行合一”的精准教学模式，并按照“学生（学校）→学徒（学校＋企业）→准员工（企业跟岗）→员工（企业顶岗）”精准培养，以保证学生毕业与就业“零距离”对接，为更好地培养符合现代养猪产业发展的高素质技术技能人才奠定良好基础。

本系列教材按照现代养猪生产过程和职业工作岗位分《猪的生产工艺与设计》《猪的生物安全与管理》《猪的生产设施与设备》《猪的环境卫生与控制》《猪的饲料筹划与供给》《猪的引种繁殖与选育》《猪的饲养方法与管理》《猪病防治技术》等8本教材，由甘肃省职业教育李和国名师工作室整体规划与设计，是甘肃畜牧工程职业技术学院落实《职业教育提质培优行动计划（2020—2023年）》的重点承接任务。

本系列教材由名师工作室主持人李和国担任编委会主任，宁夏中卫正通农牧科技有限公司总经理田方担任副主任，成员主要由具备扎实理论基础和多年生产实践经验的学校教师和企业专家组成，主要包括李和国、田方、张玺、田宗祥、贺军、王玺年、苗旭、张玲清、刘瑞玲、李学钊等。我们期望通过本系列教材的发行出版，促使畜牧兽医专业课程体系与职业岗位对接、课程内容与技术标准对接，积极推广现代学徒制、企业新型学徒制等做法，普及项目式、情景式、模块式等教学方法，开阔学生的专业视野，激发学生的学习热情，提高人才的培养质量，为学生未来的职场发展积累有效经验。

李和国

2022年1月

前言

为了认真贯彻落实国发〔2019〕4号《国务院关于印发国家职业教育改革实施方案的通知》、教职成〔2020〕7号教育部等九部门关于印发《职业教育提质培优行动计划（2020—2023年）》的通知、甘政发〔2020〕38号《关于整省推进职业教育发展打造“技能甘肃”的意见》等政策文件精神，完善现代职业教育“产教融合、校企合作”的人才培养模式，切实做到专业设置与产业需求对接、课程内容与职业标准对接、教学过程与生产过程对接，中国农业大学出版社根据教育部《高等职业学校专业教学标准》，以“专业教材包”的形式，组织甘肃畜牧工程职业技术学院的教师和北京大北农科技集团股份有限公司、杨凌本香农业产业集团有限公司、宁夏中卫正通农牧科技有限公司、甘肃傲农饲料科技有限公司等大型养殖企业的技术专家，共同编写了职业教育畜牧兽医专业（现代养猪技术方向）《猪的饲料筹划与供给》《猪的引种繁殖与选育》《猪的生物安全与管理》《猪的设施设备与管理》《猪的饲养规程与管理》《猪的常见疾病与防治》《猪的生产工艺与设计》《猪的环境卫生与控制》等校企合作“双元”教材，期望为畜牧兽医专业群开展“产教融合、校企合作”的人才培养模式，提供必要的教学支撑。以专业教学标准为依据，开发系列教材，可以统筹兼顾专业课程体系，有机衔接课程教学内容，有效提高人才培养质量。

本教材的编写以职业教育畜牧兽医专业（现代养猪技术方向）人才培养方案为基础，以突出“产教融合、校企合作”为特色，遵循“理论够用”“技能突出”“技术实用”的指导思想。内容设计充分关注了学生对知识的思考、兴趣、爱好和分析问题、解决问题的能力；结构编排以“项目导向、任务驱动”为主要形式，尽可能要求开展“教、学、做”一体化的教学模式让学生置身于现场工作情景、模拟场景及仿真环境中学习，体现学习与实际工作的一致性。在教材的使用过程中，既要引导学生通过网络、图书室和课外生产实践等途径，注重学习信息资源的收集，提高学习质量，又要充分关注学生的个性、态度、兴趣、习惯、品质等方面的职业素养，促使其技术技能达到从事相应职业岗位工作所必需的要求和标准。

教材共分六个模块，模块一“猪饲养标准与使用”，介绍猪的营养需要与饲养标准、中国饲料营养成分及营养价值以及饲养标准的使用，饲养标准是设计饲料配方、制作配合饲料及规定动物采食量等内容的依据，而营养需要又是制订饲养标准的依据。运用饲养科学和饲料科学理论与技术来测定猪的营养需要，从而制订饲养标准，应用于饲养实践，进行科学饲养。模块二“猪饲料原料与标准”，介绍能量饲料、蛋白质饲料、粗饲料、矿物质饲料、维生素饲料等饲料原料的营养特性、饲用价值和质量标准，通过学习能在饲养过程中合理地选择饲料原料。模块三“猪饲料检测与分析”，介绍饲料六大概略养分的检测分析，通过学习掌握水分、粗蛋白、粗脂肪、粗纤维、粗灰分等营养指标测定的基本原理和方法步骤。模块四“猪饲料配方与筛选”，介绍配合饲料的设计原则、依据和步骤，猪全价配合饲料、浓缩饲料和添加剂预混料产品设计的方法步骤，通过学习掌握各类饲料的配方设计。模块五“猪饲料加工与设备”，介绍原料接收、清理、粉碎、配料、混合、制粒、包装等生产工艺，掌握配合饲料生产的工艺流程、设备的选择，一流的设备才能生产一流的产品。模块六“猪饲料供应与管理”，介绍饲料原料的供应、原料的质量鉴定、加工过程的质量控制、成品的质量检验及其保障体系，会制作饲料供应计划、掌握配合饲料的质量标准和相关法规，能从原料采购、配方设计、饲料生产、饲料贮藏、饲料运输等环节进行质量控制以保证配合饲料的品质。模块设有“学习目标”“学习任务”“技能训练”“典型案例”“学习评价”“信息链接”等环节，并以任务的形式展开叙述，明确学生通过学习应达到的识记、理解和应用等方面的基本要求；有些项目的相关理论知识或实践技能，可通过扫描二维码、技能训练、信息链接等形式学习，为实现课程的教学目标和提高学生的学习效果奠定基础。

教材内容丰富，结构合理，资料翔实可靠，叙述层次分明，条理清晰，通俗易懂，现代职教特色鲜明。教材在编写过程中渗透了在教学过程中培养学生的创新能力的理念，树立以学生为中心的教学理念，加强实践教学，改革教学内容和教学模式。既可作为教师和学生开展“校企合作、工学结合”人才培养模式的特色教材，又可作为企业技术人员的培训教材，还可作为广大畜牧兽医工作者短期培训、技术服务和继续学习的参考用书。

教材由甘肃畜牧工程职业技术学院刘瑞玲、甘肃傲农饲料科技有限公司隋晓东和新疆农业职业技术学院王香祖担任主编。其中模块一的任务一由王香祖编写，任务二由张玺编写；模块二、三由刘瑞玲编写；模块四、模块五（任务一、任务二、任务三、任务四、任务五）由郭小会编写；模块五的任务六由张岩编写，任务七由郭圆编写；模块六的任务一由孙攀峰编写，任务二由张玲清编写。全书由刘瑞玲、隋晓东和王香祖负责统稿，滚双宝和李和国负责审稿。同时特别感谢甘肃傲农饲料科技有限公司、西安禾丰饲料科技有限公司、江阴市考佳机械制造公司、东莞市豪顺自动化机械有限公司、东莞市宝泽机械科技有限公司提供的技术支持。

由于猪的饲料筹划与供给相关理论和技术发展很快，加之编者水平有限，时间仓促，书中错误和不妥之处在所难免，恳请广大教师、学生、同行在使用本教材的过程中提出批评和建议，以备再版时修改。

编　者

2022 年 1 月

目 录

绪 论

配合饲料是指根据动物营养需要设计饲料配方，将两种以上饲料原料按饲料加工工艺生产出来的饲料产品。“猪的饲料筹划与供给”是一门有关猪营养需要和饲养标准、饲料原料营养特点和饲用价值、饲料产品设计和加工工艺、饲料筹划供给、饲料标准与法规以及质量管理的科学。

一、饲料的有关概念

“饲料”是指能提供动物所需的营养成分，保证动物健康，促进动物生长和生产，且在合理使用条件下不发生有毒有害作用的可饲用物质。饲料是畜牧养殖业的物质基础。根据组分来源的不同，饲料分为单一饲料（一般称为饲料原料）和复合饲料（一般称为饲料产品）。通过饲料加工工艺生产的复合饲料即为配合饲料。

“饲料原料”是以某种动物、植物、微生物或矿物质为来源的饲料。

“全价饲料”是指除水分外能全部满足动物营养需要的饲料。

“浓缩饲料”是由蛋白质饲料、矿物质饲料和添加剂预混料按一定比例配制的均匀混合物。

“饲料添加剂预混料”是由一种或多种饲料添加剂与载体或稀释剂按一定比例配制的均匀混合物。

“饲料添加剂”是指为满足动物特殊营养和保健需要、改善动物产品品质以及保证饲料产品质量而加入饲料中的少量或微量物质。

“载体”是指能够承载和稀释饲料添加剂中的活性成分，改善其分散性，并有良好的化学稳定性的可饲用物质。

“稀释剂”是指与高浓度组分混合以降低其组分浓度的可饲用物质。

二、饲料产品及组分的关系

饲料产品包括配合饲料产品和混合饲料产品。猪配合饲料分为全价配合饲料、浓缩饲料和饲料添加剂预混料。浓缩饲料一般不含有能量饲料。各种饲料产品及组分的关系如下：

饲料添加剂
载体
稀释剂
} → 饲料添加剂预混料
蛋白质饲料
矿物质饲料
} → 浓缩饲料
能量饲料
} → 全价配合饲料

配合饲料产品中的浓缩饲料和饲料添加剂预混料的物理形态为粉状饲料。而全价配合饲料的物理形态则多种多样，包括：粉状饲料、颗粒饲料、膨化饲料、压扁饲料、液体饲料等，最常用的全价配合饲料是颗粒饲料和粉状饲料。

三、配合饲料工业发展概况与趋势

我国的饲料工业是一个新兴的产业。随着动物营养学、饲料科学和饲料工业技术水平的发展与提高，饲料工业得到不断深入的发展，在国民经济中发挥越来越大的作用。

1. 我国饲料工业发展的历史

20世纪50年代，随着粮油加工业的发展，一些国营畜牧场参照国外颁布的动物营养需要，生产加工所需的混合饲料。但我国的饲料工业真正起步于70年代。70年代初，我国外贸部门投资引进设备，先后在安徽蚌埠、上海虹桥和上海桃浦等地兴建了3个颗粒饲料生产车间，加工生产槐树叶粉颗粒饲料。1974年虹桥饲料车间生产的“大象牌”颗粒饲料曾远销日本、新加坡等国家。1976年，北京市自行设计、建设了我国第一座年产2万t的南苑配合饲料厂。自70年代末始，我国在从匈牙利、美国、日本、瑞士等国引进粉状、颗粒状饲料加工成套设备的同时，开始积极的研制工作，并展开了一系列的饲料科学研究，建立了专门的科研院所。1984年国务院批准颁布的《1984—2000年全国饲料工业发展纲要（试行草案）》，标志着我国饲料工业正式纳入国民经济和社会发展序列，促进了饲料工业的大发展。1989年国务院发布的《关于当前产业政策要点的决定》中，把饲料工业列为重点支持和优先发展的产业。我国饲料工业起步很晚，比经济发达国家晚了70多年。但是发展速度很快，在经历了萌芽、起步、快速发展三个阶段后，如今已初步建成了包括饲料原料工业、饲料添加剂工业、饲料机械设备制造业、配合饲料工业及饲料科研、教育、培训、监督、检测、信息等在内的完整的饲料工业体系。

全国1979年底前建成并投产的年单班产量在2 000 t以上的饲料厂仅40余座，年产配（混）合饲料39万t。1986年，我国的饲料加工企业达14 000多个，其中年产能达万吨以上的企业有160个，全年生产配（混）合饲料1 800万t。1991年，全国拥有时产1 t以上的饲料加工厂9 154个，其中时产5 t以上的有685个，全年饲料产品总产量已达3 590万t。而到1998年，我国拥有时产1 t以上的饲料加工企业1.24万家，其中时产5 t以上的饲料加工企业1 792家，全国饲料加工产品的总产量达到6 500万t。2010年，我国饲料总产量1.62亿t，首次成为世界第一大饲料生产国。2015年，我国饲料加工企业数量8 508家，全国饲料总产量达2亿t。2018年，我国饲料加工企业为12 536家，全国饲料总产量达到2.28亿t，同比增长2.79%。我国饲料工业总产值不断上升。

2. 饲料工业发展的意义

（1）促进畜牧业的发展　养殖业中饲料成本约占70%。饲料工业的发展及科学配合饲料和饲料添加剂的研制应用提高了饲料转化率，大幅度降低了动物生产中的饲养成本，为养殖业获得良好的社会效益和经济效益奠定了坚实的科学基础。畜牧业在饲料工业的强大支持下得到迅猛发展，畜牧业在农业中的比重稳步上升。我国是肉类生产和消费大国，肉类总产量占世界总产量1/3左右，其中猪肉占到1/2以上。根据国家统计局数据，2018年我国肉类总产量8 517万t，其中，猪肉产量5 404万t。这一切说明了饲料工业的发展必然促进畜牧业特别是现代畜牧业的发展。

(2)有效地节约了粮食　畜禽饲喂配合饲料比饲喂单一饲料可节粮25%左右。全国生产配合饲料6 000万t，由此大约可节粮1 500万t。畜牧业的发展使得人均动物蛋白量增加，间接地节约了粮食。饲料工业的发展还促进了各类资源的综合开发利用，变废为宝，减轻了环境污染。

(3)带动了广大农民勤劳致富　由于使用配合饲料，结合畜禽良种的推广，养殖业的生产过程加快，生产周期缩短，畜产品的产量增加，质量提高，从而给养殖业带来巨大的经济效益。大批的农村养殖户因此而成为富裕户。预计到2024年，我国畜牧业产值超过3.2万亿元。

(4)拉动国民经济的发展　饲料工业的发展不仅推动种植业、养殖业和农业产业化的发展，而且还带动化工、医药、机械制造、轻工、地矿和商业等许多相关行业的发展，有效地促进了国民经济持续、快速和健康发展。2018年我国饲料工业总产值达8 870亿元，连续8年位居世界第一，约占全球总产量的1/4，在世界饲料产业中发挥着越来越重要的作用。饲料工业已成为我国国民经济中的一个重要支柱产业。

3. 我国饲料工业发展的现状

(1)产量持续增长　我国饲料产量连续九年居世界第一，据中国饲料工业协会数据显示，2019年我国饲料产量达2.29亿t，同比增长0.43%。2020年1～9月份，猪饲料产量排名第二，占比32.03%。按照我国饲料产量不断增长态势，预计到2022年，我国饲料产量将达3.19亿t，同比增速为1.91%。

(2)产品结构逐步调整优化　饲料产品结构进一步优化，高附加值的添加剂预混料和浓缩饲料产品比例大幅度提高。目前全国有配合饲料、浓缩饲料、精料补充料、添加剂预混合饲料等加工企业近10 000家，饲料添加剂生产企业约1 800家。2020年，工业饲料总产量达到2.2亿t。其中，按产品类别分，配合饲料2亿t，浓缩饲料1 200万t，添加剂预混合饲料800万t。饲料产品结构的变化一方面适应了养殖业产品结构调整的需要；另一方面也促进了养殖业的结构优化。

(3)饲料产品的质量管理体系不断完善，产品质量稳步提高　国务院《饲料和饲料添加剂管理条例》和农业农村部制定的管理办法的修订，使得饲料产品的标准体系和技术规章体系日趋完善。新版《饲料添加剂安全使用规范》，使饲料添加剂安全使用有了依据。新版《饲料卫生标准》涵盖5类24个有毒有害项目、164个技术指标，80%达到全球最严的欧盟标准水平，使产品卫生质量有了保障。通过原料、生产条件、产品、贮藏过程、运输、使用过程质量控制等，严把质量关。

(4)企业规模和组织结构集团化、一体化以及所有制结构的多元化　饲料工业生产集中度不断提高，产销量向优势企业和名牌产品集中。为发挥规模效益和综合优势，集中使用人、财、物，提高竞争能力，一些优势企业通过联合、兼并、租赁、承包、改建、扩建等措施，滚动发展，低成本扩张，形成集团化企业，如四川希望集团、上海大江集团、大北农集团等。与此同时，饲料业和养殖业及相关产业之间互相联合、渗透，一体化经营趋势进一步增强。一些饲料企业实行以饲料工业为龙头，原料生产、饲料加工、畜禽饲养、食品加工及产品销售一条龙的一体化趋势。饲料企业所有制结构的多元化更加明显，私营企业、乡镇企业、三资企业等大量涌现，成为饲料企业的重要力量。许多国有企业已逐步完成改制，由单一投资主体变成多元投资主体，如股份有限制、股份合作制、有限责任制等。

(5)饲料的安全性日益被重视　饲料的安全性直接关系到动物食品的安全，进而影响到人们的健康。新饲料、饲料添加剂的安全性和有效性不十分清楚就投产，给养殖业生产和人体健康带来了难以预料的影响。饲料、饲料添加剂的进口缺乏有效管理制度，致使外国企业将一些本国不允许生产和使用的饲料、饲料添加剂出口到我国。部分饲料产品中有害残留超标严重。假劣饲料、饲料添加剂的流通销售，影响养殖业安全生产和发展。目前，国际上对饲料的安全性予以高度重视，许多国家更加强化了在饲料安全问题上的监管。我国也随着消费者对食品健康安全的意识增强，对饲料的安全性日益关注，政府顺应消费者和国际大趋势的要求，加强了饲料产品安全性的立法和检测。

(6)饲料机械制造业取得长足发展　近年来饲料机械制造企业加强新产品开发和技术改造步伐，新产品层出不穷，改变了过去某些关键设备依赖进口的局面。饲料机械制造业形成系列产品，配套能力增强，制造企业对主产品形成系列配套，可生产系列化粉碎设备，配料计量设备、混合设备、制粒设备、膨化设备、电控设备、输送设备等。饲料机械主机设备质量不断提高、饲料机械向大型化和生产自动化发展。在激烈的市场竞争中，涌现出一批产品质量好、技术先进、竞争能力强的知名企业，代表了我国饲料机械制造业的发展水平。

4. 我国饲料工业存在的问题

(1)饲料蛋白质资源缺口大　我国蛋白质资源贫乏，一直存在较大的缺口。尽管随着饲料种植从粮食种植中分离出来，蛋白质饲料资源开发利用水平不断提高，蛋白质饲料短缺的矛盾有所缓解。但是蛋白质饲料原料仍然供不应求。

(2)饲料添加剂工业薄弱　我国饲料添加剂工业在快速发展的同时也存在一些问题，产品品种少、数量少。我国饲料添加剂工业的发展明显滞后于饲料工业的发展，不能完全满足饲料工业的需求，有些饲料添加剂，如蛋氨酸、色氨酸、苏氨酸等现在还基本依赖进口；技术落后、力量薄弱、研发滞后于需求，新品种、新剂型饲料添加剂研究开发缓慢；缺少创新，仿制为主；条块分割、各自为战，重复研究多，造成资源浪费；缺少行业标准，形成监管漏洞和误区，从而导致食品安全问题；生产企业数量多，规模小等。解决以上问题需要国家制定相应的行业标准，建立饲料添加剂安全标识与追溯制度；企业应积极进行技术改革和产品创新，开发符合市场需求的产品，向规模化方向发展，实现规模效益；科研机构应走产、学、研相结合的路子，开发出适应市场需要的产品等。

(3)需加强饲料原料、饲料产品流通环节的管理　有些地区和企业原料采购渠道不畅，对饲料生产造成一定的影响。饲料原料的自由采购得不到有关法规和部门的支持，使得饲料企业原料需要量无法满足，饲料原料价格提高导致饲料产品成本加大。同时由于饲料产品流通环节的薄弱，一方面给假劣产品进入市场提供了机会；另一方面随着饲料产品品种和数量的增加，饲料加工企业间的竞争日趋激烈，饲料产品的销售越来越依靠中间的流通环节，需要靠完善的市场机制使饲料的生产者、经销者和使用者在利益分配上趋于合理。

(4)缺乏行业管理手段，宏观调控乏力　国家和各省区均设立了饲料工业行政管理机构，制定了“饲料管理办法”，发挥了行业管理的职能作用。但由于我国饲料工业兴起晚，发展快，宏观调控手段和行业管理体系的建设滞后于行业发展的需要。饲料工业是涉及医药、化工、矿产、畜牧等多个行业的综合性产业，尚缺乏强有力的宏观调控机构和职能手段，无法对各个行业行政管理部门进行协调统一集中力量解决问题。

5. 我国饲料工业发展的趋势

(1)饲料工业继续保持发展势头　国家继续实行积极的财政政策和稳健的货币政策，保持国民经济持续健康发展。同时，采取综合措施增加农民收入，进一步扩大内需。国内养殖业市场前景广阔，将给饲料工业发展带来新的增长空间。

(2)结构调整步伐加快　我国饲料工业产量继续增长，但产品结构、企业结构的调整将加快。在产品结构方面，浓缩饲料和预混料比例持续增长，配合饲料中全价颗粒饲料的比重加大。饲料添加剂的发展步伐将进一步加快。随着养殖业产品结构的调整，饲料产品的结构也不断调整。在企业组织结构方面，大型化、集团化、一体化趋势进一步增强，品牌效应和规模效应更加显著，生产集中度明显提高。

(3)饲料的科技含量日益提高　从发展可持续饲料工业的长远角度，环保性饲料、生物饲料将不断得到开发、推广及应用。能减少环境污染，对畜禽和人类安全无害，改善畜禽产品品质的饲料将受到人们的欢迎。基因工程、发酵工程、酶工程、精细化工等技术将在饲料产品的开发中发挥越来越大的作用。饲料工业的基础研究将不断深入。在饲料原料方面，将重视开发新型高蛋白质饲料，提高现有饲料资源利用率。同时，将加强动物营养基础问题的研究，特别是单胃动物氨基酸利用率和理想氨基酸平衡模式，完善和提出新的畜禽营养标准。

总之，饲料工业的发展将有许多机遇，也面临严峻挑战。只要我们能及时认清我国与世界经济发展形势，把握养殖业与饲料业的运行脉搏，树立质量、信息与市场观念，我国的饲料业仍将有无限的发展前景。

四、猪的饲料筹划与供给的内容和任务

“猪的饲料筹划与供给”是一门交叉学科，它是汇集了动物营养学、饲料学、机械加工工艺、计算机应用技术、兽医药理以及企业管理等多学科知识而形成的一门新兴学科。

本书中模块一“猪饲养标准与使用”，介绍猪的营养需要与饲料标准、中国饲料成分及营养价值表以及饲养标准的使用；模块二“猪饲料原料与标准”，介绍能量饲料、蛋白质饲料、矿物质饲料等饲料原料的营养特性、饲用价值和质量标准；模块三“猪饲料检测与分析”，介绍饲料六大概略养分分析；模块四“猪饲料配方与筛选”，介绍配合饲料的设计原则、依据和步骤，猪全价配合饲料、浓缩饲料和添加剂预混料等产品设计的方法步骤；模块五“猪饲料加工与设备”，介绍原料接收、清理、粉碎、配料、混合、制粒、包装等生产工艺；模块六“猪饲料供应与管理”，介绍饲料原料的供应、原料的质量鉴定、加工过程的质量控制、成品的质量检验及其保障体系。

“猪的饲料筹划与供给”是畜牧兽医专业、畜禽智能化养殖专业、动物营养与饲料专业开设的专业基础课程，与其相关的专业基础课有动物生物化学、动物营养学和生物统计学等。

“猪的饲料筹划与供给”课程的任务是使学生掌握饲料营养特性、合理利用各类饲料原料，根据猪饲养标准要求，设计、配制和生产加工各种高质量的配合饲料产品，并会进行饲料筹划与供给。

模块一

猪饲养标准与使用

学习目标

1. 掌握营养需要的概念;了解营养需要的表示方法及其测定方法。

2. 学习并掌握动物生产中维持的概念和意义,确定维持营养需要的基本方法和影响维持营养需要的因素。

3. 学习动物生长发育和养分沉积的规律及其影响因素,掌握生长肥育动物对各种养分需要量的确定原理及方法。

4. 学习繁殖动物(以母畜为主)配种前后及妊娠期母体及胎儿的营养生理规律,掌握妊娠母畜营养需要的特点及需要的模型;了解其他生产营养需要的特点。

5. 了解饲养标准的概念,所包含的内容,各种营养指标的含量及度量;掌握饲养标准在生产中的应用。

学习任务

任务一　猪营养需要与饲养标准

营养需要指的是每一动物每天对能量、蛋白质、矿物质和维生素等养分的需要,饲养标准则是动物所需的一种或多种养分在数量上的叙述或说明。在实际应用中,饲养标准是设计饲料配方、制作配合饲料及规定动物采食量等的依据,而营养需要又是制订饲养标准的依据。运用饲养科学原理和饲料科学理论与技术来测定动物的营养需要,从而制订饲养标准,应用于饲养实践,实为进行科学饲养,是发展饲料工业、畜牧业和养殖业生产及动物疾病防制等所必需的。

二维码 1-1　营养需要与饲养标准

一、概述

动物在生存和生产过程中必须不断地从环境中摄取营养物质,在养殖业生产中,饲料是生产投入的最主要组成部分。从经济效益考虑,总是希望以较少的饲料消耗来获得较多的动物产品,然而实际上真正参与动物体内代谢，对动物的生命和生产起作用的是饲料中的各种养分或营养物质。所以，弄清各种动物都需要哪些营养物质，不同种类的动物在不同生理状态、不同生产水平及不同环境条件下各种营养物质的需要量，以及各营养物质之间存在什么关系等问题，是控制动物体与环境之间营养物质的供求关系，最大限度地发挥动物生产能力的一个重要前提。

畜禽因种类、品种、年龄、性别、生长发育阶段、生理状态及生产目的不同，对营养物质的需要也不相同。畜禽从饲料中摄取的营养物质，一部分用来维持正常体温、血液循环、组织更新等必要的生命活动，另一部分则用于妊娠、泌乳、生长、产肉等生产活动。因此，畜禽的营养需要是指每天每头畜禽对能量、蛋白质、矿物质和维生素等营养物质的需要量。

总营养需要＝维持营养需要＋生产营养需要

详细剖析，则应如下公式所示：

$$R=aW^{0.75}+cX+dY+eZ$$

式中：R——某一营养物质的总需要量；

W——自然体重(kg)；

$W^{0.75}$——代谢体重(kg，自然体重的 0.75 次方称为代谢体重)；

a——常数，即每千克代谢体重该营养物质需要量；

X,Y,Z——不同产品(如胚胎、体组织、奶等)里该营养物质的数量；

c,d,e——利用系数。

二、营养需要量的表示方法

1. 按每头动物每天需要量表示

这是传统饲养标准表述营养定额所采用的表达方式。需要量明确给出了每头(只)动物每天对各种营养物质所需要的绝对数量。对动物生产者估计饲料供给或对动物进行严格计量限饲很适用。猪的饲养标准也采用这种表示方法。如 NRC(1998)中 20～50 kg 阶段的生长猪，每天每头需要消化能为 26.4 MJ，钙为 11.13 g，总磷为 9.28 g，维生素 A 为 2 412 IU。

2. 按单位饲粮中营养物质浓度表示

这是一种用相对单位表示营养需要的方法，该表示法又可分为按风干饲粮基础表示或按全干饲粮基础表示。“标准”中一般给出按特定水分含量表示的风干饲粮基础浓度，如 NRC 的“需要”按 90％的干物质浓度给出营养指标定额。按单位浓度表示营养需要，对饲养动物、饲粮配合、饲料工业生产全价配合饲料十分方便。猪饲养标准一般都列出按这种方式表示的营养浓度。

3. 按单位能量浓度表示

这种表示法有利于衡量动物采食的营养物质是否平衡。

4. 按体重或代谢体重表示

这种表示法在析因法估计营养需要或动态调整营养需要或营养供给中比较常用。按维持加生长或生产制定营养定额的“标准”中也采用这种表达方式。“标准”中表达维持需要常用这种方式。

5. 按生产力表示

这是动物生产单位产品所需要的营养物质数量的表达方式，例如母猪带仔 10～12 头，每天需要消化能为 66.9 MJ。

三、测定动物营养需要的方法

1. 综合法

采用饲养实验、代谢实验及生物学方法笼统确定某种畜禽在特定生理阶段、生产水平下对某一养分的总需要量。但不能剖分构成需要的各种成分，无普遍的指导意义。

2. 析因法

将“维持需要和生产需要”分开，分别测定，各项需要之和即为营养总需要量。析因法能剖分出构成需要的成分及养分利用效率，是建立营养需要动态模型的典型方法，具有普遍的指导意义。但必须清楚养分利用途径和效率时，难度大，不适合大多数微量养分需要量的确定。

综合法确定的需要量大于析因法；析因法具有更大应用前景；综合法可用于验证析因法结果。

四、维持营养需要的概念与意义

1. 概念

维持是指动物体重不增不减，不进行生产，体内各种养分处于收支平衡的状态。动物处于维持状态下对能量、蛋白质、矿物质和维生素等的需要，称为维持需要。维持需要用于：维持体温；维持各种器官的正常生理机能；维持一定量的自由活动。

2. 意义

维持需要是全部非生产性活动所消耗的养分总和，在经济上没有收益，属于无效需要，但是动物只有在维持需要得到满足之后，多余的营养物质才会用于生产，可见维持需要是动物进行生产的前提条件，是必需的。

维持需要的量不是固定不变的，生理状态、生产性能及生活环境等许多因素对维持需要量都有影响，例如在低温环境中动物就要消耗较多的能量来保持体温，所以用于维持支出的能量就要多。由此看来，用于维持消耗的营养物质的比例越大，饲料转化率就越低，反之，用于生产的营养物质的比例越大，畜禽产品、产量及饲料转化率也就越高。因此，我们研究畜禽维持需要的主要目的在于尽可能减少维持营养需要量的份额，增大生产需要量的比例，最有效地利用饲料能量和各种营养物质，以提高生产的经济效益。例如：在畜禽生产潜力允许范围内，增加饲料投入，可相对降低维持需要从而增加生产效益，另外，减少不必要的自由活动，加强饲养管理和注意保温等措施，也是减少维持营养需要量提高经济效益的有效方法。

五、影响维持需要量的因素

1. 年龄和性别

幼年动物单位体重的维持需要量高于成年动物；公畜单位体重的维持需要量高于母畜。

2. 体重和体型

体重越大，维持需要量越多。单位体重而言，体型小的动物维持需要量较体型大的动物高，这是因为体型小者，单位体重所具有的体表面积大，散热多，故维持需要量也多。

3. 动物品种和生产水平

不同品种，维持需要不同，生产性能越高，单位体重的维持需要量越高，维持需要占总营养需要的比例越低。

4. 环境温度

畜禽都是恒温动物，当气温下降到临界温度且风速大时，畜禽的散热量显著增加，为了维持体温恒定，必须加速体内物质氧化以增加产热量，在这种情况下，维持的能量需要就成倍增加，当气温达到过高温度时，畜体的散热受阻，这时由于体内蓄热而致体温升高，使呼吸与循环加速，也会增加代谢消耗。不同年龄个体，都有各自的等热区，处于等热区内，其代谢率最低，维持能量消耗最少，故维持营养需要量最低。生产中要给予适当温度，冬季防寒、夏季防暑。

5. 活动量

由于维持状态下的能量需要是基础代谢产热量与自由活动产热量的总和。因此，自由活动量越大，则用于维持的能量就越多；反之若活动量越小，则用于维持的能量就越少，所以育肥猪要适当限制其活动，可节省维持需要的消耗。

6. 被毛厚度

动物的被毛状况对维持能量需要的影响也颇为明显。

7. 饲养管理制度

个体饲养的家畜受低温影响较大，家畜在寒冷季节，加大饲养密度可互相挤聚以保持体温，减少体表热能散发，从而节省能量消耗。生产中，冬季肥猪大圈群饲对保温是有效的。厚而干燥的垫草和保温性能良好的地面也可以减少能量消耗。

六、维持营养需要的估计

1. 维持能量需要

维持状态下对能量的需要是用于基础代谢、自由活动及体温调节的能量消耗。

基础代谢是指体况良好的动物在适宜温度条件和休息（但非睡眠状态）状态下，禁食 24 h 的能量代谢。此时的能量消耗仅用于维持生命的最基本活动。动物的基础代谢量与其体重有关，大量实验证明，它是体重 0.75 次方的函数，每千克代谢体重每天需要 293 kJ 能量，即：

$$\text{基础代谢能量(净能,kJ/d)} = 293 \times W^{0.75}$$

畜禽的维持能量需要，除了包括基础代谢能量消耗外，还包括非生产性自由活动及环境条件变化所引起的能量消耗。此外，还应充分考虑妊娠等状态下畜禽基础代谢加强所引起的营养消耗增加的部分。所以，根据基础代谢估测畜禽维持能量需要，可用公式表示为：

$$\text{维持能量需要(kJ)} = 293 \times W^{0.75} \times (1 + a)$$

式中：a 为畜禽自由活动的能量消耗率。

在生产条件下，维持能量需要在基础代谢能量基础上母猪增加20%，公猪增加45%。

2. 维持蛋白质需要

动物维持时氮的消耗包括内源尿氮（绝食时的尿氮），代谢粪氮（采食无氮饲粮时粪中排出的氮）和成年动物毛发、蹄角、皮肤的增长，代谢粪氮主要是唾液、消化酶及消化道脱落的细胞所含的氮，在维持状态时，蹄爪等表皮组织的更新需要蛋白质极微少，一般略去不计，所以，维持对蛋白质的需要量就可概括为内源尿氮和代谢粪氮的总和。

根据多种动物的反复试验，内源尿氮与基础代谢一样，与动物的代谢体重有关，所以它与能量代谢之间存在着一定的数量关系，经测算，每1 kcal基础代谢相应的内源尿氮量为2 mg，相当于0.48 mg/kJ。

3. 维持矿物质需要

在动物维持生命的各种过程中，矿物质的代谢十分活跃，即使在绝食状态，也进行着矿物质代谢，但与其他营养物质不同，矿物质经过代谢后，并没完全消耗，例如，甲状腺素和血红蛋白分解时，分别释放出其中的碘和氟，这些元素大部分能被重复吸收和利用。胃液中的氯在肠道中又被吸收，但重复利用是完全的。经常有一部分物质如钙、钠、镁、钾、磷等经粪、尿和汗排出，这部分损失须由饲料予以补充。

在各类动物中，关于钙和磷的研究进行得较多，近年观点认为，钙、磷的维持需要量基本上与所需的能量呈正比。一般维持时每1 484 kJ净能，需钙1.25～1.26 g，需磷1.25 g。

4. 维持维生素需要

目前一般认为，脂溶性维生素的需要量与体重呈正比。维生素A的需要量为每100 kg体重每日6 600～8 800 IU或胡萝卜素6～10 mg，维生素D的需要量为每100 kg体重每日90 IU。

生产需要同维持需要一起，构成了畜禽总的营养需要。猪生产需要是指生长、肥育、繁殖、泌乳等所需的养分与能量，不同畜禽可能在同一时期进行一项或多项生产。

七、繁殖种公猪的营养需要

1. 繁殖与营养

动物的繁殖过程中包括两性动物的性成熟、性欲与性机能的形成，维持精子与卵子的形成，受精过程，妊娠及雌性动物哺养和产前准备等许多环节，任何一个环节都可因营养不适而受到影响。很多繁殖障碍诸如性成熟期延迟、发情不正常，配种能力差，精液数量少、质量低、排卵少、受胎率低、流产、胚胎发育受阻等都可由营养问题引起。所以，提供适宜的营养条件，是保证和提高动物繁殖能力的基础。

2. 种公猪的营养需要

正确饲养的种公猪应保持良好的种用体况及较强的配种能力，即精力充沛，性欲旺盛，能产生量多质优的精液。日粮中各种营养物质的含量，无论对幼年公猪的培育或成年公猪的配种能力都有重要作用。

（1）能量的需要　能量供给不足，对幼年公猪的育成或成年公猪的配种性能均会产生不良影响；反之，能量供应过多则会造成种公猪过肥，其危害性更为严重。通常，种公猪的能量需要大致按其维持需要量的基础上增加20%左右。

(2)蛋白质的需要　日粮中缺乏蛋白质，会影响公猪精子的形成，致使射精量减少，但日粮中蛋白质过多，会不利于精液品质的提高。合理的蛋白质应是在维持需要的基础上增加60%～100%。

(3)矿物质的需要　种公猪日粮中不但要满足能量和蛋白质的需要，同时还要供给各种矿物质元素，影响种公猪精液品质的矿物质元素有钙、磷、钠、氯、锌、锰、碘、钴、铜等，特别应注意铜、锌的供给。

(4)维生素的需要　影响繁殖的维生素有维生素A、维生素D、维生素E。种公猪每千克风干饲料中应含维生素A 3 500 IU或胡萝卜素14 mg、维生素D 177 IU。

3. 繁殖母猪的营养需要

(1)母猪妊娠前营养需要特点　对配种前的母猪的基本要求是身体健康、按期发情、正常排卵、受胎率高。

①后备母猪。后备母猪处于生长阶段，容易因营养不良引起生长缓慢和初情期延迟，从而影响繁殖力的发挥。而高营养水平，可使初情期出现较早，但受胎率低，不育淘汰率较高。

②经产母猪。经产母猪在配种前应根据不同情况调节营养水平，对于在前一繁殖期中产仔多，泌乳量高，干奶后体况较差的母猪，在配种前可采用“短期优饲”的方法饲养，即在配种前的较短时期内(1～20 d)提高饲粮能量水平(至少给母猪以高于维持需要50%～100%的能量)，以提高其排卵数。对于体况较好的经产母猪，在配种前可按维持需要的营养水平饲养。避免过肥，因为过于肥胖也会降低其繁殖力。

(2)妊娠母猪营养需要特点

①妊娠合成代谢。母体妊娠后，甲状腺和脑下垂体等一些内分泌腺的分泌机能加强，胎儿的生长发育对养分的需要量不断增加。从而使母体的物质和能量代谢明显提高，在整个妊娠期间，母体的代谢率平均增加11%～14%，妊娠后期增加的幅度更大，可达30%～40%。

妊娠母体内具有较强的贮积营养物质的能力。在饲喂同样饲粮条件下，妊娠母体的增重高于空怀母体这种现象称为妊娠期合成代谢。

②增重内容。母猪妊娠期的增重内容包括胎儿生长、子宫及其内容物、乳腺及母体增生等。

胎儿的生长系非均衡性生长，即妊娠前期胎儿生长缓慢，中期生长逐渐加快，后期生长最快。胎儿重量主要在妊娠后1/3或1/4时期所增长。子宫及其内容物的增长速率与胎儿生长速率同步，前期慢，后期快。

(3)妊娠母猪各种养分的需要

①能量。从母体的能量沉积和代谢变化看，妊娠母猪的能量需要应随妊娠期的延长而逐渐增加，但目前，关于妊娠母猪的能量需要标准规定的颇为精确，并且变化很大。我国的猪饲养标准将妊娠期分为前后两个阶段分别对待，一般前期可在维持需要基础上增加20%左右，后期每天增加1.4 MJ消化能。

②蛋白质。妊娠期蛋白质的需要也随妊娠的延长而增加，对于体重在120～150 kg的母猪，在妊娠前期每天应需210 g粗蛋白质，妊娠后期每天增加80 g。

③矿物质和维生素。妊娠母猪对矿物质和维生素的需要量也有所增加。

八、生长家畜的营养需要

生长期是指从出生到性成熟为止，包括哺乳和育成两个阶段。在这段时间内，家畜的物质代谢十分旺盛，同化作用大于异化作用。根据家畜生长发育规律，提供适宜的营养水平，是促进幼畜生长、培养出体型发育和成年后生产性能均良好的后备家畜的重要条件之一。

1. 生长的概念

生长是指动物通过机体的同化作用进行物质积累，细胞数量增多和组织器官体积增大，从而使动物的整体体积及重量增加的过程。

生长过程包括体尺增长，体重增加；细胞增殖与增大、组织器官发育与功能日趋完善；化学成分积累。

生长的概念包括生长与发育，生长实质上是动物体重量和体积的增加，它是以细胞增大和分裂为基础的量变过程；如动物体重由小变大，体高由低变高等。发育则是动物体组织内在特性上的变化，它是以细胞分化为基础的质变过程。生长和发育既不能混淆，也不能截然分开，生长是发育的物质基础，没有生长就不可能有发育，而发育又促进了生长，并可影响生长的方向。因此，生长是动物发挥潜在生产性能的基础，幼龄时期生长发育不良的动物将会直接影响其生产性能包括肥育、繁殖、泌乳等的充分发挥。

2. 生长的规律

(1)体重　家畜在生长过程中，前期生长速度较快，随着年龄的增长，生长速度逐渐转缓，生长速度由快向慢有一转折点，称为生长转缓点。

根据动物的生长规律，在饲养实践中应充分利用动物的生长前期，即利用动物达到生长转缓点前生长速度快的特点，加强饲养促进其生长发育，以获得较大的生产效益。其次，应根据公、母畜生长率不同的特点，在饲养上自幼龄时期开始即应区别对待，即公畜的营养水平应略高于母畜。

(2)体组织　骨骼、肌肉和脂肪的增长与沉积具有一定的规律性，即生长初期以骨骼生长为主，其后肌肉生长加快，接近成熟时脂肪沉积增多乃至生长后期则以沉积脂肪为主。动物体内肌肉、骨骼、脂肪三者的增长阶段并非截然划分，而是相互重叠，同时增长，只是在不同生长阶段其生长重点不同。根据这一规律，在生长早期重点保证供给幼畜生长骨骼所需要的矿物质；生长中期则满足生长肌肉所需要的蛋白质；生长后期必须供给沉积脂肪所需要的碳水化合物。因此，畜体骨骼、肌肉与脂肪的增长和沉积尽管同时并进，但在不同阶段各有侧重(图 1-1)。传统畜牧业的“肥育”概念，意指动物体内脂肪的沉积，然而，近代畜牧业的主要任务是生产动物蛋白。例如：瘦肉型猪即是以增长蛋白质为主，应适当限制碳水化合物的供给，并在蛋白质沉积高峰过后屠宰。

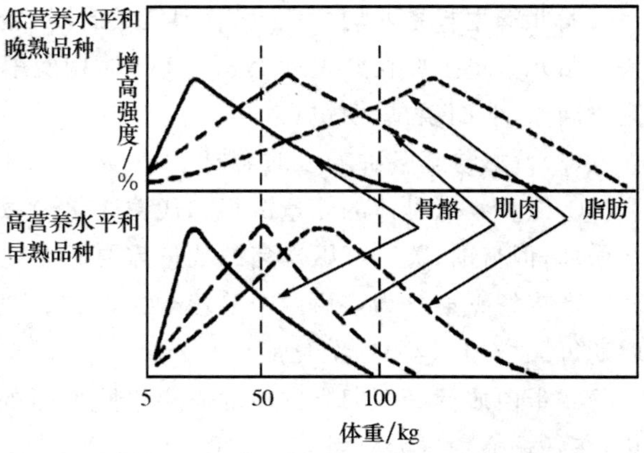

图 1-1　猪的骨骼、肌肉与脂肪的增长顺序与强度

(3)部位　动物在生长期间,各部位的生长速度并不一致,某些部位在生长早期生长速度较快,而某些部位则在晚期生长速度较快。各种动物其各部位的生长均有一定的转移规律,例如:头、腿因属于早熟部位,故年龄越幼小则所占比重越大,且结束发育的时期亦越早,所以初生动物表现为头大、腿高。胸、臀部位快速生长的时期开始较晚,腰部更晚。

(4)器官　动物内脏器官的生长发育具有一定规律。幼龄动物的各种内脏器官生长发育速度不尽相同。

3. 生长家畜的营养需要

(1)能量　生长动物能量的需要包括维持需要和生长需要。

(2)蛋白质　生长动物对蛋白质的需要量由体内蛋白的沉积量和饲料蛋白质的利用效率所决定。

如果用粗蛋白质表示需要则:需要量=体蛋白质沉积量÷(消化率×生物学价值)

如果用可消化粗蛋白质表示则:需要量=体蛋白质沉积量÷生物学价值

(3)矿物质　畜禽在生长期间,由于骨骼生长最快,对钙、磷的需要也最迫切,对铁、铜、锰、碘、钴、锌、硫等必需矿物元素也需要较多。这期间,饲养不合理极易引起营养缺乏症和生长发育不良等。

(4)维生素　注意维生素A、维生素D及B族维生素的供应。

任务二　饲养标准的使用

一、概述

饲养标准是指根据科学试验结果,结合实践饲养经验,规定的每头动物在不同生产水平或不同生理阶段时,对各种养分的需要量。饲养标准中除了公布营养需要外,还包括动物常用饲料营养成分表。这些都是配制动物日粮的科学依据和指南。只有按饲养标准中规定的量平衡各种养分,动物对饲料的利用率才能提高。然而,由于饲养标准中规定的指标是在试验条件下所得结果的平均值,并没有考虑饲养实践中的具体情况。因此,实际应用时应根据最新研究结果酌情调整。

随着营养学理论研究的不断深入,新的营养素不断被发现。因此,不但饲养标准中各种养分的需要量会不断调整,使各养分之间的比例关系日趋合理,而且还需要随时考虑新的营养素。

二、饲养标准的指标

1. 干物质或风干物质

干物质或风干物质的采食量(DMI)是一个综合性指标,用千克(kg)表示。干物质或风干物质的采食量一般占体重的3%～5%。动物年龄越小,生产性能越高,DMI占体重的百分比越高。DMI越高要求日粮的养分浓度也越高。若日粮养分浓度过高,可能因为能量等主要指标的需要量已经满足,而造成DMI不足。若饲料条件太差,养分浓度低,可能因受DMI的限制(吃不进去),而造成主要养分摄入不足。因此,配制动物日粮时应正确协调 DMI 与养分浓度的关系。

2. 能量

能量是动物的第一需要,净能可与产品直接挂钩,我们可以用净能的食入量准确预测畜产品的产量。因此,用净能衡量动物的能量需要是营养学发展的必然趋势。由于净能难以测定,目前,猪用消化能或代谢能表示其能量需要,单位是兆焦(MJ)。

3. 蛋白质及氨基酸

猪用粗蛋白质来表示其蛋白质的需要,单位是克(g),配合饲粮时用百分数表示。

必需氨基酸是猪饲养标准中不可缺少的营养指标。用总的氨基酸、表观可消化氨基酸或真可消化氨基酸表示饲料蛋白质的营养价值或动物对蛋白质的需要量是总的发展趋势。

4. 矿物质

钙、磷、钠是各种动物饲养标准中的必需营养元素,用克(g)表示,对猪应强调有效磷的需要量。我国饲养标准中还规定了猪对铁、铜、锌、锰、硒、碘等微量元素的需要量。

微量元素是近年来动物营养研究最活跃的内容,在过去被认为非必需,甚至有毒或剧毒的元素如砷、氟、铅等,现在也认为是动物生产所必需的。因此,动物所需的微量元素种类还将增加。但实际添加时应十分慎重,严格掌握用法和用量。

5. 维生素

猪所需的维生素应全部由饲料提供,年龄越小,生产性能越高,所需维生素的种类与数量越多。

6. 亚油酸

对猪而言,亚油酸占日粮的 0.1%即可。

三、饲养标准的基本特性

1. 饲养标准的科学性和先进性

饲养标准或营养需要是动物营养和饲料科学领域研究成果的概括和总结,高度反映了动物生存和生产对饲养及营养物质的客观要求,具体体现了本领域科学研究的最新进展和生产实践的最新总结。"标准"的科学性和广泛的指导作用无可非议。此外,总结、概括纳入饲养标准或营养需要中的营养、饲养原理和数据资料,都是以可信度很高的重复实验资料为基础,对重复实验资料不多的部分营养指标,在"标准"或"需要"中均有说明。表明"标准"是实事求是、严密认真科学工作的成果。

随着科学技术不断发展、实验方法不断进步、动物营养研究不断深入和定量实验研究更加精确,饲养标准或营养需要也更接近动物对营养物质摄入的实际需要。

2. 饲养标准的权威性

"标准"的权威性首先是由其内容的科学性和先进性决定的。其次以其制定的过程和颁布机构的地位作用看,也体现了权威性。"标准"不但是大量科学实验研究成果的总结,而且它的全部资料都要经过有关专家定期或不定期地集中严格审定,其审定结果又以专题报告的文件形式提交有关权威行政部门颁布。这样的"标准"不仅有权威性,而且严肃性也是显而易见的。

我国研究制订的猪的饲养标准,由农业农村部颁布。世界各国的"标准"或营养需要均由该国的有关权威部门颁布,其中有较大影响的饲养标准有:美国国家科学研究委员会(NRC)制订的各种动物的营养需要;英国农业科学研究委员会(ARC)制订的畜禽营养需要;日本的畜禽饲养标准等。它们都颇有代表性,并各有特点,值得参考。

3. 饲养标准的可变化性

"标准"不可能一成不变。就"标准"本身而言,它不但随科学研究的发展而变化,也随实际生产的发展而变化。变化的目的是为了使"标准"规定的营养定额尽可能满足动物对营养物质的客观要求。就应用"标准"而言,仅起着指导饲养者向动物合理提供营养物质的作用。不能一成不变地按"标准"规定供给动物的营养,必须根据具体情况调整营养定额,认真考虑保险系数。只有充分考虑"标准"的可变化性特点,才能保证对动物经济有效地供给,才能更有效地指导生产实践。

4. 饲养标准的条件性和局限性

"标准"是确切衡量动物对营养物质客观要求的尺度。"标准"的产生和应用都是有条件的,它是以特定动物为对象,在特定环境条件下研制的满足其特定生理阶段或生理状态的营养物质需要的数量定额。但在动物生产实际中,影响饲养和营养需要的因素很多,诸如同品种动物之间的个体差异,各种饲料的不同适口性及其物理特性,不同的环境条件,甚至市场经济形势的变化等,都会不同程度地影响动物的营养需要量和饲养。这种"标准"产生和应用条件的特定性和实际动物生产条件的多样性及变化性,决定了"标准"的局限性,即任何饲养标准都只在一定条件下、一定范围内适用。切不可不问时间、地点、条件生搬硬套"标准"。在利用"标准"中的营养定额拟订饲粮,设计饲料配方,制定饲养计划等工作中,要根据不同国家和地区、不同环境情况和对畜禽生产性能及产品质量的不同要求,对"标准"中的营养定额酌情进行调整,才能避免其局限性,增强实用性。

总之,我们既要肯定由"标准"的科学性和先进性所决定的"标准"的普遍性,即其在适用条件和范围内的普遍指导意义,又要看到条件差异形成的特殊性,在普遍性的指导下,从实际出发,灵活应用"标准"。只有这样,才能获得预期的效果。

四、应用饲养标准的基本原则

饲养标准是发展动物生产、制定生产计划、组织饲料供给、设计饲粮配方、生产平衡饲粮、对动物实行标准化饲养管理的技术指南和科学依据。但是,照搬"标准"中数据,把"标准"看成是解决有关问题的现成答案,忽视"标准"的条件性和局限性,则难以达到预期目的。因此,应用任何一个饲养标准,充分注意以下基本原则相当重要。

1. 选用"标准"的适合性

"标准"都是有条件的"标准",是具体的"标准"。所选用的"标准"是否适合应用的对象,必须认真分析"标准"对应用对象的适合程度,重点把握"标准"所要求的条件与应用对象实际条件的差异,尽可能选择最适合应用对象的"标准"。

选用任何一个"标准",首先应考虑"标准"所要求的动物与应用对象是否一致或比较近似,若品种之间差异太大则难使"标准"适合应用对象,如 NRC 猪的营养需要难适用于我国地方猪种。除了动物遗传特性外，绝大多数情况下均可以通过合理设定保险系数使“标准”规定的营养定额适合应用对象的实际情况。

2. 应用标准定额的灵活性

“标准”规定的营养定额一般只对具有广泛或比较广泛的共同基础的动物饲养有应用价值，对共同基础小的动物饲养则只有指导意义。要使“标准”规定的营养定额变得可行，必须根据具体情况对营养定额进行适当调整。选用按营养需要原则制定的“标准”，一般都要增加营养定额。选用按“营养供给量”原则制定的“标准”，营养定额增加的幅度一般比较小，甚至不增加。选用按“营养推荐量”原则制定的“标准”，营养定额可适当增加。

3. “标准”与效益的统一性

应用“标准”规定的营养定额，不能只强调满足动物对营养物质的客观要求，而不考虑饲料生产成本。必须贯彻营养、效益(包括经济效益、社会效益和生态效益等)相统一的原则。

“标准”中规定的营养定额实际上显示了动物的营养平衡模式，按此模式向动物供给营养，可使动物有效利用饲料中的营养物质。在饲料或动物产品的市场价格变化的情况下，可以通过改变饲粮的营养浓度，不改变平衡，而达到既不浪费饲料中的营养物质又实现调节动物产品的量和质的目的，从而体现“标准”与效益统一性原则。

只有注意“标准”的适合性和应用定额的灵活性，才能做到“标准”与实际生产的统一，获得良好的结果。此外，效益也是一个重要问题。

学习评价

一、名词解释

营养需要　维持需要　生产需要　饲养标准　基础代谢　生长

二、选择题

1. 猪的维持营养需要用于(　　)等方面。

A. 维持体温　B. 哺乳　C. 呼吸　D. 胃肠消化活动

2. 猪体重为 55～100 kg，其最适环境温度为(　　)。

A. 15 ℃　B. 20 ℃　C. 10～20 ℃　D. 15～17 ℃

三、填空题

1. 总的营养需要＝ ________＋ ________。
2. 测定动物营养需要的方法有________和________。
3. 种公猪合理的蛋白质供应是在维持需要基础上再增加________左右。
4. 对体况较差的经产母猪，在配种前 10～15 d 提高日粮能量水平，一般高于维持需要的________。
5. 仔畜出生后要尽早吸食________，以获得抗体，增强免疫力。
6. 生长肥育畜禽全期采取________营养水平，有利于获得最大日增重和最佳饲料利用率。

四、简答题

1. 营养需要量的表示方法有哪些？
2. 简述综合法和析因法的优缺点。
3. 简述饲养标准的概念和内容。

五、讨论与思考

1. 如何估计维持营养需要?
2. 妊娠家畜营养需要特点是什么?
3. 生长家畜营养需要特点是什么?
4. 使用饲养标准时应注意什么?
5. 我国猪饲养标准中猪各阶段标志是如何划分的?

信息链接

NY/T 65—2004 猪饲养标准。

二维码 1-2　猪的营养需要

二维码 1-3　NY/T 65—2004 猪饲养标准

模块二
猪饲料原料与标准

学习目标

1. 掌握饲料的概念及分类方法。
2. 熟悉各种饲料原料的营养特性，能够对各种饲料进行科学合理的分类。
3. 了解各种饲料原料价值和质量标准。
4. 具备常见饲料原料的识别能力。
5. 具备常见能量饲料、蛋白质饲料、矿物质饲料和饲料添加剂品质鉴定的能力。

学习任务

任务一　饲料原料的分类

凡能够给动物提供多种营养物质，被动物摄取、消化、吸收和利用，又可促进动物生长、调控生理机制、改善动物产品品质，且不发生有毒有害的物质，称之为饲料。从广义上讲，能强化饲料效果的某些非营养性物质如各种添加剂，也划为饲料之列。饲料有如下来源：植物（如玉米、豆粕等）、动物（如鱼粉、骨粉等）、微生物（单细胞生物如酵母、藻类等、固氮菌饲料、抗生素副产品等）、矿物质（如贝壳粉、食盐等）以及工业合成产品（如维生素、氨基酸、尿素等）。

一、国际饲料分类

美国学者 Harris(1963)率先提出国际饲料分类原则和编码体系，其逐步发展成为当今饲料分类编码体系的基本模式，已成为国际饲料分类法。国际饲料编码（International Feeds Number，IFN），对每类饲料予以 6 位数的编码，编码分 3 节，表示为△-△△-△△△。首位数代表饲料归属的类别，后 5 位数则按饲料的重要性给定编码。依据饲料的营养特性将饲料分为 8 大类。8 大类饲料的编码形式及划分依据为：

1. 粗饲料(1-00-000)

指干物质中粗纤维含量在 18%以上的一类饲料，以风干物质为饲喂形式的饲料，主要包括干草类、秸秆类、农副产品类以及干物质中粗纤维含量为18%以上的糟渣类、树叶类等。

二维码 2-1 饲料分类

2. 青绿饲料(2-00-000)

指自然水分含量在45%以上的一类新鲜的饲草及牧草，包括牧草类、叶菜类、非淀粉质的根茎瓜果类、水草类等。不考虑风干后粗蛋白质及粗纤维含量。

3. 青贮饲料(3-00-000)

青贮原料在厌氧环境下，经过厌氧性菌乳酸菌发酵调制和保存的一种青绿多汁饲料，包括水分含量在45%～55%的半干青贮饲料。

4. 能量饲料(4-00-000)

指干物质中粗纤维的含量在18%以下，粗蛋白质的含量在20%以下，且每千克含消化能在10.46 MJ以上的一类饲料，主要包括谷实类、糠麸类、淀粉质的根茎瓜果类、油脂、草籽树实类等。

5. 蛋白质饲料(5-00-000)

指干物质中粗纤维含量在18%以下，粗蛋白质含量在20%以上的一类饲料，主要包括植物性蛋白质饲料、动物性蛋白质饲料、单细胞蛋白质饲料和非蛋白氮类饲料等。

6. 矿物质饲料(6-00-000)

包括工业合成或天然单一矿物质饲料、多种矿物质混合的矿物质饲料，以及加有载体或稀释剂的矿物质添加剂预混料。

7. 维生素饲料(7-00-000)

指人工合成或提纯的单一维生素或复合维生素，但不包括某项维生素含量较多的天然饲料。

8. 添加剂(8-00-000)

凡在配合饲料中添加的各种少量或微量成分(不含维生素类饲料)，包括营养性添加剂(如氨基酸、微量矿物质和维生素等)和非营养性添加剂(如各种抗生素、抗氧化剂、防霉剂、黏结剂、着色剂、调味剂以及保健与代谢调节药物等)。

二、我国现行饲料分类法

我国现行饲料分类方法是将我国传统饲料分类法与国际饲料分类原则相结合而提出的。根据国际饲料分类原则将饲料分成8大类，然后结合我国传统分类习惯将饲料分成8大类、17亚类、37小类，对每类饲料冠以相应的中国饲料编码(Chinese Feeds Number，CFN)，共7位数，首位为IFN，第2、3位为CFN亚类编号，代表饲料的来源、形态、生产加工方法等属性，第4至7位代表饲料的个体编码(表2-1)。例如：吉双4号玉米的分类编码是4-07-6302，4表明是第4大类能量饲料，07则表示属谷实类，6302则是该玉米籽实的个体编号。

表 2-1 中国饲料分类编码

饲料类别	饲料编码	水分（自然含水）/%	粗纤维（干物质）/%	粗蛋白质（干物质）/%
一、青绿饲料	2-01-0000	>45	—	—
二、树叶				
1. 鲜树叶	2-02-0000	>45	—	—
2. 风干树叶	1-02-0000	—	≥18	—
三、青贮饲料				
1. 常规青贮饲料	3-03-0000	65～75	—	—
2. 半干青贮饲料	3-03-0000	45～55	—	—
3. 谷实青贮料	4-03-0000	28～35	<18	<20
四、块根、块茎、瓜果				
1. 含天然水分的块根、块茎、瓜果	2-04-0000	≥45	—	—
2. 脱水块根、块茎、瓜果	4-04-0000	—	<18	<20
五、干草				
1. 第一类干草	1-05-0000	<15	≥18	—
2. 第二类干草	4-05-0000	<15	<18	<20
3. 第三类干草	5-05-0000	<15	<18	≥20
六、农副产品				
1. 第一类农副产品	1-06-0000	—	≥18	—
2. 第二类农副产品	4-06-0000	—	<18	<20
3. 第三类农副产品	5-06-0000	—	<18	≥20
七、谷实	4-07-0000	—	<18	<20
八、糠麸				
1. 第一类糠麸	4-08-0000	—	<18	<20
2. 第二类糠麸	1-08-0000	—	≥18	—
九、豆类				
1. 第一类豆类	5-09-0000	—	<18	≥20
2. 第二类豆类	4-09-0000	—	<18	<20
十、饼粕				
1. 第一类饼粕	5-10-0000	—	<18	≥20
2. 第二类饼粕	1-10-0000	—	≥18	≥20
3. 第三类饼粕	4-08-0000	—	<18	<20
十一、糟渣				
1. 第一类糟渣	1-11-0000	—	≥18	—
2. 第二类糟渣	4-11-0000	—	<18	<20
3. 第三类糟渣	5-11-0000	—	<18	≥20
十二、草籽、树实				
1. 第一类草籽、树实	1-12-0000	—	≥18	—

续表 2-1

饲料类别	饲料编码	水分（自然含水）/%	粗纤维（干物质）/%	粗蛋白质（干物质）/%
2. 第二类草籽、树实	4-12-0000	—	＜18	＜20
3. 第三类草籽、树实	5-12-0000	—	＜18	≥20
十三、动物性饲料				
1. 第一类动物性饲料	5-13-0000	—	—	≥20
2. 第二类动物性饲料	4-13-0000	—	—	＜20
3. 第三类动物性饲料	6-13-0000	—	—	＜20
十四、矿物质饲料	6-14-0000	—	—	—
十五、维生素饲料	7-15-0000	—	—	—
十六、饲料添加剂	8-16-0000	—	—	—
十七、油脂类饲料及其他	4-17-0000	—	—	—

任务二　能量饲料原料

能量饲料是指干物质中粗纤维含量低于 18%，粗蛋白质含量低于 20%的谷实类、糠麸类、草籽树实类、块根块茎和瓜果类等。饲料工业上常用的油脂类、糖蜜类等也属于能量饲料。一般能量饲料干物质的消化能（猪）在 10.46 MJ/kg 以上，高于 12.55 MJ/kg 的称为高能饲料。这类饲料是猪的重要能量来源，在饲料工业中占有重要地位。

二维码 2-2　能量饲料原料

一、谷实类饲料

谷实类饲料的营养特性：①能量含量高，无氮浸出物占干物质的 70%以上，而且主要是淀粉，占无氮浸出物的 82%～92%；②粗纤维含量很低，一般在 5%以内，只有带颖壳的大麦、燕麦、稻谷和粟谷等可达 10%左右；③蛋白质和必需氨基酸含量不足，粗蛋白质含量一般为 8%～13%，氨基酸组成不平衡，赖氨酸、蛋氨酸、色氨酸缺乏；④矿物质中钙含量很低，磷多以植酸磷形式存在，单胃动物利用率很低；⑤维生素 B_1 和维生素 E 较为丰富，但缺乏维生素 C 和维生素 D，除黄玉米和粟谷中含有较多的胡萝卜素外，其他谷实都较缺乏；⑥谷实类饲料中脂肪的含量为 3.5%左右，其中亚油酸、亚麻油酸的比例较高，对猪必需脂肪酸的供应有一定的好处，且干物质消化率很高，有效能值也高。

（一）玉米

1. 营养特性

玉米（图 2-1）是谷实类饲料的主体，也是我国主要的能量饲料，被誉为“饲料之王”。玉米的适口性好，没有使用限制。其营养特性如下：

（1）可利用能量高　玉米的代谢能高达 12.55～14.10 MJ/kg，甚至可达 15.06 MJ/kg，是谷实类饲料中最高的。粗纤维含量少，为 1.6%～2.0%；无氮浸出物高达 72%，且消化率可达 90%；粗脂肪含量高，为 3.5%～4.5%。

(2)蛋白质含量偏低，且品质欠佳　玉米的蛋白质含量为 8.6%左右，且氨基酸不平衡，赖氨酸、色氨酸和蛋氨酸的含量不足。

(3)亚油酸含量较高　玉米的亚油酸含量达到 2%，是谷实类饲料中含量最高者。如果玉米在日粮中的配比达 50%以上，仅玉米即可满足猪对亚油酸的需要量(1%)。

图 2-1　玉米

(4)维生素　维生素 E 含量较多，约为20 mg/kg，黄玉米中含有较多的胡萝卜素，维生素 D 和维生素 K含量较少。硫胺素较多，核黄素和烟酸的含量较少，且烟酸是以结合型存在的。

(5)矿物质　矿物质约 80%存在于胚部，钙含量较少，约为 0.02%，磷约含 0.25%，约有 63%的磷以植酸磷的形式存在，单胃动物的利用率低。其他矿物质元素的含量也较低。

(6)叶黄素　黄玉米中所含叶黄素平均为 22 mg/kg，这是黄玉米的特点之一，它对家禽的蛋黄、胫、爪等部位着色有重要意义。

2. 饲用价值

玉米养猪的效果较好，是猪配合饲料中主要的原料。但要避免过量使用，以防热能太高而使背膘厚度增加。由于玉米缺乏赖氨酸等必需氨基酸，所以任何阶段的猪日粮中的玉米都应配合优质蛋白质饲料使用，或添加单一的氨基酸。同时，还需要补充矿物质饲料。

3. 高赖氨酸玉米

美国在 20 世纪 50 年代就已育成了奥帕克 2 号(Opaque-2)和弗洛里 2 号(Floury-2)等高赖氨酸玉米品种，其籽粒中赖氨酸含量在 0.5%以上，色氨酸含量在 0.2%以上。我国也曾引种试种，均因产量低，籽粒容重小及价格等问题而未能大面积推广。但是，国内外的大量试验证明，高赖氨酸玉米可以全部或部分代替豆饼，是解决必需氨基酸供应不足的重要途径。

4. 质量标准

我国饲料用玉米质量标准，见表 2-2。

表 2-2　我国饲料用玉米质量标准(GB/T 17890—2008)

等级	容重/(g/L)	粗蛋白质(干基)/%	不完善粒/%		水分/%	杂质/%	色泽、气味
			总量	其中生霉粒			
1	≥710	≥8.0	≤5.0				
2	≥685	≥8.0	≤6.5	≤2.0	≤14.0	≤1.0	正常
3	≥660	≥8.0	≤8.0				

(二)高粱

高粱(图 2-2)是重要的粗粮作物。我国高粱总产量约占世界总产量的 1/10，主产区位于东北和华北等地。

1. 营养特性

图 2-2　高粱

(1)蛋白质　高粱中粗蛋白质含量略高于玉米，一般为 9%～11%，缺乏赖氨酸和色氨酸。

(2)脂肪　高粱所含脂肪低于玉米，脂肪酸组成中饱和脂肪酸较玉米多，亚油酸含量较玉米低，约为 1.13%。

(3)碳水化合物　高粱中淀粉含量与玉米相近，淀粉粒的形状与大小也相似，但高粱淀粉粒受蛋白质覆盖程度较高，故消化率较低，有效能值也低。

(4)矿物质与维生素　矿物质中磷、镁、钾含量较多而钙含量少，所含磷中植酸磷为40%～70%。维生素 B_1 含量与玉米相同，泛酸、烟酸、生物素含量高于玉米。烟酸以结合型存在，利用率低。

(5)单宁　单宁是水溶性的多酚化合物，又称鞣酸或单宁酸。高粱籽实中的单宁为缩合单宁，一般含单宁 1%以上者为高单宁高粱，低于 0.4%的为低单宁高粱。单宁含量与籽粒颜色有关，色深者单宁含量高。

单宁的抗营养作用主要是苦涩味重，影响适口性；与蛋白质及消化酶类结合，干扰消化过程，影响蛋白质及其他养分的利用率。高粱单宁的某些毒性作用经过肠道吸收后出现。

2. 饲用价值

高粱与优质蛋白质饲料(如豆粕和鱼粉)一起饲喂猪，同时补充维生素 A，高粱的饲用价值可达到玉米的 90%～95%，还可提高猪胴体瘦肉率。对于生长猪以 25%～50%高粱取代玉米，其饲喂效果优于全玉米，但完全取代玉米则饲料利用率及生长速度降低。高粱籽粒小且硬，整粒喂猪效果不好，但粉碎太细，又影响适口性，且易引起胃溃疡，以压扁或粗粉碎效果好。

3. 质量标准

我国饲料原料高粱质量标准，见表 2-3。

表 2-3　我国饲料原料高粱质量标准(NY/T 115—2021)

<table>
<tr><th rowspan="2">指标项目</th><th colspan="2">Ⅰ型(单宁含量≤0.3%)</th><th colspan="2">Ⅱ型(单宁含量>0.3%)</th></tr>
<tr><th>一级</th><th>二级</th><th>一级</th><th>二级</th></tr>
<tr><td>容重/(g/L)</td><td>≥740</td><td>≥700</td><td>≥740</td><td>≥700</td></tr>
<tr><td>粗蛋白质/%</td><td colspan="4">≥8.0</td></tr>
<tr><td>水分/%</td><td colspan="4">≤14.0</td></tr>
<tr><td>粗纤维/%</td><td colspan="4">≤3.0</td></tr>
<tr><td>粗灰分/%</td><td colspan="4">≤3.0</td></tr>
</table>

(三)大麦

大麦(图 2-3)是重要的谷物之一，有 50%～60%的供作饲料。我国的冬大麦主产区在长江流域各省份和河南等地区，春大麦则分布在东北、内蒙古、青藏高原及山西等地区。

1. 分类

大麦可按播种季节的不同分为冬大麦和春大麦，二者成分相近。一般根据品种分为两大类：

(1)皮大麦　皮大麦是带壳的大麦，即通常所说的大麦。皮大麦按籽粒在穗上的排列方式又分为二棱大麦和六棱大麦。我国大多为六棱大麦，多供酿酒用，饲用效果也好。

(2)裸大麦　裸大麦也叫青稞，成熟时稃壳易脱离。多供食用，营养价值较高，产量低，在我国的青藏高原、云南、贵州、四川、甘肃等地种植。

图 2-3　大麦

2. 营养特性

(1)蛋白质　大麦的蛋白质含量高于玉米，氨基酸中除亮氨酸及蛋氨酸外均比玉米多，但利用率却低于玉米。大麦赖氨酸含量接近玉米的 2 倍，猪消化率为 73.3%。

(2)碳水化合物　粗纤维含量高，为玉米的 2 倍左右，因此有效能值较低，代谢能约为玉米的 89%，净能约为玉米的 82%。淀粉及糖类比玉米少，支链淀粉占 74%～78%，直链淀粉占 22%～26%，另外还含有其他谷实所没有的 β-1,3 葡聚糖。

(3)脂肪　大麦脂肪含量约 2%，为玉米的一半，饱和脂肪酸含量比玉米高，亚油酸含量只有 0.78%。

(4)矿物质与维生素　大麦所含的矿物质主要是钾和磷，所含磷中 63%为植酸磷，利用率为 31%，高于玉米中磷的利用率，其次为镁、钙及少量的铁、铜、锰、锌等。大麦富含 B 族维生素，包括维生素 B_1、维生素 B_2、维生素 B_6 和泛酸，烟酸含量较高，但利用率较低，只有 10%。脂溶性维生素 A、维生素 D、维生素 K 含量低，少量的维生素 E 存在于大麦的胚芽中。

(5)抗营养物质　大麦中有抗胰蛋白酶和抗胰凝乳酶，前者含量低，后者可被胃蛋白酶分解，故对动物一般影响不大。此外，大麦的麦角病可产生多种有毒的生物碱，如麦角胺、麦角胱胺酸等，会阻止母猪乳腺发育，造成产科疾病。

3. 饲用价值

大麦因粗纤维含量高，能值低，不宜用作仔猪饲料原料，但经脱壳、压片及蒸汽处理的大麦片可取代部分玉米，并可改善饲养效果。大麦饲喂育肥猪可增加胴体瘦肉率，能生产白色硬脂肪的优质猪肉，风味也随之改善。但因增重和饲料报酬降低，用大麦取代玉米不得超过 50%，或在配合饲料中所占比例不得超过 25%。大麦宜粉碎后饲喂，否则不易消化，但不能粉碎太细，以免影响适口性。

4. 质量标准

我国饲料用皮大麦、裸大麦的质量标准，见表 2-4、表 2-5。

表 2-4　我国饲料原料皮大麦质量标准(NY/T 118—2021)

指标项目	等级	
	一级	二级
千粒重/g	≥40.0	≥30.0
粗灰分/%	≤2.5	≤3.0
粗蛋白质/%	≥8.0	≥8.0
粗纤维/%	≤6.0	≤6.0
水分/%	≤13.0	≤13.0

表 2-5　我国饲料用裸大麦质量标准(NY/T 210—1992)　　%

指标项目	等级		
	一级	二级	三级
粗蛋白质	≥13.0	≥11.0	≥9.0
粗纤维	<2.0	<2.5	<3.0
粗灰分	<2.0	<2.5	<3.5

(四)燕麦

燕麦(图 2-4)的品种很多,大体分为两类:皮燕麦和裸燕麦。皮燕麦即通常所说的燕麦,成熟时内外稃紧抱籽粒,不易分离。裸燕麦也称莜麦,成熟时籽粒与稃分离,籽粒以食用为主。根据栽培季节又分为春燕麦和冬燕麦。

图 2-4　燕麦

1. 营养特性

因品种不同其稃(壳)的比例也不同,一般稃约占 28%,因而粗纤维高达 10%~13%。燕麦淀粉含量为玉米含量的 1/3~1/2。燕麦含脂肪比其他谷物高,而且多属于不饱和脂肪酸,主要分布在胚部。燕麦的蛋白质含量高于玉米,而且赖氨酸含量高,可达 0.4%左右。富含 B 族维生素,脂溶性维生素和矿物质含量均低。

2. 饲用价值

燕麦由于粗纤维高、能值低,一般不宜作肥育猪的饲料,饲喂量较多时会使背脂变软,影响胴体品质。种猪饲料用 10%~20%为宜。燕麦粉碎对猪具有预防胃溃疡的效果。

(五)稻谷与糙米

我国稻谷(图 2-5)按其粒形和粒质分为 3 类:稻谷、粳稻谷和糯稻谷。稻谷脱壳后,大部分种皮仍残留在米粒上,称为糙米。糙米可进一步加工成大米,碎米是碾米过程中产生的破碎米粒。

图 2-5　稻谷

1. 营养特性

稻谷粗纤维含量较高,可达 9%以上,糙米含粗蛋白质 7%~9%,粗脂肪 2%左右,其脂肪酸组成以油酸(45%)及亚油酸(33%)为主,淀粉含量高达 75%左右,矿物质含量不多,约占 1.3%,糙米中 B 族维生素含量较高,但 β-胡萝卜素含量较少。

2. 饲用价值

用稻谷喂猪时,因粗纤维含量高,有效能低,其饲喂效果只有玉米的 85%,在配方中的用量一般不应超过以下比例:生长猪 30%,肥育猪 50%,妊娠猪 70%,

泌乳猪40%。用糙米喂猪可完全取代玉米，且饲料效率高。糙米以粉碎较细为宜。糙米饲喂育肥猪可增加背脂硬度，肉质优良，但变质米对肉质及增重均不利，且影响适口性。

3. 质量标准

我国饲料用稻谷质量标准，见表2-6。

表2-6　我国饲料用稻谷质量标准（NY/T 116—1989） %

指标项目	等级		
	一级	二级	三级
粗蛋白质	≥8.0	≥6.0	≥5.0
粗纤维	<9.0	<10.0	<12.0
粗灰分	<5.0	<6.0	<8.0

（六）小麦

1. 营养特性

小麦（图2-6）是人类最重要的粮食作物之一，全世界有1/3以上的人口以它为主食。小麦的能值略低于玉米，比大麦和燕麦高，这是由其粗脂肪含量低所致，不到玉米的一半。小麦的特点是粗蛋白质含量高，为玉米含量的150%，因而各种氨基酸的含量优于玉米，但苏氨酸含量按其占蛋白质的组成来说，明显不足。小麦含B族维生素和维生素E较多，但维生素A、维生素D、维生素C、维生素K含量很少。生物素的利用率比玉米、高粱要低。矿物质中钙少磷多，铜、锰、锌等含量较玉米高。

图2-6　小麦

2. 饲用价值

小麦对猪的适口性很好，可全量取代玉米用于肉猪饲料，由于热能值低于玉米，饲料效率略差，但可节省部分蛋白质饲料，而且可改善胴体品质。饲喂前需粉碎，但不宜太细。小麦用于乳猪饲料以粉末状为好，杂物少，色白，具有较好的商品价值。

3. 质量标准

我国饲料原料小麦质量标准，见表2-7。

表2-7　我国饲料原料小麦质量标准（NY/T 117—2021）

指标项目	等级		
	一级	二级	三级
容重/（g/L）	≥770	≥730	≥710
杂质/%	≤1.0	≤2.0	≤2.0
无机杂质/%	≤0.5	≤0.5	≤0.5
粗蛋白质/%	≥11.0	≥11.0	≥11.0
水分/%	≤13.0	≤13.0	≤13.0

(七)其他谷实

1. 粟与小米

粟脱壳前称为“谷子”,脱壳后称为“小米”,全国各地均有栽培。饲料用粟的质量标准为粗蛋白质≥8.0%,粗纤维<8.5%,粗灰分<3.5%。粟中叶黄素和胡萝卜素含量较高,饲用价值也较高。饲用时粉碎的粒度以1.5～3.0 mm为宜。

2. 荞麦

荞麦(图2-7)不仅籽实可以作为能量饲料,其枝叶也是优良的青饲料。它的籽实也有一层粗糙的外壳,约占重量的30%。粗纤维含量高达12%左右。消化能的含量对猪为14.31 MJ/kg。荞麦的蛋白质品质较好,含赖氨酸0.73%、蛋氨酸0.25%。荞麦籽实含有一种物质——感光卟啉,当动物采食以后白色皮肤部分受到日光照射即发生过敏,并出现红斑点,严重时能影响生长及肥育效果。这种感光物质主要存在于外壳中。

图2-7　脱壳荞麦

3. 黑麦

黑麦中含粗蛋白质11.0%,粗脂肪1.5%,无氮浸出物71.5%,粗纤维2.2%,钙0.05%。黑麦中含有10%以上的非淀粉多糖等抗营养因子。因此,黑麦对猪的饲用价值较低。

二、糠麸类饲料

糠麸类饲料是谷物的加工副产品,制米的副产品称为糠,制粉的副产品称为麸。糠麸类是畜禽的重要能量饲料原料,主要有米糠、小麦麸、大麦麸、燕麦麸、玉米皮、高粱糠及谷糠等,其中以米糠与小麦麸占主要份额。

(一)米糠与脱脂米糠

稻谷的加工副产品称为稻糠,稻糠可分为砻糠、米糠(图2-8)和统糠。砻糠是粉碎的稻壳;米糠是糙米精制成大米时的副产品,由种皮、糊粉层、胚及少量的胚乳组成;统糠是米糠与砻糠的混合物。

1. 营养特性

米糠的营养价值受大米精制加工程度的影响,精制程度越高,则米糠中混入的胚乳就越多,其营养价值也就越高。米糠的一般成分含量及范围,见表2-8。

图2-8　米糠

表 2-8 米糠的一般成分 %

成分	米糠		脱脂米糠	
	平均值	范　围	平均值	范　围
水分	10.5	10.0～13.5	11.0	10.0～12.5
粗蛋白质	12.5	10.5～13.5	14.0	13.5～15.05
粗脂肪	14.0	10.0～15.0	1.0	0.4～1.4
粗纤维	11.0	10.5～14.5	14.0	12.0～14.0
粗灰分	12.0	10.5～14.5	16.0	14.5～16.5
钙	0.1	0.05～0.15	0.1	0.1～0.2
磷	1.6	1.00～1.80	1.4	1.1～1.6

米糠的粗蛋白质含量比麸皮低，但比玉米高，品质也比玉米好，赖氨酸含量高达 0.55%。米糠的粗脂肪含量很高，可达 15%，约为麦麸、玉米糠的 3 倍多。脂肪酸的组成多属不饱和脂肪酸，油酸和亚油酸占 79.2%，脂肪中还含有 2%～5%的天然维生素 E。米糠除富含维生素 E 外，B 族维生素含量也很高，但缺乏维生素 A、维生素 D、维生素 C。米糠粗灰分含量高，但钙磷比例极不平衡，磷含量高，但所含磷约有 86%属植酸磷，利用率低且影响其他元素的吸收利用。米糠中锰、钾、镁较多。米糠中含有胰蛋白酶抑制因子，加热可使其失活。米糠中脂肪酶活性较高，长期贮存易引起脂肪变质。

2. 饲用价值

新鲜全脂米糠适口性好，是猪很好的能量饲料。新鲜全脂米糠在生长猪阶段可用到 10%～12%，育肥猪阶段可达 30%。但米糠用量过多可能使猪背脂变软，胴体品质变差，所以用量宜在 15%以下。如用于肉猪肥育，随用量的增加(取代玉米 25%～100%)而使生长和饲料效率降低，见表 2-9。仔猪不宜使用，以免引起腹泻，但经加热处理破坏胰蛋白酶抑制因子后可少量使用。

全脂米糠经过脱脂后成为脱脂米糠。脱脂米糠属于低能量纤维性饲料，除脂肪及脂溶性物质被除去外，其他营养成分与全脂米糠相似。脱脂米糠对猪的适口性较好，对胴体品质无不良影响，是很好的纤维性饲料，考虑到能量不足，用量应在 20%以下，仔猪也可少量使用。

表 2-9 肉猪饲喂米糠肥育效果

项目	玉米∶米糠				
	100∶0	75∶25	50∶50	25∶75	0∶100
日增重/kg	0.81	0.80	0.75	0.66	0.57
日采食量/kg	2.63	2.73	2.67	2.57	2.16
饲料转化率/%	3.23	3.41	3.58	3.87	3.77

3. 质量标准

我国饲料用米糠质量标准，见表 2-10。

表 2-10　我国饲料用米糠质量标准(NY/T 122—1989)　%

指标项目	等级		
	一级	二级	三级
粗蛋白质	≥13.0	≥12.0	≥11.0
粗纤维	<6.0	<7.0	<8.0
粗灰分	<8.0	<9.0	<10.0

(二)小麦麸

1. 营养特性

小麦麸(图 2-9)俗称麸皮,是面粉厂用小麦加工面粉时得到的副产品,由种皮、糊粉层和一部分胚及少量的胚乳组成。小麦麸来源广,数量大,是我国北方畜禽常用的饲料原料。小麦麸粗纤维含量因产品而异,变异范围为 1.5%～9.5%,粗蛋白质含量为 13%～17%,钙含量很低(0.14%),磷含量高(1.2%,但是利用率低),不适合单独作为任何动物的饲料。但是因其价格低廉,蛋白质、锰和 B 族维生素含量较多,所以也是畜禽常用的饲料。

图 2-9　小麦麸

2. 饲用价值

小麦麸是猪的优质饲料原料,适口性好,有利于提高日粮采食量。用小麦麸饲喂猪,可提高猪肉品质,但有机物消化率只有 67%左右,育肥效果不佳,用量在 15%以下为宜。小麦麸含有轻泻性的盐类,有助于肠胃蠕动和通便润肠,所以是妊娠后期和哺乳母猪的良好饲料。仔猪阶段不宜过多使用,以免引起消化不良。

3. 质量标准

我国饲料原料小麦麸质量标准,见表 2-11。

表 2-11　我国饲料原料小麦麸质量标准(NY/T 119—2021)　%

指标项目	等级	
	一级	二级
粗蛋白质	≥17.0	≥15.0
粗纤维	≤12.0	≤12.0
粗灰分	≤6.0	≤6.0

(三)次粉

次粉(图 2-10)同样是小麦加工副产品,是介于麦麸与面粉之间的产品,主要由小麦的糊粉层、胚乳及少量细麸组成。小麦精制过程中可得到 23%～25%的小麦麸、3%～5%的次粉和 0.7%～1%的胚芽。次粉分为普通次粉和高筋次粉。同小麦麸一样,受加工工艺的影响,次粉中小麦各部分比例和营养成分差异较大。

图 2-10 次粉

1. 营养特性

次粉的营养成分与小麦麸比较接近，具有与小麦麸相似的营养特点。次粉的脂肪含量稍低于小麦麸。次粉与小麦麸的最大差异是次粉粗纤维含量低，这是由于小麦麸以种皮为主，次粉以糊粉层为主，同时次粉的粗灰分含量也低于小麦麸。由于次粉含有较高的糊粉层，以无氮浸出物为主，故次粉的能量价值高于小麦麸。次粉的粗蛋白质含量稍低于小麦麸。高筋次粉含蛋白质较高，它主要由醇溶蛋白及筋蛋白等组成，吸水膨胀后即形成面筋，具有很好的弹性、延展性等物理特性。次粉的矿物质和维生素含量均低于小麦麸。

2. 饲用价值

次粉的饲用价值与小麦麸相似，但由于能量较高，可取代较多的谷物原料。用于仔猪、生长育肥猪阶段均合适。

3. 质量标准

我国饲料用次粉质量标准，见表 2-12。

表 2-12 我国饲料用次粉质量标准(NY/T 211—1992) %

指标项目	等级		
	一级	二级	三级
粗蛋白质	≥14.0	≥12.0	≥10.0
粗纤维	<3.5	<5.0	<7.5
粗灰分	<2.0	<3.0	<4.0

(四)其他糠麸类饲料

其他糠麸类饲料主要包括高粱糠、玉米糠和小米糠。小米糠粗纤维含量达 23.7%，饲用价值以小米糠最高。玉米糠是玉米制粉过程中的副产品，主要包括外皮、胚、种胚和少量的胚乳，因其外皮所占比重较大，粗纤维含量较高，故不适于饲喂仔猪。高粱糠的消化能和代谢能值比较高，但因高粱糠中含有较多的单宁，适口性差，易引起便秘，故饲喂量受到限制。在高粱糠中，若加入 5%的豆粕，饲养效果可得到改善，也可搭配适量青饲料，喂猪效果更好。

三、块根、块茎及加工副产品

块根块茎及瓜类饲料主要包括薯类(甘薯、马铃薯、木薯)、南瓜等。这类饲料干物质中主要是无氮浸出物，而蛋白质、脂肪、粗纤维、粗灰分等较少或贫乏。

(一)甘薯

甘薯又称为番薯、地瓜等，是我国主要的薯类作物之一，产量居世界首位，全国各地均有栽种，种植面积和总产量仅次于小麦、玉米和水稻，见图 2-11。

1. 营养特性

新鲜甘薯中水分达75%左右，适口性好。脱水甘薯中无氮浸出物含量达75%以上。蛋白质含量仅为4.5%，且品质较差。

图 2-11　甘薯

我国农业行业标准《饲料用甘薯干》(NY/T 121—1989)以粗纤维、粗灰分为质量控制指标，以87%干物质为基础计算，规定粗纤维含量不得高于4%，粗灰分含量不得高于5%。矿物质元素含量低，钙、磷含量均少，磷略高于钙，钾含量较高。红心甘薯中胡萝卜素及叶黄素含量丰富，B族维生素含量较少。自然晒干的甘薯，胡萝卜素及叶黄素含量大大减少。甘薯含有胰蛋白酶抑制因子，但加热可使其失活，提高蛋白质的消化率。

2. 饲用价值

甘薯味甜，适口性好，生喂或熟喂猪均喜食，熟薯喂猪可提高其饲料利用率。甘薯粉用于肉猪，可占日粮的15%左右，或可取代玉米用量的1/4。如果用经热喷处理的薯片饲喂生长猪，可取代50%以上的玉米。对于仔猪因饲料利用率较差，应少用。无论生熟喂，都应将其切碎或切成小块，以免引起动物食道梗塞。黑斑甘薯有毒，不能作为动物的饲料。

(二)马铃薯

马铃薯又名土豆、洋芋、洋山芋、山药蛋。我国马铃薯除主要供人们食用和加工淀粉外，也是一种重要的饲料作物，主要产区是东北、内蒙古及西北黄土高原，见图2-12。

图 2-12　马铃薯

1. 营养特性

马铃薯含干物质约25%，其中80%～85%为淀粉。粗蛋白质约占干物质的9.0%，主要是球蛋白，生物学价值相当高。鲜马铃薯中维生素C含量丰富，但其他维生素缺乏。对猪熟喂效果较好。马铃薯中含有一种苷类，称为茄素的有毒物质，它在马铃薯各部位含量差异较大。马铃薯耐贮藏，当贮藏温度较高时也会发芽而产生有毒的龙葵素，马铃薯表皮见到光而变成绿色以后，龙葵素含量剧增，大量采食可导致家畜消化道炎症和中毒，甚至死亡。因此，已发芽的马铃薯，喂前必须将芽除掉，并且加以蒸煮才能饲喂。

2. 饲用价值

肉猪饲料中可取代50%的玉米，熟喂可提高适口性和消化率，生喂不仅消化率降低，有时有轻泻作用，而且还会使动物生长受阻。

(三)木薯

木薯又称树薯、树番薯，其茎秆的基部形成块茎，为多年生热带灌木。木薯可分为苦木薯和甜木薯两大类，其主要区别在于氢氰酸的含量不同，甜木薯含氢氰酸 50 mg/kg 以下，而苦木薯可高达 250 mg/kg 以上。我国木薯含氢氰酸 102.9～319.9 mg/kg，平均为 176.5 mg/kg，皮层部比肉层部高 4～5 倍。我国南方地区特别是广东、广西种植较多，见图 2-13。

图 2-13　木薯

1. 营养特性

脱水木薯中无氮浸出物含量达 80%，因此其有效能值较高。粗蛋白质含量很低，以风干物质计，仅为 2.5%。木薯中矿物质缺乏，维生素含量几乎为零。木薯中含有毒物质氢氰酸，脱皮、加热、水煮、干燥可除去或减少木薯中氢氰酸。去毒后的木薯粉可用于配合饲料生产，但用量不宜超过 15%。

2. 饲用价值

木薯氢氰酸含量对猪的生长影响较大，尤其以小猪最为敏感。品质良好且经制粒的木薯在育肥猪日粮中使用量可达 30%～50%，但适口性不好时对猪增重影响较大。如使用未经加热或制粒处理的高氢氰酸木薯，用量为 7.5%即可抑制猪生长或出现麻痹现象。注意日粮营养平衡或添加含硫化合物可有助于提高其用量。木薯对仔猪适口性不佳，断奶仔猪应尽量少用。品质不良的木薯对母猪繁殖影响很大，品质好的其用量与肉猪相同。

四、其他能量饲料

在配合饲料生产中除添加常用的能量饲料外，还常常添加其他能量饲料，包括动植物油脂、α-淀粉、糖蜜、乳清粉等。植物油脂和动物油脂是常用的液体能量饲料。

(一)油脂

1. 油脂的种类

油脂种类繁多，按照产品来源可分为植物油脂、动物油脂、饲料级水解油脂和粉末状油脂。

(1)植物油脂　植物油脂是从植物种子或果实中提炼的油脂。常见的植物油有大豆油、菜籽油、花生油等。植物油的能值高，不饱和脂肪酸含量高，此外，还含有较丰富的维生素 A 和维生素 D。

(2)动物油脂　动物油脂是以畜禽肉类加工厂的副产品(如脂肪、皮肤、骨头、内脏等组织)为原料，经加热加压分离处理或浸提而得到的油脂。一般将熔点在 40 ℃以上者称为动物脂，40 ℃以下者称为动物油。常见的动物油脂有牛脂、猪油、鸡油等。动物油脂中饱和脂肪酸含量相对较高。例如牛脂中饱和脂肪酸占总脂肪酸 70%～75%，以油酸、硬脂酸和软脂酸为主。

2. 营养价值

油脂能够提供比任何其他饲料都多的能量，成为配制高能饲料所不可缺少的原料。同时，也是必需脂肪酸的重要来源，能促进色素和脂溶性维生素的吸收，降低动物的热增耗，提高代谢能的利用率，减轻动物热应激等。除上述营养特性外，油脂还可改善饲料适口性，防止产生尘埃，减少机械磨损，改善饲料外观，提高颗粒饲料的生产效率等。

3. 油脂的饲用

添加油脂后，日粮能量提高，动物采食量降低，因此应相应提高日粮中其他养分的含量。其添加效果取决于脂肪酸的组成，尤其是饱和与不饱和脂肪酸的比例以及中短链脂肪酸含量。脂肪容易氧化酸败，添加脂肪的饲料需添加抗氧化剂妥善保管，同时避免使用劣质油脂。此外，油脂添加量不宜过高，否则会增加育肥猪的背膘厚度，降低胴体品质，添加量超过7%会影响饲料加工。

建议日粮中油脂添加量为：妊娠后期或泌乳母猪10%～15%，仔猪5%～10%，生长育肥猪3%～5%。添加植物油优于动物油，而椰子油、玉米油、大豆油为仔猪的最佳添加油脂。由于油脂价格高，混合工艺存在问题，目前国内的油脂实际添加量远低于上述建议量。

(二)α-淀粉

α-淀粉即是糊化淀粉，是改性淀粉的一种，是将生淀粉经加热与水作用后，失去结晶构造，并立即脱水干燥，使其无法恢复原状，形成易于消化吸收的淀粉。马铃薯生产α-淀粉较多，其他谷物及块根类原料也可生产α-淀粉，但不同原料的淀粉糊化温度不同，马铃薯淀粉为58～66 ℃，甘薯淀粉为82～83 ℃，玉米淀粉为62～70 ℃，小麦淀粉为59.5～64 ℃。

1. 营养特性

与普通淀粉的成分一样，α-淀粉也以淀粉为主，含少量其他成分。例如α-玉米淀粉的组成和含量为：淀粉88%、水分11%、粗蛋白质0.28%、粗脂肪0.04%、粗纤维0.1%、粗灰分0.1%。

2. 饲用价值

同普通淀粉一样，α-淀粉可以作为能量饲料原料，尤其是在幼年动物饲料(如仔猪饲料)中使用，容易被消化吸收。玉米淀粉无法完全糊化，α-玉米淀粉多用于仔猪教槽料中，容易被消化吸收利用。

(三)糖蜜

糖蜜又称糖浆，是在制糖工业中将压榨的甘蔗(或甜菜)汁液经加热、中和、沉淀、过滤、浓缩、结晶等工序后，所剩下的浓稠液体。此外，加工柑橘、淀粉也可获得糖蜜。糖蜜在我国南北方均有生产，集中在各制糖厂，南方以甘蔗糖蜜为主，北方以甜菜糖蜜为主。

1. 营养特性

糖蜜的无氮浸出物含量高，为58.0%～65.0%，主要是单糖或双糖，属于能量饲料，但因含水量高而能值低。甘蔗糖蜜的消化能对猪为10.5 MJ/kg，甜菜糖蜜的能量价值与甘蔗糖蜜相似。糖蜜含少量粗蛋白质，但多属于非蛋白氮类，如氨、酰胺、硝酸盐等，其中氨态氮占38%～50%，氨基酸组成中非必需氨基酸如天门冬氨酸、谷氨酸含量较高，因此糖蜜中蛋白质生物学利用价值极低。糖蜜中矿物质含量较高，但钙、磷含量低，甘蔗糖蜜优于甜菜糖蜜。含量高的矿物元素为钾、氯、钠、镁等，因此具有轻泻性。维生素含量较低，但甘蔗糖蜜的泛酸含量较丰富，达37 mg/kg。

2. 饲用价值

猪饲料中使用糖蜜可改善饲料适口性，从而增加采食量。一般仔猪避免使用以防引起腹泻。肉猪用量一般可占日粮的5%～10%，用量随日龄增加而递增，但使用太多会引起软便。

生长育肥猪后期使用到15%时，除饲料转化率稍降低外，对生长几乎没影响。母猪日粮中适量添加有利于预防便秘。

糖蜜除了作为能量饲料原料外，还可以作为诱食剂，可提高饲料的适口性。糖蜜有一定的黏性，常作为颗粒饲料的黏合剂，有利于改善颗粒的质量。

(四)乳清粉

乳清粉是乳品加工厂生产工业酪蛋白和酸凝乳干酪的副产物，将其脱水干燥便成乳清粉。由于牛乳成分受奶牛品种、季节、饲粮等因素影响及制作乳酪的种类不同，所以乳清粉的成分含量有较大差异。

1. 营养特性

乳清粉中乳糖含量很高，一般高达70%以上。所以乳清粉常被认为是一种糖类物质。干物质中消化能16.0 MJ/kg(猪)。乳清粉中蛋白质含量不低于11%，乳糖含量不低于61%。钙、磷含量较多，且比例合适。乳清粉中富含水溶性维生素，缺乏脂溶性维生素。

2. 饲用价值

初生仔猪对乳糖之外的糖类没有消化能力，所以乳清粉所含的乳糖是其良好的能量来源。随年龄增长，猪对乳糖利用率降低。在仔猪玉米型补充料中加30%的脱脂乳和10%乳清粉，饲养效果很好。乳清粉对生长猪可用至20%，育肥猪用10%以下为宜，否则易导致消化不良而出现腹泻。但仔猪9周龄以内配合50%以下，16周龄配合25%以下，均无不良反应。

任务三　蛋白质饲料原料

二维码2-3　蛋白质饲料原料

蛋白质饲料是指干物质中粗纤维≤18%，粗蛋白质≥20%的饲料。与能量饲料相比，本类饲料蛋白质含量很高，且品质优良，在能量价值方面则差别不大，或者略偏高，当然在其他方面(如维生素、矿物质等)不同种类饲料各有差别。猪用蛋白质饲料主要有植物性蛋白质饲料、动物性蛋白质饲料、单细胞蛋白质饲料。

一、植物性蛋白质饲料

植物性蛋白质饲料包括豆类籽实、饼粕类和其他植物性蛋白质饲料。这类蛋白质饲料是动物生产中使用量最多、最常用的蛋白质饲料。该类饲料具有以下特性：①蛋白质含量高，且蛋白质质量较好，一般植物性蛋白质饲料粗蛋白质含量为20%～50%，因种类不同差异较大。②粗脂肪含量变化大，油料籽实含量为15%～30%，非油料籽实只有1%左右。饼粕类脂肪含量因加工工艺不同差异较大，高的可达10%，低的仅1%左右。③粗纤维含量一般不高，基本上与谷类籽实近似，饼粕类稍高些。④矿物质中钙少磷多，且主要是植酸磷。⑤B族维生素较丰富，维生素A、维生素D较缺乏。此外，大多数含有一些抗营养因子，影响其饲喂价值。

(一)豆类籽实

1. 全脂大豆

大豆原产于我国东北,根据种皮颜色可分成黄、青、黑、褐等色,以黄种最多而得名黄豆,其次为黑豆,见图 2-14。

图 2-14　大豆

(1)营养特性　全脂大豆成分与生黄豆类似,因经加热处理,水分较低,其他成分则相对提高。水分 6.0%～10.0%,粗蛋白质 36.0%～39.0%,粗脂肪 17.0%～20.0%,粗纤维 5.0%～6.0%,粗灰分 5.0%～6.0%,钙 0.24%,磷 0.58%。大豆籽实属于蛋白质含量和脂肪含量都高的蛋白质饲料,如黄豆和黑豆的粗蛋白质含量分别为 37%和 36.1%,粗脂肪含量分别为 16.2%和 14.5%。而且大豆的蛋白质品质较好,主要表现在植物蛋白质中,最缺的限制因子之一的赖氨酸含量较高,如黄豆和黑豆的赖氨酸含量分别为 2.30%和 2.18%,但含硫基氨基酸不足。大豆脂肪含不饱和脂肪酸甚多,其中必需脂肪酸——亚油酸可占 55%,因属不饱和脂肪酸,故易氧化,应注意温度、湿度等贮存条件。脂肪中还含有 1%的皂化物,由植物固醇、色素、维生素等组成。另外还含有 1.8%～3.2%的磷脂类,具有乳化作用。

碳水化合物含量不高,其中蔗糖占 27%,水苏糖 16%,阿戊糖 18%,半乳糖 22%,纤维素 18%。其中阿聚糖、半乳聚糖和半乳糖酸相结合而形成黏性的半纤维素,存在于大豆细胞膜中,有碍消化。淀粉在大豆中含量甚微,为 0.4%～0.9%。

矿物质中以钾、磷、钠居多,其中磷约有 60%属植酸磷,钙的含量高于谷实类,但仍低于磷。在维生素方面与谷实类相似,但维生素 B_1 和维生素 B_2 的含量略高于谷实类。生大豆含有一些有害物质或抗营养因子,如胰蛋白酶抑制因子(生长抑制,胰腺肥大)、血细胞凝集素(PHA)(凝集动物红细胞)、致甲状腺肿物质(甲状腺肿大)、抗维生素因子(抗维生素 A、维生素 D、维生素 E 和维生素 B_{12})、脲酶(迅速分解 NPN)、植酸(影响矿物质利用)、赖丙氨酸(碱性处理会形成,对元素有强烈螯合作用)、皂苷(溶血、降血脂、降胆固醇)、类雌激素(异黄酮)、胃肠胀气因子(胃肠胀气)、大豆抗原蛋白(仔猪肠道过敏,损伤,进而腹泻)等,它们影响饲料的适口性、消化性与动物的一些生理过程。但是这些有害成分中除了后 3 种较为耐热外,其他均不耐热,经湿热加工可使其丧失活性。

(2)饲用价值　大豆加工的方法不同,饲用价值也不同。焙炒等加热法产品具有烤豆香味,风味较好,但易出现加热不匀,加热不够或过热均影响饲用价值;挤压法产品脂肪消化率高,代谢能较高。大豆湿法膨化处理能破坏全脂大豆的抗原活性。生大豆饲喂畜禽可导致腹泻和生产性能下降,加热处理得到的全脂大豆对各种畜禽均有良好的饲喂效果,生大豆在生长肥育猪饲粮中添加比例一般为 10%～15%。《饲料用大豆》标准中规定:大豆中异色粒不许超过 5.0%,秣食豆不能超过 1.0%;水分含量不得超过 13.0%;熟化全脂大豆脲酶活性不得超过 0.4。

生大豆很少用于猪饲料中，尤其是仔猪饲料忌用，因少量使用即可造成腹泻及生长抑制。用于生长猪日粮中，会使增重下降15%，饲料效率下降18%。随猪年龄和体重增加，影响程度减弱。大豆用于母猪饲料中，代替等量大豆粕无不良影响。经膨化处理的全脂大豆可以用于仔猪饲料中。

(3)质量标准　我国饲料用大豆质量标准，见表2-13。

表2-13　我国饲料用大豆质量标准（NY/T 135—1989）　%

指标项目	等级		
	一级	二级	三级
粗蛋白质	≥36.0	≥35.0	≥34.0
粗纤维	<5.0	<5.5	<6.5
粗灰分	<5.0	<5.0	<5.0

2. 豌豆与蚕豆

(1)营养特性　豌豆和蚕豆的粗蛋白质含量较低，为22%～25%，两者的粗脂肪含量较低，仅1.5%左右，淀粉含量高，无氮浸出物可达50%以上，能值虽比不上大豆，但也与大麦和稻谷相似。此外，豌豆籽实与蚕豆籽实中有害成分含量很低，可安全饲喂，无需加热处理。因此国外广泛地用其作为生长肥育猪和繁殖母猪的蛋白质补充料。但是目前我国这两者的价格都贵，很少作为饲料，见图2-15。

(2)饲用价值　加热处理以及脱壳后，蚕豆适口性好，常作为仔猪的诱食料，用量可达20%；生长肥育猪日粮中蚕豆用量可达30%，以代替鱼粉和部分大豆粕；也可用作繁殖母猪的蛋白质补充料。豌豆适口性好，常作为仔猪的诱食料；粉碎后，生长肥育猪可用至12%，但需补足赖氨酸和蛋氨酸，对生长及屠体品质均无不良影响；种猪也可使用，煮熟后可增加用量至20%～30%，见图2-16。

(3)质量标准。几种常见豆类成分及营养价值，见表2-14。

图2-15　蚕豆

图2-16　绿豌豆

表 2-14 几种常见豆类成分及营养价值

种类	干物质/%	粗蛋白质/%	粗脂肪/%	粗纤维/%	无氮浸出物/%	钙/%	磷/%	赖氨酸/%	蛋氨酸/%	消化能(猪)/(MJ/kg)
黄豆	88.0	37.0	16.2	5.1	25.1	0.27	0.48	2.30	0.40	16.57
黑豆	88.0	36.1	14.5	6.8	29.4	0.24	0.48	2.18	0.37	16.40
豌豆	88.0	22.6	1.5	5.9	55.1	0.13	0.39	1.61	0.10	13.47
蚕豆	88.0	21.9	1.4	7.5	50.9	0.15	0.40	1.66	0.12	12.89

3. 绿豆

水分 12.0%,粗蛋白质 22.0%~26.0%,粗脂肪 1.0%,粗纤维 4.0%,粗灰分 3.8%。生长期肉猪饲料使用 7.5%,肥育期使用 11.75%,对生长及屠体品质均无不良影响,用量加倍则生长及饲料报酬变差,但其差异不显著。

(二)饼粕类饲料

富含脂肪的豆类籽实和油料籽实提取油后的副产品统称为饼粕类饲料。经压榨提油后的饼状副产品称作油饼,包括大饼和瓦片状饼;经浸提脱油后的碎片状或粗粉状副产品称为油粕。油饼、油粕是我国主要的植物蛋白质饲料,使用广泛,用量大。常见的有大豆饼粕、棉籽(仁)饼粕、菜籽饼粕、花生(仁)饼粕、胡麻饼粕、向日葵(仁)饼粕,此外,还有数量较少的芝麻饼粕、蓖麻饼粕、红花饼粕和棕榈饼粕等。

1. 大豆饼粕

大豆饼粕是我国最常用的一种植物性蛋白质饲料,是以大豆为原料取油后的副产物。压榨提油后的块状副产物称为大豆饼,浸提出油后的碎片状副产物称为大豆粕。见图 2-17 和图 2-18。

图 2-17 大豆饼

图 2-18 大豆粕

(1)营养特性

大豆饼:水分 10.0%～12.5%,粗蛋白质 41.0%～45.0%,粗脂肪 3.5%～5.5%,粗纤维 5.0%～7.0%,粗灰分 5.0%～7.0%,钙 0.15%～0.35%,磷 0.50%～0.80%。黄色直至深褐色,色泽应与新鲜一致,色深表明加热程度高,色浅可能加热不足,具有光泽。烤黄豆的香甜味,不可有酸败、霉坏、焦化等味道,也不可有生豆臭味。

大豆粕:水分 10.0%～12.0%,粗蛋白质 43.0%～46.0%,粗脂肪 0.5%～1.5%,粗纤维 5.0%～7.0%,粗灰分 5.0%～7.0%,钙 0.15%～0.35%,磷 0.50%～0.80%。淡黄色直至淡褐色,颜色太深表示加热过度,太浅有可能加热不足。色泽应与新鲜一致。烤黄豆香味,不可有酸败、霉坏、焦化等味道,也不可有生豆臭味。均匀、流动性良好的粉状物,不可含有可见的野草种子,太粗或太细均不宜。不应有过量外壳、杂物、泥土及过热粒。

(2)饲用价值　大豆饼粕是植物性蛋白质中效果最佳的原料,任何阶段猪饲料均可使用,对肉猪、种猪而言,适口性太好,甚至需要担心过食的现象。因已去油脂,使用太多亦不用担心软脂肉现象。人工乳及教槽饲料中豆粕用量应加以限制,以 10%以内为宜,或饲喂熟化的脱皮大豆粕效果较好。因其碳水化合物中纤维含量多,且其中糖类属多糖及寡糖类,幼畜无消化酶可分解,采食太多可能会造成下痢。

(3)质量标准　饲料用大豆饼粕国家标准规定的感官性状为:呈黄褐色饼状或小片状(大豆饼),呈浅黄褐色或淡黄色不规则的碎片状(大豆粕);色泽一致,无发酵、霉变、结块、虫蛀及异味、异臭;水分含量不得超过 13.0%;不得掺入饲料用大豆饼粕以外的物质。

我国饲料用大豆饼和饲料原料豆粕质量标准,见表 2-15、表 2-16。

表 2-15　我国饲料用大豆饼质量标准(NY/T 130—1989)　%

指标项目	等级		
	一级	二级	三级
粗蛋白质	≥41.0	≥39.0	≥37.0
粗脂肪	<8.0	<8.0	<8.0
粗纤维	<5.0	<6.0	<7.0
粗灰分	<6.0	<7.0	<8.0

表 2-16　我国饲料原料豆粕质量标准(GB/T 19541—2017)　%

指标项目	等级		
	一级	二级	三级
粗蛋白质	≥46.0	≥43.0	≥41.0
粗纤维	≤7.0	≤7.0	≤7.0
粗灰分	≤7.0	≤7.0	≤7.0

评定大豆饼粕质量的指标主要为抗胰蛋白酶活性、脲酶活性、水溶性氮指数、维生素 B_1 含量、蛋白质溶解度等。许多研究结果表明,当大豆饼粕中的脲酶活性在 0.03～0.4 范围内时,饲喂效果最佳。也可用饼粕的颜色来判定大豆加热程度适宜与否,正常加热时为黄褐色,加热

不足或未加热时，颜色较浅或灰白色，加热过度呈暗褐色。

2. 菜籽饼粕

菜籽饼粕（图 2-19）的原料是油菜籽，菜籽饼粕是油菜籽经机械压榨后粉碎或溶剂浸提油后的残留物。菜籽饼粕的形状有粉状、片状和粒状 3 种。菜籽饼粕是一种良好的蛋白质饲料，但由于含有硫葡萄糖苷等有毒物质，使其应用受到很大限制。油菜籽主产区为四川、湖北、湖南和江苏等地。

（1）营养特性　菜籽饼粕是菜籽榨（浸）油后的残渣。带灰的淡褐色，应新鲜一致。淡淡菜籽压榨后特有味道，不可有发酵、发霉及异味，不可有结块现象。蛋白质含量为 33%～38%，赖氨酸达 1.0%～1.8%，蛋氨酸 0.5%～0.9%，氨基酸组成平衡。粗纤维含量为 12%～13%，无氮浸出物含量为 30%，有效能值较低。矿物质中钙磷含量均高，但大部分为植酸磷，富含铁、锰、锌、硒，尤其是硒含量远高于豆饼。维生素中胆碱、叶酸、烟酸、核黄素、硫胺素均比豆饼高。

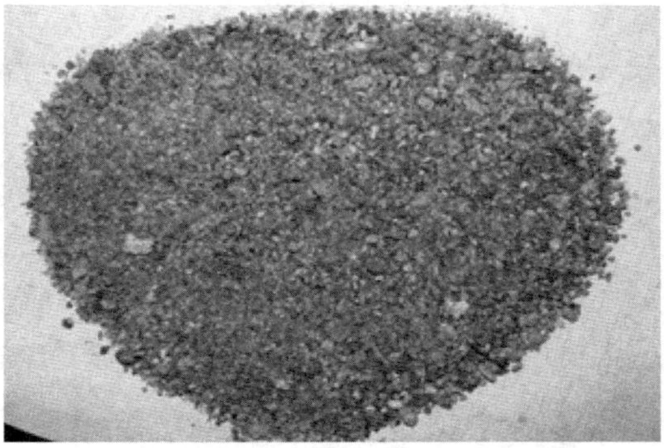

图 2-19　菜籽粕

（2）饲用价值　菜籽饼粕因含有硫葡萄糖苷、芥子碱、植酸、单宁等多种抗营养因子，饲喂价值明显低于大豆粕，并可引起甲状腺肿大，采食量下降，生产性能下降。近年来，国内外培育的"双低"（低芥酸和低硫葡萄糖苷）品种已在我国部分地区推广，并获得较好的效果。

旧品种菜籽所制成的产品，对猪适口性很差，严重者甚至具有明显的苦味，用于猪饲料会引起甲状腺、肾及肝肿大，生长率降低 30%以上，并明显降低母猪繁殖性能。肉猪应限制在5%以下，母猪应限制在 3%以下。而双低油菜饼粕，肉猪可用至 15%，种猪可用至 12%，但若要避免因采食太多而引起脂肪软化现象，使用量应限制在 10%以下。

（3）质量标准　饲料用菜籽饼粕国家标准规定：感官性状为褐色、小瓦片状、片状或饼状，碎片或粗粉状（菜籽粕）；具有菜籽油的香味；无发酵、霉变、结块及异味、异臭；水分含量不得超过 12.0%。

我国饲料用菜籽饼粕质量标准，见表 2-17 和表 2-18。

表 2-17　我国饲料用菜籽饼质量标准（NY/T 125—1989）　%

指标项目	等级		
	一级	二级	三级
粗蛋白质	≥37.0	≥34.0	≥30.0
粗脂肪	<10.0	<10.0	<10.0
粗纤维	<14.0	<14.0	<14.0
粗灰分	<12.0	<12.0	<12.0

表 2-18 我国饲料用菜籽粕质量标准（GB/T 23736—2009） %

指标项目	等级			
	一级	二级	三级	四级
粗蛋白质	≥41.0	≥39.0	≥37.0	≥35.0
粗脂肪	≤3.0	≤3.0	≤3.0	≤3.0
粗纤维	≤10.0	≤12.0	≤12.0	≤14.0
粗灰分	≤8.0	≤8.0	≤9.0	≤9.0
赖氨酸	≤1.7	≥1.7	≥1.3	≥1.3

3. 棉籽饼粕

棉籽饼粕(图 2-20)是棉籽经去毛、去壳再以机械压榨或溶剂提油后的产品,包含有核仁、纤维及残留的油脂。棉籽主要产区为河北、河南、山东、安徽、江苏和湖北等地。

(1)营养特性　棉籽饼粕是棉籽经脱壳取油后的副产品,完全去壳的叫作棉仁饼粕。棉籽饼粕蛋白质含量为 33%～40%，棉仁饼粕粗蛋白质可达 41%～44%,但蛋白质质量较差，赖氨酸达 2.5% ～ 2.9%，蛋氨酸 0.38%,胱氨酸 0.75%,但精氨酸含量较高。氨基酸利用率低,粗纤维一般含量为 11%。黄褐、暗褐及褐红色皆有,细度影响色泽,通常淡色者品质较佳,贮藏太久或加热过度均会加深色泽,溶剂提油产品比压榨产品颜色较浅。

图 2-20 棉籽饼

棉籽饼粕应新鲜一致,无发酵、腐败及异味,亦不可有过热的焦味。粉状,不可有过量外壳、棉织纤维及过热颗粒。

(2)饲用价值　很多人因毒性问题而反对棉籽饼粕用在猪饲料中,其实明白其限制因子,加以校正,适当利用的话,棉籽饼粕是猪的良好蛋白质来源。品质优良的棉籽饼粕(溶剂提油且棉酚含量低者)可取代一半的豆粕而无不良影响,但要注意补充赖氨酸、钙及胡萝卜素等。品质不好或取代量太高则影响适口性,并有中毒可能。游离棉酚含量在 0.04%以下的棉籽饼粕,在肉猪饲料中可用至 10%～20%,母猪可用到 5%～10%。游离棉酚含量超过 0.04%的棉籽饼粕,在使用上必须很谨慎。猪对游离棉酚的耐受量为 100 mg/kg,超过此量即抑制生长,并可能中毒死亡。棉酚毒性可因添加亚铁盐而避免,最具功效的亚铁盐是硫酸亚铁。

棉籽饼粕是猪优良色氨酸来源,但它的赖氨酸含量很低,这也是导致棉籽饼粕使用效果变化很大的主要原因之一。鉴于产品的不稳定及棉酚毒性问题,一般乳猪饲料、仔猪饲料不推荐使用。

(3)质量标准　饲料用棉籽饼粕国家标准规定的感官性状为:呈小瓦片状或饼状，色泽呈新鲜一致黄褐色;色泽均匀一致,无发酵、霉变、虫蛀及异味异臭;水分含量不得超过 12.0%;不得掺入饲料用棉籽饼粕以外的物质。

我国饲料用棉籽饼粕质量标准，见表 2-19、表 2-20。

表 2-19　我国饲料用棉籽饼质量标准（NY/T 129—1989）　%

指标项目	等级		
	一级	二级	三级
粗蛋白质	≥40.0	≥36.0	≥32.0
粗纤维	<10.0	<12.0	<14.0
粗灰分	<6.0	<7.0	<8.0

表 2-20　我国饲料用棉籽粕质量标准（GB/T 21264—2007）　%

指标项目	等级				
	一级	二级	三级	四级	五级
粗蛋白质	≥50.0	≥47.0	≥44.0	≥41.0	≥38.0
粗纤维	≤9.0	≤12.0	≤14.0	≤14.0	≤16.0
粗灰分	≤8.0	≤8.0	≤9.0	≤9.0	≤9.0

4. 花生饼粕

花生饼粕（图 2-21 和图 2-22）是花生脱壳（或不脱壳）后，经机械压榨或溶剂提油后的副产品，是重要的植物性蛋白质饲料原料。我国是花生的生产大国，主要产区为山东、河南、河北、江苏等地。

（1）营养特性　花生饼粕是花生榨（浸）油后的残渣。淡褐色或深褐色，压榨粕色深，萃取粕色浅。压榨粕呈烤过的花生香，而萃取粕为淡淡的花生香，不可有发酸、长霉或烧焦的味道。一致性，流动性良好，不可有太多外壳、茎、砂土及过热颗粒，不可有虫蛀、结块现象。

蛋白质含量为 33%～38%，赖氨酸达 1.0%～1.8%，蛋氨酸 0.5%～0.9%，氨基酸利用率比大豆饼（粕）低，蛋白质品质较差。无氮浸出物含量为 30%，粗纤维含量为 13%，有效能值较低。

图 2-21　花生饼

图 2-22　花生粕

（2）饲用价值　花生饼粕对猪的适口性相当好，但因赖氨酸及蛋氨酸含量低，故其饲用价值低于大豆饼粕。补足所缺的赖氨酸和蛋氨酸后，肥育猪可用花生饼粕取代全部的大豆饼粕，仔猪可取代 1/3 的大豆饼粕。肉猪采食过多花生饼粕时，肉质有变差的可能，脂肪软化，因此饲料中用量以不超过 10%为宜。

(3)质量标准　我国饲料原料花生饼质量标准，见表 2-21。

表 2-21　我国饲料原料花生饼质量标准（NY/T 132—2019）　%

指标项目	等级		
	一级	二级	三级
粗蛋白质	≥48.0	≥40.0	≥36.0
粗纤维	<7.0	<9.0	<11.0
粗灰分	<6.0	<7.0	<8.0

5. 其他饼粕

(1)向日葵(仁)饼粕　向日葵(仁)饼粕是向日葵籽生产食用油后的副产品，可制成脱壳或不脱壳两种，是一种较好的蛋白质饲料。粗蛋白质 29%～34%，暗灰色。新鲜的烘烤香味，不可有酸败、霉坏及过热味道。

未脱壳的向日葵(仁)饼粕粗纤维含量高，有效能值低，肥育效果差，但脱壳者可以少量使用；向日葵壳含粗蛋白质 4%，粗纤维 50%，粗脂肪 2%，粗灰分 2.5%。但因赖氨酸、亮氨酸等缺乏，需和大豆饼粕搭配使用。

向日葵饼粕对猪的适口性不如大豆饼粕和花生饼粕。仔猪饲料避免使用，以免影响氨基酸平衡。生长肥育猪可适量使用，但带壳者因纤维含量高，用量受限，脱壳者可取代大豆饼粕的 50%，但要注意补充维生素及赖氨酸，不可当作蛋白质唯一来源。压榨饼脂肪含量高，采食太多易造成软脂，影响屠体品质。过度加热的饼粕因赖氨酸破坏严重，饲用效果很差。

(2)亚麻仁饼粕　亚麻籽经机械压榨或溶剂提油后残余物粉碎或压片即为亚麻仁饼或粕，一般所见多属前者，通常需指明产品提油方式。亚麻是我国高寒地区主要的油料作物之一，主要产区在黑龙江、吉林两省。饲料用亚麻仁饼和亚麻仁粕的粗蛋白质含量为 32.2%、34.8%，其氨基酸组成不佳，赖氨酸和蛋氨酸较缺乏，富含精氨酸、色氨酸。矿物质中钙、磷均高。亚麻仁饼粕是优良的天然硒源之一。维生素 A、维生素 D 和维生素 E 含量少，但 B 族维生素含量丰富。

亚麻仁饼粕中含有生氰糖苷、抗维生素 B_6 因子、亚麻籽胶等抗营养因子。生氰糖苷可在酶的作用下分解为氢氰酸，有毒性作用。

亚麻仁饼粕因氨基酸不平衡，需配合其他优质蛋白质饲料，并补充必需氨基酸方能获得良好的饲养效果。肉猪饲料中可用至 8%而不影响增重及饲料效率，使用太多会造成背脂熔点变低，引起软脂现象，并导致维生素 B_6 缺乏症。亚麻仁饼粕具有轻泻性，用于母猪饲料可预防便秘。

(3)椰子饼粕　椰子取出其内果肉(即椰子胚乳部分)，将其干燥至含 3%～4%水分即为椰子干，椰子干经压榨或浸提取油后的残渣即为椰子饼或椰子粕。椰子是棕榈属椰子树的果实，生产于热带地区，我国主要产区在海南省。

椰子饼或粕粗蛋白质含量为 20.0%、21.0%，氨基酸组成不佳，缺乏赖氨酸、蛋氨酸及组氨酸，但精氨酸含量很高。椰子饼粕纤维含量多，故热能值不高。脂肪中含饱和脂肪酸高达 90%以上，故不能提供必需脂肪酸，矿物质中含磷量较高，维生素中 B 族维生素含量较高，其他维生素缺乏。

仔猪避免使用，对肉猪的蛋白质消化率低，约为 57%，随用量的增加而增重及饲料报酬降低，故肉猪用量以10%以下为宜，且需补充赖氨酸。

(4)芝麻饼粕　芝麻饼粕是芝麻籽实提油后副产物。芝麻有黑白两种，前者成品为黑色，后者为黄色直至淡褐色，外观应新鲜一致。令人愉快的甜香味，不可有发霉、变质、异臭及焦味出现。粉状，不可有结块、生虫现象，不可有焦粒。

多以压榨法生产，可得47%芝麻油及52%芝麻饼，现代化提油厂则采用预压浸提法，先将芝麻预压成含油8%～12%的残粕，残粕为粒状或片状，再经溶剂浸提制油，可得含脂1%以下的芝麻粕。另外，我国还有一种常用取油方法即水代法(又称水煮法)，所剩芝麻饼又称麻渣。我国是世界上芝麻第一大生产国，主要产区在我国中部。

粗蛋白质含量为39.2%，氨基酸组成中最大特点是蛋氨酸含量高，达0.8%以上，位于饼粕类饲料之首。此外，色氨酸含量也很丰富，约为0.49%。但赖氨酸相当缺乏，含量仅为0.8%左右。芝麻饼粕的粗纤维含量低，传统的水代法取油时，往往粗脂肪含量高，因而能量含量较高。芝麻饼粕矿物质中钙含量很高，远高于其他饼粕类饲料，磷含量也高，但多为植酸磷形式，故钙、磷、锌吸收均受到严重抑制。维生素A、维生素D、维生素E含量少，而维生素B_2、烟酸含量较高。芝麻饼粕的抗营养因子主要是植酸，此外在芝麻籽实外壳中还含有大量草酸，它们会影响某些营养成分，其中主要是矿物质的消化吸收。

仔猪尽可能避免使用，对肥育猪的效果也明显差于大豆饼粕，使用量在10%以下为宜，但需补充不足的赖氨酸。采食太多，有使脂肪组织软化的倾向。

(5)棕榈仁饼　棕榈仁饼为棕榈果实提油后的副产品。粗蛋白质含量低，为14%～19%，属于粗饲料。赖氨酸、蛋氨酸及色氨酸均缺乏，脂肪酸属于饱和脂肪酸。仔猪不宜使用，生长育肥猪可用到15%以下。

(6)苏子饼　苏子饼为苏子种子榨油后的副产品。粗蛋白质含量为35%～38%，赖氨酸含量高。粗纤维含量高，有效能值低。含有抗营养因子——单宁和植酸。机榨法取油的含有苏子特有的臭味，适口性不好，应注意限量饲喂。

其他饼粕类饲料营养成分，见表2-22。

表2-22　其他饼粕类饲料营养成分　%

成分	水分	粗蛋白质	粗脂肪	粗纤维	粗灰分	钙	磷
芥籽饼	11.7	32.6	6.7	11.0	6.8	0.67	0.93
蓖麻籽饼	10.0	34.5	5.9	31.8	5.4	0.65	1.01
棕榈仁粕	11.0	12.9	6.0	11.3	3.2	0.15	0.41
红花籽粕	6.5	22.0	1.5	31.0	5.0	0.25	0.60
脱壳红花籽粕	9.0	42.0	1.5	15.0	7.0	0.45	1.25

(三)叶蛋白饲料

叶蛋白饲料又称绿色蛋白浓缩物(简称LPC)，是以新鲜牧草或青绿植物的茎叶为原料，经压榨后，从其汁液中提取出高质量的浓缩蛋白质饲料。

我国青绿饲料资源丰富，而且豆科牧草的栽培面积逐年扩大。利用牧草生产叶蛋白饲料，以其副产品草渣作为反刍动物的粗饲料，以其废液生产单细胞蛋白，是牧草深加工和综合利用的有效途径之一。除专门生产叶蛋白饲料的工厂外，也可利用各地的制糖工业设备或将其稍加改进后，在夏秋季节生产叶蛋白饲料。因此，在我国发展叶蛋白饲料工业是一项有潜力、有广阔前景的事业。

1. 叶蛋白的营养特性

叶蛋白饲料的营养价值与植物种类、刈割期及生产工艺有关。一般粗蛋白质含量为40%～60%，高者可达70%左右，见表2-23。其氨基酸组成比较完善，如精氨酸、亮氨酸、异亮氨酸、赖氨酸、苯丙氨酸、色氨酸含量均大于或接近大豆饼粕。由于加工过程中部分氨基酸（如蛋氨酸）变成动物不易吸收的复合物，故蛋氨酸为叶蛋白饲料的第一限制性氨基酸。总之，叶蛋白的品质接近大豆饼粕和鱼粉而优于花生饼粕。也有研究表明，叶蛋白的生物学价值优于大豆蛋白。

叶蛋白饲料含有丰富的叶黄素、胡萝卜素、叶绿素及其他维生素等。如苜蓿叶蛋白饲料中含叶黄素1 100 mg/kg左右、胡萝卜素300 mg/kg以上，有的高达900 mg/kg，维生素E含量为600～700 mg/kg。叶黄素可增加蛋黄、皮肤及脂肪的色泽，提高其商品价值。目前许多国家已限制或禁止在饲料中添加可能有致癌作用的合成色素，而叶蛋白饲料就成为极好的天然色素来源。

叶蛋白饲料不含或少含粗纤维，其有效能接近于鱼粉或大豆饼粕，如代谢能水平为10.78～13.37 MJ/kg。此外，叶蛋白饲料中还含有促进畜禽生长发育的未知生长因子，而一些不良因子如植物雌激素、皂角苷等，在絮凝分离叶蛋白时，通过碱法处理或乳酸发酵处理等可能大部分被破坏。

表2-23 叶蛋白饲料营养成分 %

种类	粗蛋白质	粗脂肪	粗纤维	无氮浸出物	粗灰分	备注
苜蓿叶蛋白	50～60	6～12	2～4	12～24	6～10	日本
箭筈豌豆叶蛋白	45～60	8～12	—	10～20	—	苏联
黑麦草叶蛋白	35～50	6～12	2～4	15～35	7～10	日本

2. 叶蛋白的饲用价值

叶蛋白主要用作猪的蛋白质和维生素补充饲料。试验证明，用叶蛋白取代猪日粮中的部分乃至全部的蛋白质来源，能取得良好的饲养效果。

(四)其他

1. 玉米蛋白粉

玉米蛋白粉是玉米籽粒经医药工业生产淀粉或酿酒工业提醇后的副产品。金黄色，鲜度不良或久贮者颜色趋淡，干燥过度时颜色趋黑，原料亦影响色泽的深浅。带玉米烤过的味道，并具玉米发酵的特殊气味，无发霉、发酸现象。粉粒状，成分、色泽应一致。

(1)营养特性　粗蛋白质含量为40%～60%，氨基酸组成不佳，蛋氨酸、精氨酸含量高，赖氨酸和色氨酸严重不足。粗纤维含量低，易消化，代谢能与玉米近似，能量较高。铁含量较多，钙、磷含量较少，胡萝卜素含量较高，富含色素，主要是叶黄素和玉米黄质。

(2)饲用价值　玉米蛋白粉对猪适口性好，易消化吸收，但因其氨基酸不平衡，特别是缺乏赖氨酸，用于猪饲料效果不如鸡饲料，一般用量不超过 4%，大量使用时应添加合成氨基酸。

2. 玉米酒糟副产品饲料

酒糟蛋白饲料的商品名是 DDGS 饲料，即含有可溶固形物的干酒糟。在以玉米为原料发酵制取乙醇过程中，其中的淀粉被转化成乙醇和二氧化碳，其他营养成分如蛋白质、脂肪、纤维等均留在酒糟中。同时由于微生物的作用，酒糟中蛋白质、B 族维生素及氨基酸含量均比玉米有所增加，并含有发酵中生成的未知促生长因子。市场上的玉米酒糟蛋白饲料产品有两种：一种为 DDG，是将玉米酒精糟作简单过滤，滤渣干燥，滤清液排放掉，只对滤渣单独干燥而获得的饲料；另一种为 DDGS，是将滤清液干燥浓缩后再与滤渣混合干燥而获得的饲料。后者的能量和营养物质总量均明显高于前者。

(1)营养特性　玉米 DDGS 饲料的主要特点是低淀粉、高蛋白、高可消化纤维和高有效磷，钙含量很低，B 族维生素和维生素 E 含量丰富，它可以广泛应用于畜牧生产上。由于 DDGS 的蛋白质含量在 26%以上，已成为国内外饲料生产企业广泛应用的一种新型蛋白饲料原料，在畜禽配合饲料中通常用来替代豆粕、鱼粉，添加比例最高可达 30%。DDGS 中中性洗涤纤维的含量很高，可以阻止病原菌在猪肠壁上附着或作为有益菌的营养来源，在日粮中添加 5%～10%的 DDGS 可降低 50%由回肠炎导致的猪死亡率。

(2)饲用价值　酒精糟不宜用于仔猪，但肉猪及种猪饲料中可取代糠麸类饲料，增加适口性，并且可作为蛋白质来源使用，但因氨基酸组成不平衡，不宜作为唯一蛋白质来源，配合量在 15%以下为宜。DDS 可作为仔猪饲料原料，用量以 2.5%～5%为宜。

3. 啤酒糟

啤酒糟又称为啤酒粕，是从大麦麦芽或混合其他谷物制造啤酒过程中所滤出的残渣。制造啤酒的原料有大麦麦芽、大米、玉米、淀粉等，制造过程中可产生啤酒糟。啤酒糟主要由麦芽的皮壳、叶芽、不溶性蛋白质、半纤维素、脂肪、灰分及少量未分解的淀粉和未洗出的可溶性浸出物组成。

(1)营养特性　啤酒糟的干物质中含粗蛋白质为 25.13%、粗脂肪为 7.13%、粗纤维为 13.81%、灰分为 3.64%、钙为 0.4%、磷为 0.57%；在氨基酸组成上，赖氨酸占 0.95%、蛋氨酸占 0.51%、胱氨酸占 0.30%、精氨酸占 1.52%、异亮氨酸占 1.40%、亮氨酸占 1.67%、苯丙氨酸占 1.31%、酪氨酸占 1.15%；还含有丰富的锰、铁、铜等微量元素。

(2)饲用价值　由于发酵或提取，其中可溶性碳水化合物明显减少，使糟类蛋白质含量相对增加，但粗纤维增加，适口性变差。由于啤酒糟的能量价值不高，一般不作为肉猪饲料原料，但可用于种猪饲料。如果要使用，要注意限制用量，一般在 7%以下为宜。适当添加含有 β-葡聚糖酶和戊聚糖酶的酶制剂有助于提高啤酒糟的利用率。另外，酒糟最好作热处理后再喂猪。

4. 啤酒酵母

啤酒酵母含水分 6.0%～11.0%，粗蛋白质 40.0%～50.0%，粗脂肪 0.75%～2.0%，粗纤维 2.0%～3.5%，粗灰分 6.0%～10.0%，钙 0.05%～0.15%，磷 1.0%～1.5%。黄褐色直至略呈灰色的乳酪色，干燥过度者则呈灰黑色。令人愉快的酵母味，尝之有苦味，不应有发霉或焦化味道。粉状，圆筒干燥者呈细片或细粒状，喷雾干燥者为似棉絮的粉末，无掺杂的纯品应可溶于水中。

对禽畜健康具有特殊效果，然而因价格昂贵，仅用于幼畜，用量为2%～3%。由于啤酒酵母干燥成本高，故酒厂附近养猪场可用液态啤酒酵母直接养肉猪，但应事先加热或添加丙酸类物质，否则活的酵母菌细胞可能引起消化问题及腹泻。

5. 渣类饲料

豆腐渣是来自豆腐、豆奶加工厂的副产品，为大豆浸渍成豆乳后，过滤所得残渣。豆腐渣干物质中粗蛋白质、粗纤维和粗脂肪含量较高，维生素含量低且大部分转移到豆浆中，与豆类籽实一样含有抗胰蛋白酶因子。鲜豆腐渣是猪的良好多汁饲料，可提高猪日增重，肥育猪使用过多会出现软脂现象而影响胴体品质。鲜豆腐渣经干燥、粉碎可做配合饲料原料，但加工成本较高。

酱渣含有大量菌体蛋白，粗蛋白质含量为24%～40%。含有B族维生素、无机盐、糊精、氨基酸等。脂肪含量约14%，粗纤维含量高，无氮浸出物含量低，有机物质消化率低，有效能值低。酱渣对肥育猪用量宜小于5%，否则降低生长速度，影响胴体品质。

二、动物性蛋白质饲料

动物性蛋白质饲料类主要是指水产、畜禽加工、缫丝及乳品业等加工副产品。该类饲料的主要营养特点是：粗蛋白质含量高(40%～85%)，氨基酸组成比较平衡，并含有促进动物生长的动物性蛋白因子。碳水化合物含量低，不含粗纤维。粗灰分含量高，钙、磷含量丰富，比例适宜。维生素含量丰富(特别是维生素 B_2 和维生素 B_{12})。脂肪含量较高，虽然能值含量高，但脂肪易氧化酸败，不宜长时间贮藏。

(一)鱼粉

(1)营养特性　鱼粉(图2-23)是鱼类加工食品剩余的下脚料或全鱼加工的产品。一般国产鱼粉的粗蛋白质含量为40%～60%，优质鱼粉的粗蛋白质含量可达63%以上。氨基酸组成较为平衡。鱼粉中一般含有6%～12%的脂类。钙、磷含量高，比例适宜。微量元素中碘、硒含量高。富含维生素 B_{12}、脂溶性维生素A、维生素D、维生素E和未知生长因子(UGF)。其营养成分因原料质量和加工工艺不同，变异较大。

图 2-23　鱼粉

不同种类的鱼粉色泽存在差异，正常鲱鱼粉呈淡黄或淡褐色；沙丁鱼粉呈红褐色；鳗鱼等白鱼粉呈淡黄色或灰白色；蒸煮不透、压榨不完全、含脂较高的鱼粉颜色较深；各种鱼粉均具有鱼腥味。鱼粉中水分含量一般为10%左右。进口鱼粉含盐约2%，国产鱼粉盐分含量应小于5%。全鱼粉粗灰分含量为16%～20%，超过20%疑为非全鱼鱼粉。

(2)饲用价值　鱼粉是猪良好的蛋白质来源，具有改善饲料效率和提高生长速度的效果，而且猪年龄越小，效果越明显，这主要是使仔猪所需的氨基酸中赖氨酸和胱氨酸得到了充分补充的缘故。因此，断奶前后仔猪饲料中一般要使用3%～5%的优质鱼粉。生长肥育猪饲料中一般在3%以下，再高增加成本，还会使体脂变软，肉带鱼腥味。

使用时应注意鱼粉是否掺假，感官性状是否正常，脱脂效果以及粗蛋白质含量等。鱼粉带入配合饲料中的氯化钠应视为添加的食盐。加工、贮藏不当时，鱼粉中可产生肌胃糜烂素，并引起硫胺素缺乏等。

（3）质量标准　我国饲料用鱼粉质量标准，见表 2-24。

表 2-24　我国饲料用鱼粉质量标准(SC/T 3501—1996)

项目	特级品	一级品	二级品	三级品
色泽	黄棕色、黄褐色等鱼粉正常颜色			
组织	膨松、纤维状组织明显，无结块、无霉变	较膨松、纤维状组织较明显，无结块、无霉变	松软粉状物，无结块、无霉变	
气味	有鱼香味，无焦灼味和油脂酸败味		具有鱼粉正常气味，无异臭，无焦灼味	
粉碎粒度	至少 98%能通过筛孔为 2.80 mm 的标准筛			
粗蛋白质/%	≥60	≥55	≥50	≥45
粗脂肪/%	≤10	≤10	≤12	≤12
水分/%	≤10	≤10	≤10	≤12
盐分/%	≤2	≤3	≤3	≤4
灰分/%	≤15	≤20	≤25	≤25
砂分/%	≤2	≤3	≤3	≤4

（二）肉骨粉

肉骨粉是以动物屠宰后不宜食用的下脚料及各种废弃物或畜禽尸体经高温、高压脱脂干燥而成的产品。

（1）营养特性　肉骨粉的粗蛋白质含量为 20%～54%，粗灰分为 26%～40%，钙为 7%～10%、磷为 3.8%～5.0%，是动物良好的钙、磷来源。脂肪含量为 8%～18%。肉骨粉正常情况下为粉状，肉骨粉内一般含有粗骨粒，金黄色至淡褐色或深褐色，含脂肪高时，颜色较深，加热处理时颜色也会加深，一般用猪肉骨制成者颜色较浅。肉骨粉具有新鲜的肉味，并具有烤肉香及牛油或猪油味。肉骨粉贮藏不当时，脂肪易变质腐败，影响适口性和动物产品品质。肉骨粉的原料很容易感染沙门氏菌，在加工处理畜禽副产品过程中，要进行严格的消毒。

（2）饲用价值　生长肥育猪饲料中随用量的增加，生长呈下降趋势，尤其饲用品质不良的肉粉或肉骨粉更为明显，故用量不可太高，在 5%以下为宜。一般多用于生长肥育猪与种猪饲料，仔猪避免使用。

（3）质量标准　中华人民共和国国家标准《饲料用骨粉及肉骨粉》，见表 2-25。

表 2-25　我国饲料用肉骨粉质量标准(GB/T 20193—2006)

指标项目	等级		
	一级	二级	三级
粗蛋白/%	≥50	≥45	≥40
赖氨酸/%	≥2.4	≥2.0	≥1.6
胃蛋白酶消化率/%	≥88	≥86	≥84
酸价(KOH)/(mg/g)	≤5	≤7	≤9
挥发性盐基氮/(mg/100 g)	≤130	≤150	≤170
粗灰分/%	≤33	≤38	≤43

(三)肉粉

肉粉是以纯肉屑或碎肉制成的饲料。肉粉正常情况下为粉状。

(1)营养特性　肉粉的粗蛋白质含量为45%～60%,氨基酸组成较差。肉粉蛋氨酸和色氨酸含量较鱼粉低,适口性也略差。B族维生素含量较多,而维生素A、维生素D和维生素B_{12}的含量都低于鱼粉。

(2)饲用价值　肉粉品质差异较大,易变质腐败,肉粉在饲粮中用量一般为7.5%～10%为宜。一般多用于肉猪与种猪饲料,仔猪避免使用。某些肉粉由于高温熬制使部分蛋白质变性,消化率降低。

(3)质量标准　《饲料用肉粉》(Q/320722SY 001—2005)的质量标准,见表2-26。

表2-26　我国饲料用肉粉质量标准(Q/320722SY 001—2005)　%

指标项目	等级		
	一级	二级	三级
粗蛋白质	≥65.0	≥60.0	≥55.0
水分	≤10.0	≤10.0	≤10.0
粗脂肪	≤10.0	≤11.0	≤12.0
粗纤维	≤3.0	≤3.0	≤3.0
粗灰分	≤15.0	≤16.0	≤16.0
钙	≤3.0	≤3.0	≤3.0
总磷	≤2.0	≤2.0	≤2.0
胃蛋白酶消化率	≥85.0	≥85.0	≥85.0

(四)血粉

血粉是动物屠宰后废弃的洁净、新鲜血液经加热凝固,再经压榨除去水分、干燥等工序加工而成的一种动物性蛋白质饲料。

(1)营养特性　血粉干物质中粗蛋白质含量一般在80%以上,赖氨酸含量高达6%～9%,蛋氨酸、异亮氨酸缺乏,总的氨基酸组成非常不平衡。血粉含钙、磷少,含铁较多。饲料用血粉为干燥粉粒状物,具有本制品固有气味,无腐败变质气味,颜色为暗红色或褐色,能通过2～3 mm孔筛,不含砂石等杂质。

血粉适口性差,氨基酸组成不平衡,并具黏性,过量添加易引起腹泻,因此饲粮中血粉的添加量不宜过高。

(2)饲用价值　对于普通血粉,仔猪应避免使用,生长肥育猪饲料可少量使用。因血粉可补充猪饲料易缺乏的赖氨酸,故血粉用于猪饲料具有较好的经济价值。生长肥育猪饲料中,品质优良的血粉可用至4%,品质不良者应避免使用,易造成拒食及生长不良。但喷雾干燥血粉可用于仔猪,提供免疫球蛋白等生物活性成分。

(3)质量标准　我国《饲料用血粉》(SB/T 10212—1994)质量指标均以90%干物质为基础,见表2-27。

表 2-27　我国饲料用血粉质量标准(SB/T 10212—1994)　%

指标项目	等级	
	一级	二级
粗蛋白质	≥80	≥70
粗纤维	<1	<1
水分	≤10	≤10
灰分	≤4	≤6

(五)水解羽毛粉

家禽屠体脱毛处理所得的羽毛,经清洗、高压水解处理后粉碎的产品即为水解羽毛粉。

(1)营养特性　羽毛粉中粗蛋白质含量为80%～85%,胱氨酸含量为2.93%,居所有天然饲料之首。缬氨酸、亮氨酸、异亮氨酸的含量较高,但赖氨酸、蛋氨酸和色氨酸的含量较少。养殖生产中,水解羽毛粉常因蛋白质生物学价值低,适口性差,氨基酸组成不平衡,而被限量利用。

(2)饲用价值　仔猪饲料不宜使用,即使生长肥育猪饲料也以5%为限,而且需补充大量的赖氨酸。水解羽毛粉所含胱氨酸对猪无多少意义,故用在猪饲料中的经济效益可能比不上家禽饲料。

(3)质量标准　北京市地方标准《饲料原料水解羽毛粉》的质量指标,见表2-28。

表 2-28　我国饲料原料水解羽毛粉质量标准(NY/T 915—2017)　%

指标项目	等级	
	一级	二级
粗蛋白质	≥78	≥78
粗灰分	≤2	≤5
胃蛋白酶消化率	≥80	≥75
水分	≤10	≤10
粗脂肪	≤5	≤5

(六)虾粉、虾壳粉、蟹粉

虾粉、虾壳粉是指利用新鲜小虾或虾头、虾壳,经干燥、粉碎而成的一种色泽新鲜、无腐败异臭的一类粉末状产品。蟹粉是指用蟹壳、蟹内脏及部分蟹肉加工生产的一种产品。这类产品中的成分随品种、处理方法、肉和壳的组成比例不同而异。

(1)营养特性　一般虾粉的粗蛋白质含量约40%,虾壳粉、蟹粉的粗蛋白质约30%,其中1/2为几丁质(又名甲壳素、甲壳质、壳聚糖等)。粗灰分含量30%左右,并含大量不饱和脂肪酸、胆碱、磷脂、固醇和具着色效果的虾红素。

(2)饲用价值　生长肥育猪饲料中使用5%虾粉或蟹粉可得到良好效果,是肠道中双歧乳酸杆菌的生长因子,可提高仔猪的抗病力,改善猪肉色泽。比肉骨粉、肉粉、肉杂等效果好很多,故可取代之。但此类产品因灰分及几丁质高,这种物质的化学组成类似纤维素,很难被动物消化。脂肪低,故热能不佳,应注意热能补充及钙、磷平衡问题。

(七)蚕蛹粉

(1)营养特性　蚕蛹是蚕丝工业副产物,分为桑蚕蛹和柞蚕蛹。蚕蛹中含有60%以上的粗蛋白质，必需氨基酸组成良好。富含赖氨酸和含硫氨基酸，而且色氨酸含量也高。新鲜蚕蛹富含核黄素。粗脂肪含量为20%～30%。脱脂蚕蛹有效：消化能为12.80 MJ/kg(猪)。蚕蛹的钙、磷比为1∶(4～5)，可作为配合饲料中调整钙磷比的动物性磷源饲料。所以，蚕蛹是一种高能量、高蛋白质饲料，既可以做蛋白质补充料，又可补充畜禽饲料的能量不足，但应用不广泛。

(2)饲用价值　品质好的蚕蛹粉和蚕蛹粕对猪的适口性也较好，同样可作为猪的蛋白质良好来源，日粮的用量为2%～5%。酸败的蚕蛹饲养生长肥育猪后易造成脂肪变黄，俗称黄猪，影响屠体品质。

(3)质量标准　《饲料用桑蚕蛹》(NY/T 218—1992)中质量标准均以88%干物质为基础计算，见表2-29。

表2-29　饲料用桑蚕蛹质量标准(NY/T 218—1992)　%

指标项目	等级		
	一级	二级	三级
粗蛋白质	≥50.0	≥45.0	≥40.0
粗纤维	<4.0	<5.0	<6.0
粗灰分	<4.0	<5.0	<6.0

(八)家禽副产物粉

家禽屠体废弃部分，如头、颈、爪、无精蛋及肠等，经干法或湿法熬油后的残渣加以粉碎即为家禽副产物粉。

(1)营养特性　除正常生产不可避免的少量混合外，本品不可含有羽毛，灰分含量应在16%以下，盐酸不溶物应在4%以下。本品亦称为鸡肉粉，相关产品有鸡杂、水解家禽杂碎、家禽孵化副产物、蛋壳粉等，是大型家禽屠宰场的副产品。粗蛋白质含量为58.0%。

(2)饲用价值　饲用价值高于羽毛粉，但低于鱼粉，与鱼粉配合使用具有良好的饲养效果，原料新鲜、处理良好的产品，其饲用价值优于肉粉和肉骨粉。营养成分特点与肉粉类似，但价值更高，使用方法参照肉粉。

(九)猪油粕(猪油渣)

猪油粕是猪在屠宰场切割后的皮下脂肪，经熬油后的残渣。

(1)营养特性　猪油粕含60%～65%蛋白质，15%～20%脂肪，若再经压榨处理，脂肪含量可降至10%左右，蛋白质含量达70%以上。

(2)饲用价值　新鲜的猪油粕，风味良好，肉香四溢，但成品已经连续熬油，所含脂肪甚易变质，故不宜贮存，否则氧化酸败，风味较差，影响饲养价值，用量10%以上时明显不良。但猪油粕价格比鱼粉低，而蛋白质含量及热能较高，故少量使用(5%以下)可节省成本而饲养成绩差异不大。

(十)水解皮革粉

水解皮革粉来自皮革工业的下脚料，经过碱性或高压蒸汽水解、过滤、浓缩、干燥后即得水解皮革粉。粗蛋白质不低于60%，加热处理后的皮革粉可改善其利用价值而少量用于饲料中，但用量高时饲养效果很差，甚至有致死的可能。

水解皮革粉可用作猪饲料的蛋白质原料，在生长肥育猪日粮中可使用4%～5%。

三、单细胞蛋白质饲料

单细胞蛋白质(SCP)是单细胞或具有简单构造的多细胞生物的菌体蛋白的统称。包括各种酵母、细菌、真菌和一些单细胞藻类。饲料酵母按培养基不同常分为石油酵母、工业废液(渣)酵母(包括啤酒酵母、酒精废液酵母、味精废液酵母、纸浆废液酵母)。单细胞藻类目前主要饲用的有绿藻和蓝藻两种。

(1)营养特性　石油酵母粗蛋白质含量约60%,赖氨酸含量接近优质鱼粉,但缺少蛋氨酸。粗脂肪含量为8%～10%,多以结合型存在于细胞质中,不易氧化,利用率较高。矿物质铁高、碘低。B族维生素含量较丰富,但维生素B_{12}不足。

工业废液酵母一般风干制品中粗蛋白质含量为45%～60%,赖氨酸为5%～7%,蛋氨酸+胱氨酸为2%～3%。蛋白质生物学价值与优质豆饼相当,适口性差。有效能值与玉米近似。富含锌、硒,含铁量很高。

蓝藻的粗蛋白质含量为65%～70%,精氨酸、色氨酸含量高,脂肪酸以软脂酸、亚油酸、亚麻油酸居多,维生素C丰富。

(2)饲用价值　酵母味苦,适口性差。但赖氨酸含量高,最好用于肥育猪后期饲料。育肥猪添加5%～15%。蓝藻适口性好,可大量用于猪饲料。

任务四　粗饲料原料

二维码2-4　粗饲料原料

一、草粉饲料原料

草粉是将适时刈割的牧草经人工或自然快速干燥后,粉碎而成的青绿色草粉。干制青饲料的目的与青贮相同,主要是为了保存青饲料的营养成分,便于随时取用。草粉按植物种类分有豆科青草粉、禾本科青草粉、混合青草粉等;按干燥方法分为自然干燥草粉和人工干燥草粉。草粉是重要的蛋白质和维生素饲料资源。

(一)苜蓿草粉

紫花苜蓿,是豆科一年生或多年生草本植物。经日晒或人工干燥后粉碎即成为苜蓿草粉。苜蓿草粉由于含粗蛋白质和粗纤维量的不同,可分为两类:一类是粗饲料干草亚类,即粗纤维含量大于18%;另一类是粗蛋白质饲料干草亚类,即粗纤维含量≤18%,粗蛋白质含量≥20%的苜蓿叶粉。按调制加工方法可分为脱水苜蓿和日晒苜蓿两大类。苜蓿草粉是各类畜禽配合饲料的常用原料之一,我国苜蓿有一半用于生产草粉。

(1)营养特性　饲料用苜蓿草粉的粗蛋白质含量为14.3%～19.1%,氨基酸组成比较平衡,粗脂肪2.1%～2.6%,粗纤维22.7%～29.80%,无氮浸出物33.3%～35.3%,粗灰分7.6%～10.1%,矿物质中钙多磷少,磷与一般植物性原料不同,不含植酸磷,其他微量元素,如铁、铜、锰、锌和硒等含量均高。苜蓿草粉含有丰富的各种维生素,尤其是维生素A、维生素E和B族维生素。含有丰富的β-胡萝卜素和叶黄素,是很好的天然着色原料。含有皂苷、酚类化合物等抗营养因子。

(2)饲用价值　苜蓿草粉作为猪的配合饲料原料时,不宜用量过多,少量使用可用于补充维生素。肉猪用量应在5%以下,仔猪不宜使用,因为含有皂苷等抗营养因子且粗纤维含量较高。

(3)质量标准　我国饲料用苜蓿草粉质量标准,见表2-30。

表2-30　我国饲料用苜蓿草粉质量标准(GB 10389—89)　　%

指标项目	等级		
	一级	二级	三级
粗蛋白质	≥18.0	≥16.0	≥14.0
粗纤维	<25.0	<27.5	<30.0
粗灰分	<12.5	<12.5	<12.5

(二)白三叶草粉

白三叶是世界上重要的牧草之一。制成草粉的加工方法与苜蓿草粉相同,可分为人工干燥和日晒干燥白三叶草粉。

(1)营养特性　新鲜白三叶含水量达84%,草粉干物质中一般营养成分及含量:粗蛋白质20.8%,粗脂肪2.2%~4.4%,粗纤维15.9%~22.5%,无氮浸出物24.7%~31.6%,粗灰分8.1%~12.3%,钙1.16%~1.68%,总磷0.30%~0.46%。

白三叶草粉粗蛋白质含量高,属蛋白质饲料,赖氨酸含量高于猪的需要量,但蛋氨酸和色氨酸缺乏。矿物质和维生素含量与苜蓿草粉相似,胡萝卜素含量高。

(2)饲用价值　在猪饲料中,白三叶草粉可用到7%~8%。

(3)质量标准　我国饲料用白三叶草粉质量标准,见表2-31。

表2-31　我国饲料用白三叶草粉质量标准(NY/T 141—1989)　　%

指标项目	等级		
	一级	二级	三级
粗蛋白质	≥22.0	≥17.0	≥14.0
粗纤维	<17.0	<20.0	<23.0
粗灰分	<11.0	<11.0	<11.0

二、叶粉饲料原料

(一)甘薯茎叶粉

甘薯的地上部分可分成叶片、叶柄与茎三部分,三者的风干重比例大体是32∶14∶54。甘薯茎叶粉是将甘薯地上部分茎叶晒干或晾干后,经粉碎的粗饲料。不同收贮条件下,甘薯的茎叶比有着鲜明差异,因收割、晾晒方法不同,叶片损失比例也不同。霜后收获,特别是收贮方法不当时,叶柄及叶片部分极易丢失,此时甘薯茎叶粉的营养价值明显下降。

(1)营养特性　甘薯茎、甘薯叶粉一般营养成分及含量分别为:粗蛋白质4.7%~8.1%,14.5%~19.3%,粗脂肪1.9%~2.9%、2.4%~3.4%,粗纤维29.6%~34.2%、11.4%~

14.0%，无氮浸出物 36.8%～43.2%、39.7%～47.9%，粗灰分 6.1%～8.7%、9.6%～13.6%，钙 1.5%左右，磷 0.32%左右。

甘薯茎的营养成分与一般农作物秸秆相似。甘薯叶粉粗纤维含量较低，蛋白质含量较高，必需氨基酸含量较高，基本上可满足猪的需要量。叶子形状大而薄，易干燥，茎与叶柄表面积小，水分不易散失，调制不当叶片先干，茎与叶柄后干，两者分离，收贮后只剩茎及少量叶柄，变成粗饲料。

甘薯茎叶中含有丰富的矿物元素，其中尤以叶中锰、硒的含量最突出。各种微量元素的含量因种植地区不同差异较大。甘薯叶中胡萝卜素含量可达 199.8 mg/kg，但甘薯茎中的含量较低，只有叶含量的 1/5。

(2)饲用价值　甘薯叶粉在猪饲料中的用量可达 5%～8%，由于粗纤维含量较高，不宜用量过高，否则营养浓度无法满足需要。

(3)质量标准　我国饲料用甘薯茎叶粉的质量标准，见表 2-32。

表 2-32　我国饲料用甘薯茎叶粉质量标准(NY/T 142—1989)　%

指标项目	等级		
	一级	二级	三级
粗蛋白质	≥15.0	≥13.0	≥11.0
粗纤维	<13.0	<18.0	<23.0
粗灰分	<13.0	<13.0	<13.0

(二)木薯叶粉

木薯叶粉是以新鲜木薯叶(含部分叶柄)为原料，经干燥加工成的饲料原料。木薯叶片薄而阔，水分极易蒸发，干燥后变脆容易损失，叶柄粗硬，干燥需时间较长。木薯叶粉富含各种营养物质，是蛋白质、矿物质和维生素的良好来源和畜禽的优良饲料原料。

(1)营养特性　干物质 90.3%，粗蛋白质 16.8%，粗脂肪 6.4%，粗纤维 17.8%，无氮浸出物 42.6%，粗灰分 6.8%，钙 2.5%，总磷 0.22%，铁、锌含量也相当高，但缺少磷、铜，应加以补充。有效能值较低，代谢能为 4.77 MJ/kg 左右。木薯叶粉蛋白质品质较好，含有较高的赖氨酸，含量为 1.2%，在蛋白质饲料资源缺乏的木薯产区，可作为叶粉资源缓解部分蛋白质不足的矛盾。

(2)饲用价值　木薯叶粉一般在猪饲料中用量为 5%以内，补充部分蛋白质和维生素。由于粗纤维含量高，用量过高影响营养浓度。

(3)质量标准　我国饲料用木薯茎叶粉的质量标准，见表 2-33。

表 2-33　我国饲料用木薯茎叶粉质量标准(NY/T 139—1989)　%

指标项目	等级		
	一级	二级	三级
粗蛋白质	≥17.0	≥14.0	≥11.0
粗纤维	<17.0	<20.0	<23.0
粗灰分	<9.0	<9.0	<9.0

(三)松针叶粉

松针叶粉是松树针叶经干燥、粉碎后的产品。按其不同来源分马尾松叶粉、赤松叶粉、黑松叶粉和油松叶粉等。松针叶粉外观为草绿色，具有松针叶固有的气味。

(1)营养特性　饲料用马尾松叶粉、赤松和黑松混合叶粉的一般营养成分及含量分别为：干物质 92.0%、92.2%，粗蛋白质 7.8%、9.9%，粗脂肪 7.12%、11.1%，粗纤维 26.8%、27.1%，无氮浸出物 46.8%、41.6%，粗灰分 3.0%、3.4%，钙 0.4%、0.5%，总磷 0.05%、0.08%，硒 2.8 mg/kg、3.6 mg/kg。

(2)饲用价值。

①松针叶粉含有大量的生物活性成分，如维生素 C、B 族维生素、胡萝卜素、叶绿素、植物激素及杀菌素等。马尾松叶粉、赤松和黑松混合叶粉中分别含胡萝卜素 291.8 mg/kg、121.8 mg/kg，维生素 C 735 mg/kg、522 mg/kg。由于维生素含量高，具有促进生长、增强抗病能力的效果。

②松针叶粉含有松脂气味和挥发性物质，在畜禽饲料中的添加量不宜过高，一般在猪饲料中的添加量为 5%～8%。

任务五　矿物质饲料

二维码 2-5　矿物质饲料

矿物质饲料是补充动物矿物质需要的饲料。它包括人工合成的、天然单一的和多种混合的矿物质饲料，以及配合有载体或赋形剂的痕量、微量、常量元素补充料。矿物质元素在各种动植物饲料中都有一定含量，虽多少有差别，但由于动物采食饲料的多样性，往往可以相互补充而满足动物对矿物质的需要。但在舍饲或高产等情况下，动物对它们的需要量增多，这时就必须在动物的日粮中另行添加所需的矿物质。

一、含钠与氯的矿物质饲料

1. 氯化钠

食盐(图 2-24)的成分是氯化钠(NaCl)，精制食盐含氯化钠 99%以上，粗盐含氯化钠为 95%。纯净的食盐含氯 60%，含钠 39%，此外尚有少量的钙、镁、硫等杂质。食用盐为白色细粒，工业用盐为粗粒结晶。相对湿度达 75%以上时食盐开始潮解。

图 2-24　食盐

植物性饲料大都含钠和氯的数量较少，相反，含钾丰富。为了保持生理上的平衡，对以植物性饲料为主的畜禽，应补饲食盐。食盐除了具有维持体液渗透压和酸碱平衡的作用外，还可刺激唾液分泌，提高饲料适口性，增强动物食欲，具有调味剂的作用。

猪因日粮中食盐配合过多，或混合不匀，而引起食盐中毒。食盐的给予量要根据家畜的种类、体重、生产能力、季节和日粮组成等来考虑。一般食盐在风干日粮中的用量为0.25%～0.5%为宜。

在缺碘地区，为了人类的健康现已供给碘化食盐，在这些地区的家畜同样也缺碘，故给饲食盐时也应采用碘化食盐。如无出售，可以自配，在食盐中混入碘化钾，用量要使其中碘的含量达到0.007%为度。配合时，要注意使碘分布均匀，如配合不均，可引起碘中毒。再者碘易挥发，应注意密封保存。

补饲食盐时，除了直接拌在饲料中外，也可以用食盐为载体，制成微量元素预混料的食盐砖。在缺硒、铜、锌的地区，也可分别制成含亚硒酸钠、硫酸铜、硫酸锌或氧化锌的食盐砖、食盐块使用。

2. 碳酸氢钠

碳酸氢钠又名小苏打，分子式为$NaHCO_3$，为无色结晶粉末，无味，略具潮解性，其水溶液因水解而呈微碱性，受热易分解放出二氧化碳。碳酸氢钠含钠27%以上，生物利用率高，是优质的钠源性矿物质饲料之一。碳酸氢钠不仅可以补充钠，更重要的是其具有缓冲作用，能够调节饲粮电解质平衡和胃肠道pH。另外，具有中和胃酸，起健胃作用；缓解酸中毒；碱化尿液；减少热应激造成的损失；缓解食物酸中毒；防治猪的异嗜症；提高猪肉品质；提高粗饲料的利用率，促进猪的生长等方面的作用。一般添加量为0.5%～2%，与氧化镁配合使用效果更佳。

3. 硫酸钠

硫酸钠又名芒硝，分子式为Na_2SO_4，为白色粉末。含钠32%以上，含硫22%以上，生物利用率高，既可补钠又可补硫，特别是补钠时不会增加氯含量，是优良的钠、硫源之一。

二、含钙的矿物质饲料

生长幼畜对钙的缺乏较为明显，因此动物日粮中应注意钙的补充。常用的含钙矿物质饲料有石灰石粉、白云石粉、贝壳粉、蛋壳粉及石膏粉等。

1. 石灰石粉（$CaCO_3$）

石灰石粉又称石粉（图2-25），为天然的碳酸钙，一般含纯钙35%以上，是补充钙的最廉价、最方便的矿物质原料。石灰石粉的成分与含量，见表2-34。

图2-25　石粉

表2-34　石灰石粉的成分与含量　　%

干物质	灰分	钙	氯	铁	锰	镁	磷	钾	钠	硫
99.0	96.8	35.84	0.02	0.349	0.027	2.06	0.01	0.11	0.06	0.04
100.0	96.9	35.89	0.03	0.350	0.027	2.06	0.01	0.12	0.06	0.04

天然的石灰石，只要铅、汞、砷、氟的含量不超过安全系数，都可用于饲料。石粉的用量如下：仔猪1%～1.5%，育肥猪2%，种猪2%～3%。石粉饲喂过量，会降低日粮有机养分的消化率。

石粉作为钙的来源，其粒度以中等为好，一般猪为26～36目。我国国家标准适用于沉淀法制得的饲料级轻质碳酸钙，见表 2-35。

表 2-35 我国饲料级轻质碳酸钙质量标准(HG 2940—2000) %

指标项目	指标	指标项目	指标
碳酸钙(以干物质计)	≥98.0	钡盐(以 Ba 计)	≤0.030
钙(以干物质计)	≥39.2	重金属(以 Pb 计)	≤0.003
盐酸不溶物	≤0.2	砷(As)	≤0.000 2
水分	≤1.0		

2. *贝壳粉*

贝壳粉(图 2-26)是各种贝类外壳(如蚌壳、牡蛎壳、蛤蜊壳、螺蛳壳等)经加工粉碎而成的粉状或粒状产品，主要成分也为碳酸钙，含钙量应不低于 33%。品质好的贝壳粉杂质少，含钙高，呈白色粉状或片状。

猪粒度要求以 25%通过 50 mm 筛为宜。贝壳粉内常掺杂砂石和泥土等杂质，使用时应注意检查。另外，若贝肉未除尽，加之贮存不当，堆积日久易出现发霉、腐臭等情况，这会使其饲料价值显著降低。选购及应用时要特别注意。

图 2-26 贝壳粉

3. *蛋壳粉*

禽蛋加工厂或孵化厂收集的蛋壳，经干燥灭菌、粉碎后即得到蛋壳粉。无论蛋品加工后的蛋壳或孵化出雏后的蛋壳，都残留有壳膜和一些蛋白。因此，除了含有约 34%钙外，还含有 7%的蛋白质及 0.09%的磷。蛋壳粉是理想的钙源饲料，利用率高。应注意蛋壳干燥的温度应超过 82 ℃，以消除传染病源。

4. *石膏粉*

石膏为硫酸钙($CaSO_4 \cdot XH_2O$)，有天然石膏粉碎后的产品，也有化学工业产品。工业石膏粉因其含有较高的氟、砷、铝等而品质较差，使用时应加以处理。石膏含钙量为 20%～23%，含硫 16%～17%，既可提供钙，又是硫的良好来源，生物利用率高。一般在饲料中的用量为 1%～2%。

此外，大理石、白云石、白垩石、方解石、熟石灰、石灰水等均可作为补钙饲料。甜菜制糖的副产品——滤泥也属于碳酸钙产品。滤泥钙源饲料尚未很好地开发利用，如果以加工甜菜量的 4%计，全国每年可生产 40 万～50 万 t 此类钙源饲料。

三、含钙含磷的矿物质饲料

1. *骨粉*

骨粉是以家畜骨骼为原料加工而成的，由于加工方法的不同，成分含量及名称各不相同，化学式为[$3Ca_3(PO_4)_2 \cdot Ca(OH)_2$]，是补充家畜钙、磷需要的良好来源。

骨粉一般为黄褐乃至灰白色的粉末，有肉骨蒸煮过的味道。骨粉的含氟量较低，只要杀菌消毒彻底，便可安全使用。但由于成分变化大，来源不稳定，而且常有异臭，在国外饲料工业上的用量逐渐减少。骨粉按加工方法可分为煮骨粉、蒸制骨粉、脱胶骨粉和焙烧骨粉等，其成分含量见表2-36和表2-37。

表2-36　各种骨粉的一般成分　　%

类别	干物质	粗蛋白质	粗纤维	粗灰分	粗脂肪	无氮浸出物	钙	磷
煮骨粉	75.0	36.0	3.0	49.0	4.0	8.0	22.0	10.0
蒸制骨粉	93.0	10.0	2.0	78.0	3.0	7.0	32.0	15.0
脱胶骨粉	92.0	6.0	0	92.0	1.0	1.0	32.0	15.0
焙烧骨粉	94.0	0	0	98.0	1.0	1.0	34.0	16.0

表2-37　骨粉的矿物质成分　　%

类别	干物质	钙	磷	氯	铁	镁	钾	钠	硫	铜	锰
煮骨粉	93.6	22.96	10.25	0.09	0.044	0.35	0.23	0.74	0.12	8.50	3.90
蒸制骨粉	95.5	30.14	14.53		0.084	0.61	0.18	0.46	0.22	7.40	13.80

骨粉是我国配合饲料中常用的磷源饲料，优质骨粉含磷量可以达到12%以上，钙、磷比例为2∶1左右，符合动物机体的需要，同时还富含多种微量元素。但简易方法生产的骨粉，不经脱脂、脱胶和热压灭菌而直接粉碎制成的生骨粉，因含有较多的脂肪和蛋白，易腐败变质。尤其是品质低劣，有异臭，呈灰泥色的骨粉，常携带大量病菌，用于饲料易引发疾病传播。有的兽骨收购场地，为避免蝇蛆繁殖，喷洒敌敌畏等药剂，而使骨粉带毒，这种骨粉绝对不能用作饲料。

2. 磷酸钙类

磷酸钙类包括磷酸一钙、磷酸二钙和磷酸三钙等。

(1)磷酸一钙　又称磷酸二氢钙或过磷酸钙，纯品为白色结晶粉末，多为一水盐[$Ca(H_2PO_4)_2 \cdot H_2O$]。市售品是以湿式法磷酸液（脱氟精制处理后再使用）或干式法磷酸液作用于磷酸二钙或磷酸三钙所制成的。因此，常含有少量未反应的碳酸钙及游离磷酸，吸湿性强，且呈酸性。本品含磷22%左右，含钙15%左右，利用率比磷酸二钙或磷酸三钙好，尤其在水产动物饲料中更为显著。

(2)磷酸二钙　也叫磷酸氢钙，为白色或灰白色的粉末或粒状产品，又分为无水盐($CaHPO_4$)和二水盐($CaHPO_4 \cdot 2H_2O$)两种，后者的钙、磷利用率较高。磷酸二钙一般是在干式法磷酸液或精制湿式法磷酸液中加入石灰乳或磷酸钙而制成的。市售品中除含有无水磷酸二钙外，还含少量的磷酸一钙及未反应的磷酸钙。含磷18%以上，含钙21%以上，饲料级磷酸氢钙应注意脱氟处理，含氟量不得超过标准，见表2-38。

表2-38　饲料级磷酸氢钙质量标准(HG 2626—2000)　　%

项目	指标	项目	指标
磷(P)含量	≥16.5	铅(Pb)含量	≤0.003
钙(Ca)含量	≥21.0	氟(F)含量	≤0.18
砷(As)含量	≤0.003	细度(粉末状通过500 μm试验筛)	≥95

(3)磷酸三钙　又称磷酸钙，纯品为白色无臭粉末。饲料用常由磷酸废液制造，为灰色或褐色，并有臭味，分为一水盐[$Ca_3(PO_4)_2 \cdot H_2O$]和无水盐[$Ca_3(PO_4)_2$]两种，以后者居多。经

脱氟处理后，称作脱氟磷酸钙，为灰白色或茶褐色粉末。含钙 29%以上，含磷 15%～18%及以上，含氟 0.12%以下。

3. 磷酸钠类

(1)磷酸一钠　又称磷酸二氢钠，有无水物(NaH_2PO_4)及二水物($NaH_2PO_4 \cdot 2H_2O$)两种，均为白色结晶性粉末，因其有潮解性，宜保存于干燥处。含磷约 25%，含钠约 19%。

(2)磷酸二钠　也称磷酸氢二钠，分子式为 $Na_2HPO_4 \cdot XH_2O$，呈白色无味的细粒状，一般含磷 18%～22%，含钠 27%～32.5%，应用同磷酸一钠。

此外，磷酸盐类还有磷酸氢二氨、磷酸氢二钾及磷酸二氢钾等，但一般在饲料中应用较少。以上几种含磷矿物质饲料的成分，见表 2-39。

表 2-39　几种含磷矿物质饲料的成分

含磷矿物质饲料	磷/%	钙/%	钠/%	氟/(mg/kg)
磷酸二氢钠(NaH_2PO_4)	25.80	—	19.15	—
磷酸氢二钠(Na_2HPO_4)	21.81	—	32.38	—
磷酸氢钙($CaHPO_4 \cdot 2H_2O$)	18.97	24.32	—	816.67
磷酸氢钙[$CaHPO_4$(化学纯)]	22.79	29.46	—	—
过磷酸钙[$Ca(H_2PO_4)_2 \cdot H_2O$]	26.45	17.12	—	—
磷酸钙[$Ca_3(PO_4)_2$]	20.00	38.70	—	—
脱氟磷灰石	14.00	28.00	—	—

4. 磷酸钾类

(1)磷酸一钾　又称磷酸二氢钾，分子式为 KH_2PO_4，为无色四方晶系结晶或白色结晶性粉末，因其有潮解性，宜保存于干燥处。含磷 22%以上，含钾 28%以上。本品水溶性好，易为动物吸收利用，可同时提供磷和钾，适当使用有利于动物体内的电解质平衡，促进动物生长发育和生产性能的提高。

(2)磷酸二钾　也称磷酸氢二钾，分子式为 $K_2HPO_4 \cdot 3H_2O$，呈白色结晶或无定型粉末。一般含磷 13%以上，含钾 34%以上，应用同磷酸一钾。

5. 其他磷酸盐

(1)磷酸铵　本品为饲料级磷酸或湿式处理的脱氟磷酸中和后的产品，含氮 9%以上，含磷 23%以上，含氟量不可超过磷量的 1%，含砷量不可超过 25 mg/kg，铅等重金属应在 30 mg/kg 以下。对非反刍动物，本品仅能当磷源使用，且要求其所提供的氮换算成粗蛋白质量，不可超过饲粮的 1.25%。

(2)磷酸液　为磷酸的水溶液，一般以 H_3PO_4 表示，应保证最低含磷量，含氟量不可超过磷量的 1%。

(3)磷酸脲　分子式为 $H_3PO_4 \cdot CO(NH_2)_2$，由尿素与磷酸作用生成，呈白色结晶性粉末，易溶于水，其水溶液呈酸性。

(4)磷矿石粉　磷矿石粉碎后的产品，常含有超过允许量的氟，并有其他如砷、铅、汞等杂质。用作饲料时，必须脱氟处理使其合乎允许量标准。上海化工研究院利用陕西出产的中低品位的磷矿石，试制成功脱氟磷肥，在上海、金华等地某些猪场试用（猪饲粮中按 100 kg 给予 20～40 g），效果良好，不但未呈现氟中毒现象，而且生产性能有所提高。

（5）脱氟磷酸盐　是磷矿石经煅烧、溶解及沉淀或磷酸与适宜的钙化合物反应，并经高温加热脱去氟而制得。为淡灰色或灰褐色外表，含磷 18%以上，钙 32%以上，氟 0.18%以下。

四、其他天然矿石及稀释剂与载体

1．*沸石*

天然沸石是硅酸盐类矿物中有一类矿物在受到灼烧时，由于晶体内的水被赶出，产生类似沸腾的现象，故称为沸石。世界上已发现的天然沸石有 40 余种，在畜牧业上主要利用的是斜发沸石和丝光沸石，其中以斜发沸石最为普遍。沸石的化学性质稳定，既耐酸也耐高温，且流动性好，具有吸附性、离子交换性、筛分性及催化作用，有利于保持肠道健康。

2．*麦饭石*

据李时珍《本草纲目》记载，麦饭石是一种天然的中药矿石，根据其外观"粗、黄、白，类似麦饭"而得名，是钙碱性岩石系列。麦饭石具有溶出和吸附两大特性，能溶出多种对动物有益的常量和微量元素，吸附对生物体有毒有害的物质。对铅的吸附能力达 99%，汞达 86%，镉达 90%，砷达 45%，六价铬达 36%。此外，对水中的氯、对空气中的氨、酚类及二氧化硫、硫化氢都有 80%以上的吸附能力。

麦饭石是一种良好的天然矿物质饲料。近年来，国内畜牧业和水产养殖业已开始广泛应用，并取得较好的效果。麦饭石可提高饲料报酬，降低死亡率。此外，麦饭石用于饲料还可防止饲料在贮藏过程中受潮结块。同沸石一样，也可作为除臭剂，改善畜舍环境卫生，减少畜禽疾病。在含有棉籽饼的日粮中，使用麦饭石可降低棉籽饼毒性。总之，随着研究的深入，麦饭石在养殖业中将得到更好的开发利用。

3．*膨润土*

膨润土是一种以蒙脱石（占 56%～67%）为主要组分的黏土。膨润土为有层状结晶构造的含水铝硅酸盐矿物质，除含有大量硅、铝化合物外，还含有动物生长所必需的钙、磷、钾、钠、铜、铁、锰、锌、钴等 20 余种元素。膨润土具有特殊的理化性能，如具有很强的阳离子交换性、吸附性、膨胀性、分散性和润滑性等，因而备受各方面的重视。

4．*其他天然矿物质*

天然矿物质用于饲料的还有许多种，如皂石、海泡石、凹凸棒石、蛭石、芒硝、腐泥、风化煤、石灰岩等。由于它们具有独特的理化性质，有的作为动物促生长剂、缓解剂和调味剂，如海泡石、蛭石、硅藻土、皂石、珍珠岩、高岭土和石盐等矿物；有的作为动物的选择吸收剂和饲养环境净化剂，如海泡石、凹凸棒石、蛭石、珍珠岩、海绿石等矿物；有的作为饲料营养元素的调节剂，如风化煤、腐泥、褐煤等一些黏土矿物；有的作为动物防病治病的药剂，如海泡石、高岭土等；有的作为饲料的抗结块剂和制粒剂，如硅石、钙铝榴石等矿物常作为抗结块剂，一般黏土类矿物可作为制粒剂等。

任务六 维生素饲料

二维码 2-6 维生素饲料

维生素饲料指工业合成或提纯的单一或复合的维生素制剂，但不包括某种维生素含量较多的天然青绿饲料在内。由于动物对维生素需要量低，维生素饲料常作为饲料添加剂使用。

维生素种类很多，按其溶解性分为脂溶性维生素和水溶性维生素。因此，维生素饲料或叫维生素添加剂包括脂溶性维生素添加剂和水溶性维生素添加剂两种。它们分别以脂溶性和水溶性维生素为活性成分，加上载体、稀释剂、吸收剂或其他化合物混合而成。

与其他饲料相比，维生素添加剂的稳定性较差。商品维生素制剂对氧化、还原、水分、热、光、金属离子、酸碱度等因素具有不同程度的敏感性。维生素添加剂在没有氯化胆碱的维生素预混料中的稳定性比在维生素-矿物元素预混料中的稳定性高。有高剂量矿物元素、氯化胆碱及高水分存在时，维生素添加剂易受破坏。在全价配合饲料中的稳定性取决于贮藏条件。

维生素添加剂应在避光、干燥、阴凉、低温环境下分类贮藏。在使用维生素添加剂时，不但应按其活性成分的含量进行折算，而且应考虑加工贮藏过程中的损失程度适当超量添加。

任务七 饲料添加剂

二维码 2-7 饲料添加剂

饲料添加剂的生产和广泛应用，标志着配合饲料工业发展到了一个崭新的时代。饲料添加剂工业已成为配合饲料工业中的一个极重要的组成部分，有人将添加剂称为配合饲料的"灵魂"和"科技核心"。饲料添加剂已和能量饲料、蛋白质饲料一起成为配合饲料原料工业的三大支柱。

一、饲料添加剂的概念和种类

人们为了满足家畜的营养需要，对天然饲料中已有的营养物质，再另外加入起补充或强化作用的一类物质，称为补充物。如各种矿物质、维生素、氨基酸和油脂等。对那些天然饲料中所没有的物质，为达到防止饲料品质劣化、提高饲料适口性、促进动物健康生长和发育、或提高动物产品的产量和质量等目的而人为加入饲料的一些物质，称为添加剂，如抗氧化剂、抗结块剂、防霉剂、驱虫剂、抗生素和着色剂等。

狭义的饲料添加剂概念，系指各种用于强化畜禽饲料效果和有利于配合饲料生产和贮藏的一类非营养性微量成分，如各种防霉剂、抗氧化剂、保健剂、黏结剂、分散剂、着色剂、增味剂、益生素与酶制剂等。但在畜禽实际生产中，常将氨基酸、微量元素、维生素等营养性的微量成分也作为添加剂使用。

广义的饲料添加剂是指在天然饲料的加工、调剂、贮藏或饲喂等过程中，人工另外加入的各种微量物质的总称。即包括上述“补充物”和“添加剂”的全部含义。包括营养性添加剂和非营养性添加剂。

在动物生产中往往不是使用单一的饲料添加剂，而是同时使用几种饲料添加剂或复合添加剂预混料。

添加剂预混料是指由一种或多种添加剂与载体和(或)稀释剂均匀混合后的饲料产品。饲料添加剂分类，见图 2-27。

- 饲料添加剂
  - 营养性饲料添加剂
    - 维生素类饲料添加剂
    - 矿物质类饲料添加剂
    - 氨基酸类饲料添加剂
  - 非营养性饲料添加剂
    - 生长促进剂
      - 抗生素
      - 益生素
      - 酶制剂
      - 生长激素
    - 驱虫保健剂
      - 抗菌药物
      - 抗寄生虫药物
    - 饲料保藏剂
      - 抗氧化剂
      - 防霉防腐剂
    - 其他
      - 着色剂
      - 调味剂
      - 乳化剂
      - 黏结剂
      - 抗结块剂
      - 中草药饲料添加剂

图 2-27　饲料添加剂分类

二、饲料添加剂基本作用

1. 提高饲料利用率

饲料中因为缺乏某些微量营养物质，特别是在集约化生产条件下，畜禽易发生营养缺乏症与营养代谢障碍，影响畜禽的生长发育，从而造成经济损失。在饲料中使用添加剂，可完善饲粮的营养价值，提高饲料利用率，充分发挥畜禽的生产潜能，提高畜禽生产率。

2. 改善饲料适口性

许多国家都用酯类、醚类、脂肪酸类和芳香族醇类等化学物质生产饲用香味剂，广泛应用于仔猪的人工乳和犊牛代用乳。饲料调味剂的使用不仅可提高饲料适口性，还可获得良好的饲养效果。

3. 促进畜禽生长发育

在饲料添加剂产品中，促生长剂有防病保健、促进畜禽生长的功效。这类产品除抗生素、合成抗菌剂外，许多新型促生长剂，如益生素、寡糖、有机盐等已在畜禽生产中得到应用。

4. 改善饲料加工性能

在生产颗粒饲料时，使用各种形式的黏结剂，以减少粉尘、改善饲料加工性能、提高饲料生产能力。饲料中含有的许多营养成分，如维生素、不饱和脂肪酸等，极易氧化失效或变质。几乎所有饲料工业发达的国家均在配合饲料生产中使用抗氧化剂、防霉剂，以减少饲料加工、贮藏中的养分损失。饲料中使用防霉剂、抗氧化剂等饲料保藏剂，可防止饲料养分的损失，避免浪费。

5. 改善畜产品品质

随着人们生活水平的提高，消费者对畜产品的质量要求日益提高，通过饲料添加剂途径，可改善畜产品的外观色泽与内在品质，延长畜产品的货架寿命与销售价格。

6. 合理利用饲料资源

配合饲料由多种饲料原料配制而成，使用添加剂后可利用某些尚未利用或未充分利用的饲料资源，生产出营养价值完善的饲粮，从而可扩大利用那些在单一状态无法利用或限量使用的饲料资源，降低配合饲料成本。尤其是某些饲料原料含有抗营养因子，单一使用不利于畜禽健康，进而有可能危及环境或人的健康，但由于相应配套使用了相应的添加剂，就可使这类饲料资源得以充分利用，获取较高的社会效益、生态效益和经济效益。

三、我国允许使用的饲料添加剂品种

随着养殖业和饲料工业的迅速发展，饲料添加剂的使用越来越广泛，已成为全价配合饲料中不可缺少的组成部分。2014—2019 年，我国饲料添加剂产量的复合增长率约为 8.35%，前瞻推算，2020 年我国饲料添加剂产量将超过 1 290 万 t，到 2025 年，饲料添加剂产量将超过 2 000 万 t。从主要品种看，饲料添加剂细分品种主要有氨基酸、矿物元素、酶制剂和微生物制剂等种类。据中国饲料工业协会统计数据显示，2019 年，氨基酸产量约为 330 万 t，占比 27.52%；维生素产量约为 127 万 t，占比 10.59%；矿物元素产量约为 590 万 t，占比约为 49.20%。

（一）营养性饲料添加剂

1. 微量元素添加剂

(1)种类　家畜所需的微量元素有铁、铜、锌、锰、硒、碘、钴等。常用的微量元素添加剂有硫酸亚铁、硫酸铜、硫酸锌、硫酸锰、碳酸铜、碳酸锌、碳酸锰、亚硒酸钠、碘化钾和氯化钴等。这些盐类有不少缺陷，如易吸潮结块，影响其在饲料中的混合均匀度，同时对维生素有一定破坏作用。为了提高微量元素吸收率，弥补上述缺陷，近年来使用了有机酸盐类(如柠檬酸铁)和微量元素-氨基酸螯合物(如苏氨酸铁)。但后两种价格较高，只在特定条件下使用。常用微量元素添加剂及其元素含量，见表 2-40。

表 2-40　几种常用微量元素添加剂及其元素含量　　%

元素	添加剂名称	化学式	元素含量
铁(Fe)	七水硫酸亚铁	$FeSO_4 \cdot 7H_2O$	20.1
	一水硫酸亚铁	$FeSO_4 \cdot H_2O$	32.9
	一水碳酸亚铁	$FeCO_3 \cdot H_2O$	41.7
铜(Cu)	五水硫酸铜	$CuSO_4 \cdot 5H_2O$	25.5
	一水硫酸铜	$CuSO_4 \cdot H_2O$	35.8
	碳酸铜	$CuCO_3$	51.4
锌(Zn)	七水硫酸锌	$ZnSO_4 \cdot 7H_2O$	22.75
	氧化锌	ZnO	80.3
	碳酸锌	$ZnCO_3$	52.15
锰(Mn)	五水硫酸锰	$MnSO_4 \cdot 5H_2O$	22.8
	氧化锰	MnO	77.4
	碳酸锰	$MnCO_3$	47.8
硒(Se)	亚硒酸钠	Na_2SeO_3	45.6
	硒酸钠	Na_2SeO_4	41.77
碘(I)	碘化钾	KI	76.45
	碘酸钙	$Ca(IO_3)_2$	65.1
钴(Co)	七水硫酸钴	$CoSO_4 \cdot 7H_2O$	21.3
	六水氯化钴	$CoCl_2 \cdot 6H_2O$	25.1

(2)添加量　微量元素添加剂的添加量因产品的质量、饲养对象、饲料品种等不同而异，添加时要视具体条件而定。几种动物微量元素添加量，见表 2-41。

表 2-41　几种动物微量元素添加量　　mg/kg

微量元素		仔猪	猪	禽	产犊母牛	牛	羊
铁	需要量		50～120	40～80		40～60	30～40
	最大添加量		3 000	1 000		1 000	500
铜	需要量	10～20	10～15	3～4	4～8	5～15	5～6
	最大添加量	250	250	300	30	100	15
锌	需要量		50～80	50～60		50～100	50～60
	最大添加量		1 000	1 000		400	300
锰	需要量		30～50	40～60		40～100	30～40
	最大添加量		400	1 000		1 000	1 000
钴	需要量		(0.1)			0.1～0.2	0.1～0.2
	最大添加量		50	20		30	50
硒	需要量		0.1～0.2	0.1～0.2		0.1～0.2	0.1～0.2
	最大添加量		4	4		3	3
碘	需要量		0.1～0.2	0.3～0.4		0.2～0.5	0.2～0.4
	最大添加量		400	300		20	50
钼	需要量		<1	<1		40～60	30～40
	最大添加量		<20	100		1 000	500

2. 维生素添加剂

动物对维生素的需要量极少，但其作用极为显著。在粗放的饲养条件下，动物能采食大量的青饲料，故一般不会出现维生素缺乏症。但在集约化条件下饲养，动物采食高能高蛋白饲料，生产性能大幅度提高，对维生素的需要量要比正常需要量大 1 倍左右。因此，必须在日常饲料中添加所需量的维生素，以供动物机体需要。

维生素添加剂有天然的与合成的，作为饲料添加剂的维生素主要采用合成维生素。维生素添加剂种类很多，常用的维生素添加剂有 14 种，按其溶解性可分为脂溶性维生素制剂和水溶性维生素制剂两大类。常用的脂溶性维生素包括维生素 A、维生素 D_3、维生素 E 和维生素 K 四种，水溶性维生素包括 B 族维生素、维生素 C、烟酸、泛酸等。

用于饲料工业中的维生素添加剂，除含有纯的维生素化合物活性成分之外，还含有载体、稀释剂、吸附剂等，有时还有抗氧化剂等化合物，以保持维生素的活性及便于在配合饲料中混合。因此，严格地讲，维生素添加剂属于添加剂预混料的范畴。

(1)维生素 A 添加剂

①维生素 A 油。大多从鱼肝中提取，一般是加入抗氧化剂后制成微囊作添加剂，也称鱼肝油。其中含维生素 A 850 IU/g 和维生素 D 65 IU/g。

②维生素 A 乙酸酯。外观为鲜黄色结晶粉末，易吸湿，遇热或酸性物质、见光或吸潮后易分解。加入抗氧化剂和明胶制成微粒作为饲料添加剂，此微粒为灰黄色至淡褐色颗粒，易吸潮，遇热和酸性气体或见光、吸潮后易分解。产品规格有 30 万 IU/g、40 万 IU/g 和 50 万 IU/g。

③维生素 A 棕榈酸酯。外观为黄色油状或结晶固体，熔点为 28～29 ℃。

④β-胡萝卜素。1 mg β-胡萝卜素相当于 1 667 IU 的维生素 A 活性。饲料中多用 10%的β-胡萝卜素预混剂，外观为红色至棕红色，流动性好的粉末。各种动物对 β-胡萝卜素的吸收率和吸收后转化成维生素 A 的效率不同，鸡最高，反刍动物次之，猪最低。肉食动物不能利用β-胡萝卜素，可作为着色剂。

(2)维生素 D 添加剂

①维生素 D_2 和维生素 D_3 的干燥粉剂。外观呈奶油色粉末。含量为 50 万 IU/g 或 20 万 IU/g。

②维生素 D_3 微粒。饲料工业中使用的主要是维生素 D_3 添加剂，其原料为胆固醇。这种胆固醇可从羊毛脂中分离制得，然后经酯化、溴化再脱溴和水解即得 7-脱氢胆固醇，经紫外线光照得维生素 D_3。维生素 D_3 添加剂是以含量为 130 万 IU/g 以上的维生素 D_3 为原料，酯化后，配以一定量的 BHT 及乙氧喹啉抗氧化剂，采用明胶和淀粉等辅料，经喷雾法制成的微粒。产品规格有 50 万 IU/g、40 万 IU/g 和 30 万 IU/g。

③维生素 A/D 微粒。是以维生素 A 乙酸酯原油与含量为 130 万 IU/g 以上的维生素 D_3 为原料，配以一定量的 BHT 及乙氧喹啉抗氧化剂，采用明胶和淀粉等辅料，经喷雾法制成的微粒。每单位质量中维生素 A 乙酸酯与维生素 D_3 之比为 5∶1。

(3)维生素 E 添加剂　维生素 E 的主要商品形式有 *D*-α-生育酚、*dl*-α-生育酚、*D*-α-生育酚乙酸酯和 *dl*-α-生育酚乙酸酯。在维生素 E 商品生产中常以乙酸或棕榈酸处理进行酯化，以稳定其生物学活性。饲料生产中主要使用的是 *dl*-α-生育酚乙酸酯油剂加入适当的吸附剂制成，一般有效含量为 50%，呈白色或淡黄色粉末，易吸潮。

维生素 E 的活性单位可以用国家单位或重量单位表示，其关系如下：

1 mg *dl*-α-生育酚乙酸酯＝1 IU 维生素 E

1 mg *dl*-α-生育酚＝1.1 IU 维生素 E

1 mg *D*-α-生育酚＝1.49 IU 维生素 E

1 mg *D*-α-生育酚乙酸酯＝1.36 IU 维生素 E

(4)维生素 K 添加剂

①亚硫酸氢钠甲萘醌(MSB) 即维生素 K_3。有两种规格：一种含活性成分 94%，未加稳定剂，故稳定性较差。另一种 MSB 用明胶微囊包被，稳定性好，含活性成分 25%或 50%。

②亚硫酸氢钠甲萘醌复合物(MSBC) 是甲萘醌和 MSB 的复合物。规定含甲萘醌 30%以上，是一种晶粉状维生素 K_3添加剂，可溶于水，水溶液 pH 为 4.5～7。加工过程中已加入稳定剂，50 ℃以下对活性无影响。

③亚硫酸嘧啶甲萘醌(MPB) 是近年来维生素 K_3添加剂的新产品，呈结晶性粉末，系亚硫酸甲萘醌和二甲嘧啶酚的复合体。含活性成分 50%，稳定性优于 MSBC，但有一定毒性，应限量使用。

(5)维生素 B_1(硫胺素)添加剂　用于饲料工业的主要有两种：一是盐酸硫胺素，二是单硝酸硫胺素，两者折算成硫胺素的系数分别是 0.892 和 0.811。化学法生产，大多数产品的活性成分含量达到 96%以上。

(6)维生素 B_2(核黄素)添加剂　主要商品形式是核黄素及其酯类，为黄色至橙色的结晶性粉末，用化学法或生物发酵法生产，添加剂常用的是含核黄素 96%、80%、55%、50%等的制剂。

(7)泛酸添加剂　游离泛酸不稳定，吸湿性强，生产中常作成其钙盐。含量以百分比表示，有 98%、66%和 55%等几种。1 mg *D*-泛酸钙活性与 0.92 mg 泛酸相当，1 mg *dl*-泛酸钙活性仅相当于 0.45 mg 泛酸。

(8)胆碱添加剂　商品形式是氯化胆碱，是胆碱与盐酸反应得到的白色结晶，有液态和粉粒两种形式。液态氯化胆碱的有效成分为 70%，为无色透明的黏稠液体，具有特异的臭味，具有很强的吸湿性。固态氯化胆碱的有效成分为 50%和 60%，是以 70%的氯化胆碱水溶液为原料加入脱脂米糠、玉米芯粉、稻壳粉、麸皮、无水硅酸等赋形剂而制成的，吸湿性很强。

(9)烟酸添加剂　饲料工业使用的烟酰胺是烟酸与氨作用后生成，含量 98%以上。

(10)维生素 B_6添加剂　商业制剂为吡哆醇盐酸盐，稳定性好，应贮藏于阴凉干燥处。

(11)生物素添加剂　生物素的添加形式是 *D*-生物素，纯品干燥后含生物素 98%以上。商品制剂一般用淀粉、脱脂米糠等稀释成粉末产品，含生物素 1%或 2%。原装保质期一年以上，开封后尽快使用。

(12)叶酸添加剂　有效成分含量 98%以上。具有黏性，加入稀释剂以降低浓度以便于使用。

(13)维生素 B_{12}添加剂　主要商品形式有氰钴胺、羟钴胺，通过发酵法生产。以碳酸钙做载体有 1%、2%等剂型。

(14)维生素 C 添加剂　主要商品形式有抗坏血酸聚磷酸盐、抗坏血酸单磷酸盐、抗坏血酸硫酸盐；包被维生素 C。

3. 氨基酸添加剂

天然饲料中氨基酸的平衡性很差，因此需要添加氨基酸来平衡或补充某种特定生产目的之所需要。饲粮中添加人工合成氨基酸可以达到4个目的：一是节约饲料蛋白质，提高饲料利用率和动物产品产量；二是改善畜产品品质；三是改善和提高动物消化机能，防止消化系统疾病；四是减轻动物的应激症。

目前，人工合成并作为添加剂使用的氨基酸主要有：赖氨酸、蛋氨酸、色氨酸和苏氨酸等，其中以赖氨酸和蛋氨酸使用较普遍。

从氨基酸的化学结构来看，除甘氨酸外，都存在 *L*-氨基酸和 *D*-氨基酸两种构型。用微生物发酵法生产的为 *L*-氨基酸，用化学合成法生产的为 *dl*-氨基酸（消旋氨基酸）。一般来讲，*L* 型比 *dl* 型的效价高1倍，但对蛋氨酸来说，这两种形式的效价相等。

(1)赖氨酸　一般动物性蛋白质饲料和大豆饼粕富含赖氨酸，但这些饲料紧缺，并且在饲粮中所占比例很小，在生产上往往缺乏，被称为第一限制性氨基酸，故必须添加赖氨酸。用作添加剂的赖氨酸为 *L*-赖氨酸盐酸盐，白色或淡褐色粉末，无味或稍有特殊气味。易溶于水，1∶10水溶液的pH为5.0～6.0。

饲料中的赖氨酸有两类：一类为可被动物利用的有效赖氨酸；另一类是和其他物质呈结合状态不易被利用的结合赖氨酸。为了发挥合成氨基酸的作用，在确定赖氨酸的添加量时，除了应掌握饲粮中赖氨酸的不足部分外，还应考虑饲料中有效赖氨酸的实际含量。

(2)蛋氨酸　植物性饲料中含量低，是畜禽最易缺乏的限制性氨基酸之一。在饲料工业中广泛使用的蛋氨酸添加剂有2种，一种为 *dl*-蛋氨酸；另一种是 *dl*-蛋氨酸羟基类似物(MHA)及其钙盐。目前，国内使用的蛋氨酸大部分为粉状 *dl*-蛋氨酸或 *L*-蛋氨酸。美国孟山都公司生产的蛋氨酸羟基类似物(MHA)为深褐色黏液，它是蛋氨酸中的氨基被羟基取代，家畜吸收后，可由体内的氨基取代羟基，使之又转化为蛋氨酸。因此，MHA具有蛋氨酸的生物活性，其生物学效价只相当于蛋氨酸的80%。蛋氨酸羟基类似物的钙盐是用液体的MHA与氢氧化钙或氧化钙中和，经干燥、粉碎后制得，为浅褐色粉末。

(3)色氨酸　也属于最易缺乏的限制性氨基酸之一，具有典型特有气味，为无色或微黄色结晶，可溶于水、热醇、氢氧化钠溶液。玉米、肉粉、肉骨粉中色氨酸含量很低，仅能满足猪需要量的60%～70%，但在豆饼中含量较高，因此在玉米类型的日粮中，如缺豆饼则易引起色氨酸的不足。色氨酸在动物体内可转变为烟酸，转化效率在猪体内为(50～60)∶1。

(4)苏氨酸　是一种必需氨基酸，也是幼畜生长阶段的一种限制性氨基酸。苏氨酸常用的是 *L*-苏氨酸，为无色结晶，易溶于水，具有极弱的特殊气味。6周龄断奶仔猪，在低苏氨酸类型日粮中，添加苏氨酸使其达到0.66%～0.67%时，可在无鱼粉、豆饼的条件下，获得较好的生产效果。在仔猪日粮中，赖氨酸与苏氨酸的最好比例是1.5∶1。

(二)非营养性饲料添加剂

非营养性饲料添加剂是指为保证或者改善饲料品质、提高饲料利用率而掺入饲料中的少量或者微量物质。

1. 饲用微生态调节剂

微生态调节剂包括益生素、益生元和合生元3大类。

(1)益生素　益生素又称益生菌、促生素、利生剂、活菌制剂或微生态制剂等，是一种通过改善宿主动物肠道菌群平衡，发挥有益影响的活性微生物饲料添加剂。目前，使用的益生素主要是乳酸杆菌、芽孢杆菌、粪链球菌、酵母菌等单一菌种或复合菌种的制剂。益生素的有益影响指的是，产生有益的代谢产物和分泌蛋白酶、淀粉酶、脂肪酶等消化酶，从而促进营养素的消化吸收和提高饲料利用率；益生素能抑制和排斥大肠杆菌、沙门氏菌等病原微生物的生长繁殖，促进乳酸菌等有益微生物的生长繁殖，从而在动物的消化道内确立以有益微生物为主的微生物菌群，减少动物患病的机会，促进动物的生长；此外，益生素由于阻止了有害菌的发酵，可减少粪便中的臭气。但是，益生素具有菌种组成的不确定性和在肠道内外环境的不稳定性等缺点，在推广应用中受到一定的限制。

(2)益生元　狭义来讲，益生元主要是指寡糖类产品，如果寡糖、甘露寡糖、异麦芽寡糖等。由于寡糖可选择性地促进肠道有益菌的生长、繁殖，而不被有害菌利用，从而维持了肠道菌群的平衡，促进了动物的健康。此外。有些寡糖如甘露寡糖可竞争性地与病原菌结合以防止病原菌在肠道上皮细胞的结合与定植；同时还可使已结合到上皮细胞上的有害菌脱落下来随粪便排出体外。益生元由于具有低热、稳定、无残留和耐药性等优点，被看作一种很有开发潜力的绿色饲料添加剂。

(3)合生元　合生元主要是指益生素和益生元按一定比例配合而成的生物制剂。Zimmer(2001)研究发现，难消化性寡糖和能降解的益生素配合使用，能很好地控制肠道微生态系统，由于这些益生菌与肠道固有菌产生竞争性的酵解作用，从而使益生菌在通过上段肠道时存活率得到改善，结肠微生物的定植率提高，增强了对内源和外源菌生长及活性的刺激作用。

尽管对合生元的研究刚刚起步，但是由于其具备益生素和益生元的双重作用，所以这种制剂的研究和应用有日渐增多的趋势。

2. 酶制剂

酶是一类具有生物催化性的蛋白质。饲用酶制剂是从生物中提取的具有酶特性的一类物质，主要是从动物、植物、微生物中提取，其中微生物提取酶制剂较为广泛。酶制剂具有高效、安全、环保等特点，在饲料工业中受到越来越多的重视。饲用酶制剂的种类多样，按照动物自身能否合成来分类，可分为消化酶和非消化酶。其中，消化酶包括蛋白酶、脂肪酶、淀粉酶等，动物体内能够合成这类酶，但因某种原因需要强化和补充。非消化酶包括植酸酶、木聚糖酶等，动物自身不能合成，这类酶大多来源于微生物，能消化动物自身不能消化的物质或降解一些抗营养因子。按照酶制剂的类型来分，可分为单一酶制剂和复合酶制剂。单一酶制剂如淀粉酶、脂肪酶、蛋白酶、纤维素酶、β-甘露聚糖酶、β-葡聚糖酶和植酸酶等。复合酶制剂由一种或几种单一酶制剂为主体，加上其他单一酶制剂混合而成，或者由一种或几种微生物发酵获得。

3. 酵母类饲料添加剂

酵母是单细胞微生物，属于真菌类，耐酸性强，是兼性厌氧微生物，在有氧和无氧状态下都能生存和繁衍。酵母细胞中含有丰富的蛋白质、氨基酸、核酸、维生素、消化酶以及硒、铬、铁、锌等微量元素，其中蛋白质含量占细胞干重 30％～50％。酵母细胞壁含有多种生物活性物质，35％～60％为酵母多糖即甘露寡糖和β-葡聚糖。酵母菌分布广泛，其生长具有原核生物的繁殖特点，能够快速增殖。酵母类饲料添加剂能有效改善畜禽消化道菌群平衡、增强机体免疫力、提供丰富的营养物质，从而达到防治消化道疾病和促进生长等多重作用，具有无毒、无副作用、无污染、不产生抗药性等特点，是一种绿色的饲料添加剂。

酵母类饲料添加剂在畜牧业中应用广泛，通常划分为饲料酵母、破壁酵母粉、酵母壳、活性干酵母、酵母培养物、富集微量元素酵母以及以酵母为载体、表达优秀外源基因的生物合成产品。

4. 中草药添加剂

中草药兼有营养和药用两种作用。可用作饲料添加剂的中草药主要有:麦芽、贯众、何首乌、刺五加、山药、当归、淫羊藿、老鹳草、使君子、南瓜子等。中草药,既可以提供营养素,还具有抑菌杀菌功能,可促进动物生长、增强动物体质、提高饲料的利用率。中草药饲料添加剂来源广泛、种类很多,不产生药物残留和抗药性,应用前景广阔。

5. 食欲增进剂

包括香料、调味剂及诱食剂3种。添加食欲增进剂可增强动物食欲,提高饲料的消化吸收及利用率。饲料香料添加剂有两种来源,一是天然香料,如葱油、大蒜油、茴香油、橙皮油等;另一类是化学合成的可用于配制香料的物质,如酯类、醚类、酮类、酚类等。调味剂包括鲜味剂、甜味剂、酸味剂、辣味剂等。诱食剂主要针对水产动物使用,常含有甜菜碱、某些氨基酸和其他挥发性物质。

6. 动物产品品质改良剂

为了改善畜禽产品的外观性状和商品价值,可在饲料中加入不同类型的着色剂。用作饲料添加剂的着色剂有2种:一种是天然色素,主要是植物中的类胡萝卜素和叶黄素类。另一种是人工合成的色素,如胡萝卜素醇。着色剂常用于家禽、水产动物和观赏动物日粮中,可改善蛋黄、肉鸡屠体和观赏动物的色泽。当日粮中添加着色剂时,要调整维生素A的用量。另外,有机铬(如烟酸铬、吡啶甲酸铬、氨基酸螯合铬等)也能提高动物胴体品质和瘦肉率。

7. 饲料保存剂

为了保证饲料的质量,防止饲料品质的下降或提高饲料调制的效果,有必要在饲料中添加各种饲料保存剂,如抗氧化剂、防霉防腐剂等。

(1)抗氧化剂　在配合饲料或某些原料中添加抗氧化剂可防止饲料中的脂肪和某些维生素被氧化变质,从而达到阻止或延迟饲料氧化、提高饲料稳定性和延长贮存期的目的,如乙氧基喹啉(山道喹)、丁基化羟基甲苯(BHT)、丁基羟基茴香醚(BHA)等。添加量为0.01%~0.05%。

(2)防霉防腐剂　在饲料保存过程中可防止发霉变质,还可防止青贮饲料霉变,常用的有丙酸及其钠(钙)盐和苯甲酸钠、山梨酸、山梨酸钾等。

8. 饲料药物添加剂

为预防、治疗动物疾病而与载体或稀释剂混合后加入饲料中的兽药预混剂。我国饲料药物添加剂的应用始于20世纪80年代,最早使用的如链霉素、四环素等,这类药物耐药性较强、人兽交叉感染风险较高、在畜禽体内的药残留较多,在实际使用中已被淘汰。为规范和指导饲料药物添加剂的合理使用,防止滥用饲料药物添加剂,农业部2001年6月4日制定了《饲料药物添加剂使用规范》(农业部168号公告)。《饲料药物添加剂使用规范》共收载了57种饲料药物添加剂,在《饲料药物添加剂使用规范》公布之后,农业农村部又单独批准了若干种饲料药物添加剂。目前,在饲料中可长期使用、具有预防动物疾病、促进动物生长作用的有33种药物添加剂,如二硝托胺预混剂、马杜霉素铵预混剂等,其批准文号需使用"药添字"。用于防治动物疾病,并规定疗程,仅是通过混饲给药的饲料药物添加剂有24种,如磺胺喹噁啉、二甲氧苄啶预混剂、越霉素A预混剂等,其批准文号需使用"兽药字"。饲料药物添加剂不仅能够用于动物的防病治病,还能促进动物生长发育,提高饲料报酬,饲料药物添加剂行业在保障现代养殖业健康发展和提高国民生活水平中发挥了重要作用。

9. 酸化剂

酸化剂是一类广泛使用的饲料添加剂。常用的有机酸添加剂包括柠檬酸、乳酸、丙酸、甲酸、山梨酸等。目前，使用的酸化剂由 2 种或 2 种以上的有机酸复合而成，主要是增强酸化效果，其添加量为 0.1%～0.5%。

10. 乳化剂

乳化剂是一种分子中具有亲水基和亲油基的物质，它的性状介于油和水之间，能使一方均匀地分布另一方中间，从而形成稳定的乳浊液。利用这一特性可以改善或稳定饲料的物理性质。常用的乳化剂有动植物胶类、大豆磷脂、脂肪酸、丙二醇、木质素磺酸盐、单硬脂酸甘油酯等。

11. 黏结剂

黏结剂也叫黏合剂或制粒添加剂，目的是减少粉尘损失，提高颗粒饲料的牢固程度，减少制粒过程中压模受损，是加工工艺上常用的添加剂。常用的黏结剂有木质素磺酸盐、羟甲基纤维素及其钠盐、陶土、藻酸钠等。某些天然的饲料原料也具有黏结性，如膨润土、α-淀粉、玉米面、动物胶、鱼浆、糖蜜等。

12. 缓冲剂

最常用的是碳酸氢钠，俗称小苏打，还有石灰石、氢氧化铝、氧化镁、磷酸氢钙等。这类物质可增加机体的碱贮备，防治代谢性酸中毒，饲用后可中和胃酸，溶解黏液，促进消化，应用于反刍动物可调整瘤胃 pH，平衡电解质，增加产乳量和提高乳脂率，也可防止产蛋鸡因热应激引起的蛋壳质量下降。一般用量为 0.1%～1%。

13. 流散剂

流散剂又称抗结块剂或流动剂。常用的流散剂有天然的和人工合成的两类：硅酸化合物和硬脂酸盐类，如硬脂酸钙、硬脂酸钾、硬脂酸钠、硅藻土、脱水硅酸、硅酸钙等。流散剂用量不宜过高，一般在 0.5%～2%。流散剂使饲料和饲料添加剂具有较好的流动性，以防止饲料在加工及贮藏过程中结块，如食盐和尿素最易吸湿结块，使用流散剂可以调整这些性状，使它们容易流动、散开、不黏着。当配合饲料中含有吸湿性较强的乳清粉、干酒糟或动物胶原时均宜加入流散剂。

14. 除臭剂

现用商品除臭剂，一种是 *smilacis rhyzoma* 植物中萃取，能阻断尿素酶活性，减少氨的产生，促进乳酸菌增殖；另一种是从生长在沙漠中的丝兰属麟风兰肉质植物 *yucca schidigera* 中提取的，可与氨气、硫化氢、吲哚等有毒有害气体结合，控制恶臭；同时能与肠内微生物协同，共同促进营养物质的吸收，抑制尿素分解，使尿中氨含量降低。据报道，日粮中添加活性炭、沙皂素等除臭剂，可显著减少粪中 NH_3 和 H_2S 的产生。膨润土和沸石粉也有与粪尿中氨结合的功能。向生长猪饲粮中添加海泡石或膨润土时，粪尿中氨散发量会减少。另外，还有将腐植酸钠和硫酸亚铁用作除臭剂的。

15. 脱霉剂

霉菌毒素是由霉菌、真菌在代谢、繁殖过程中产生的代谢产物。在饲料原料及饲料的贮藏加工过程中都会存在霉菌毒素的污染问题。据估计，每年全球大约 25%农作物受到霉菌毒素的污染，将造成数十亿美元的损失。动物采食含霉菌毒素的饲料后，可导致急性或慢性中毒，主要造成肝脏、肾脏的损害及营养不良，最为严重的是霉菌毒素可造成动物机体的免疫抑制，降低免疫应答能力，从而影响动物的生长和健康状况。近年来，习惯在饲料中使用脱霉剂，抑制或减少霉菌毒素的毒性作用，促进霉菌毒素的排出或改变其生物学活性。

脱霉剂目前还没有一个标准定义，最早脱霉剂的概念是从霉菌毒素吸附剂引申而来，但行业内普遍认为：凡能消除饲料中霉菌毒素的添加物都统称“脱霉剂”。种类有：铝硅酸盐类、活性炭、酵母细胞壁类、合成树脂类、微生物及酶类。

脱霉剂具有杀灭和抑制霉菌、真菌的生长繁殖，根本上消除霉菌毒素的产生来源，防止饲料及原料的进一步污染霉变；吸附多种霉菌毒素，消除或减少霉菌毒素对机体的毒副作用；提高动物机体免疫力，解除毒素对机体的免疫；生物降解各种霉菌毒素，转化为无害的代谢产物，改善动物的生产和繁殖性能的功能。

四、饲料添加剂使用注意事项

1. 符合有关的法律法规

如《饲料卫生标准》《饲料标签标准》和《饲料添加剂标准》的有关规定，必须是我国农业农村部公布的《允许使用的饲料添加剂品种目录》所规定的品种。饲料添加剂的使用应遵照饲料标签所规定的用法和用量。药物饲料添加剂的使用应按照我国农业农村部发布的《饲料药物添加剂使用规范》执行，使用药物饲料添加剂应严格执行休药期制度，饲料中不应直接添加兽药。

2. 严禁使用违禁药物作为饲料添加剂，控制药物添加剂污染

禁止使用可以给动物机体和畜产品带来安全隐患的添加剂，如β-兴奋剂、镇静剂、激素等。对药物添加剂的管理与添加应有专人负责，并有完整详细的书面记录。饲料中使用药物添加剂要遵循逐级稀释扩大的方法进行，确保其均匀性。要定期、及时清理粉碎、混合、输送、贮藏药物添加剂的设备及系统，避免污染其他饲料。也要防止霉变污染。

3. 谨慎使用抗生素

慎用抗生素，减少对抗生素使用的依赖性和随意性，特别是滥用抗生素。

4. 科学配制与使用饲料添加剂

(1)选择合适的添加剂种类。

(2)适时适量添加。

(3)注意添加方式和适用对象。

(4)注意配伍禁忌。

(5)混合要均匀。

(6)饲料添加剂应贮藏于干燥、低温及避光处。

技能训练

技能一　常用饲料原料的观察与识别

【目的】掌握常见饲料原料的感官特征和显微特征，并能正确识别。

【原理】根据饲料的感官特征、组织特征对观察到的样品进行识别，分析其营养价值或作用。

【材料】能量饲料、蛋白质饲料、矿物质饲料及添加剂饲料等实物；必要的图片、幻灯片或视频资料；镊子、放大镜、体视显微镜等。

【步骤】

(1)感官识别　结合实物、图片、幻灯片或视频，对各种原料进行识别，描述其颜色、形状、气味、质地等感官特征，知晓其名称。

(2)显微镜观察　借助放大镜或体视显微镜，识别所采集到的各种饲料并描述其典型特征，将显微镜下所见物质的形态特征、物化特点、物理性状与实际使用的饲料原料应有的特征进行对比分析。观察时注意衬板选择，一般检查深色颗粒时用浅色板，检查浅色颗粒时用深色板，以增加对比度，便于观察。镜检时先看粗颗粒，后看小颗粒；先低倍，后高倍。呈饼块、碎粒或颗粒形态的样品或样品中有团块需破开时，不能用粉碎方法，而应置于研钵中，用钵杵轻轻敲开。

(3)分析讨论　根据观察到的原料，了解上述饲料的主要营养价值或作用，判断其所属饲料类别。

【考核标准】常见饲料原料观察与识别的考核标准，见表 2-42。

表 2-42　常见饲料原料观察与识别的考核标准

评价项目	评价标准	满分	评价结果	得分
实验材料准备	能按照实验要求准备实验材料	20		
感官识别	能利用感官对样品进行准确识别	30		
显微镜观察	正确使用体视显微镜，并正确描述显微特征	30		
结果判定	对饲料所属类别准确判断，并熟悉其主要营养价值	20		
合计		100		

技能二　籽实类饲料的一般加工

【目的】通过实训，掌握籽实类饲料加工的一般加工方法。

【材料】玉米、大麦、小麦、稻谷、青稞、燕麦、高粱等各类籽实类饲料；粉碎机、球磨机、对辊压片机等。

【步骤】

(一)磨碎或粉碎

谷实是最主要的一种能量饲料。若将完整谷粒投喂动物，则其消化率一般较低。其原因是种皮和其内淀粉粒具有抗裂解性。将谷粒粉碎，可增大谷料与消化酶接触面积，从而提高其消化率和利用率。但将谷粒磨得过细，一方面降低其适口性，另一方面在消化道内易形成小团，因而也不易被消化。

粉碎的程度：粉碎程度因饲料的种类、家畜种类、年龄、饲喂方式等来确定。对用作猪的谷粒料，可磨碎，玉米、高粱等谷实类饲料粉碎的粒度在 700 μm 左右时，猪对其消化率最高。谷粒粉碎后，与空气接触面积增大，易吸潮、氧化和霉变等，不易保存。因此，应在配料前才将谷粒粉碎或破碎。

(二)压扁

将玉米、大麦、高粱等去皮,加水,将水分调节至15%～20%,用蒸汽加热到120 ℃左右,用对辊压片机压成片状后,干燥冷却后再配合各种添加剂即成压扁饲料。该方法处理后的籽实饲料提高了消化率和能量利用率,同时营养齐全,适口性好,单独饲喂家畜也行。

(三)湿润及浸泡

湿润一般用于粉尘多的饲料,而浸泡多用于硬实的籽实或油饼,使之软化或用于溶去有毒物质。对磨碎或粉碎的精料,应尽可能湿润一下,以防饲料中粉尘多而影响采食和消化,对预防粉尘呛入气管而造成的呼吸道疾病也有好处。坚硬的饲料,经过浸泡后变得膨胀柔软,容易咀嚼,便于消化。浸泡后使含单宁、皂角苷等毒素与异味减轻,提高适口性和可利用性。但是浸泡的时间应掌握好,浸泡时间过长,会造成营养成分的损失,适口性也随之降低,有的饲料甚至还会因为浸泡过久而变质。一般用凉水浸泡,料水比为1∶(1～5),浸泡时间随季节及饲料种类而异。

(四)焙炒

籽实饲料,特别是禾谷类籽实饲料,经过130～150 ℃短时间焙炒后,部分淀粉转化成糊精,从而提高了淀粉的利用率;焙炒可使豆类籽实含有的不良物质(如抗胰蛋白酶、产生甲状腺肿的物质等)失去作用,提高消化率;焙炒还可消灭有害细菌和虫卵,使饲料香甜可口,因而饲料的卫生性、诱食性和适口性增强。由于压扁处理使饲料中的淀粉经加热糊化,豆类籽实中抗营养因子也受到破坏。焙炒的大麦可作为仔猪的诱食饲料。

【作业】

1. 写出有关籽实饲料磨碎、粉碎、压扁、湿润及浸泡、焙炒调制方法、步骤及应注意事项的实训报告。

2. 深入猪场及养殖专业户,调查当地籽实类饲料一般加工调制经验及存在的问题。

3. 推广籽实类饲料的科学调制技术。推广活动结束后,召开座谈会,交流心得体会。

【考核标准】

1. 实训学分比例:实训纪律占15分;实训练习占60分;实训报告占25分。

2. 实训练习考核方法与标准:

优秀(50～60分)	能正确、熟练地调制籽实类饲料。
良好(40～50分)	能比较正确、熟练地调制籽实类饲料。
及格(30分以上)	基本上能正确、熟练地调制籽实类饲料。
不及格(30分以下)	在教师指导下调制籽实类饲料,出现明显错误。

技能三　籽实类饲料的加热处理

【目的】通过实训,掌握籽实类饲料的加热处理方法、步骤。

【材料】大豆、玉米、大麦、小麦、稻谷、青稞、燕麦、高粱等各类籽实类饲料;微波炉、蒸锅、沙浴锅、蒸汽压片机。

【步骤】加热处理能提高饲料的消化率和能量利用率,但提高多少与加热方式、温度、时间、饲料特性有关。

1. 蒸煮

豆类饲料含有能抑制胰蛋白酶的物质，影响对蛋白质的消化。另外，豆类饲料还含有豆腥味，影响适口性。加热处理能改善大豆的特性和适口性，但加热时间不宜过长。130 ℃的温度不能超过 20 min。

2. 微波热处理

谷物经过微波热处理后饲喂动物，其消化能值、动物生长速度和饲料转化效率都有显著提高。方法是将谷类经过波长 4～6 μm 红外线照射(干热处理)，使其中淀粉粒膨胀，易被酶消化，因而其消化率提高。经过 90 s 的微波热处理，可使大豆中抑制蛋氨酸、半胱氨酸的酶失去活性，从而提高其蛋白质的利用率。使饲料的消化能值、家畜生长速度和饲料转化率都显著提高。

3. 蒸汽压片

蒸汽压片的工艺因研究者略有差异，并无本质上的分歧，一般将谷物先经 100～110 ℃蒸汽调制 30～60 min，使谷物水分含量达到 16%～20%，籽粒熟化变软，然后用预热后的压辊碾压成特定密度的谷物片。谷物饲料经蒸汽压片处理后，淀粉糊化，分子结构改变，适口性改善，因而饲料的采食量和消化率均会提高。

高粱经蒸汽压片处理后的营养价值与玉米相当。

【作业】

1. 写出有关籽实饲料蒸煮、微波热处理、蒸汽压片调制方法、步骤及应注意事项的实训报告。

2. 深入猪场及养殖专业户，调查当地籽实类饲料加热调制经验及存在的问题。

3. 推广籽实类饲料的科学调制技术。推广活动结束后，召开座谈会，交流心得体会。

【考核标准】

1. 实训学分比例：实训纪律占 15 分；实训练习占 60 分；实训报告占 25 分。

2. 实训练习考核方法与标准：

优秀(50～60 分)	能正确、熟练地掌握籽实类饲料加热处理。
良好(40～50 分)	能比较正确、熟练地掌握籽实类饲料加热处理。
及格(30 分以上)	基本上能正确、熟练地加热处理籽实类饲料。
不及格(30 分以下)	在教师指导下加热处理籽实类饲料，出现明显错误。

技能四　籽实类饲料的发芽处理

【目的】通过实训，掌握籽实类饲料发芽处理的方法、步骤。

【材料】大豆、玉米、大麦、小麦、稻谷、青稞、燕麦、高粱等各类籽实类饲料；纱窗或麻袋、缸等。

【原理】籽实的发芽是一种复杂的质变过程。籽实萌发过程中，部分糖类物质被消耗，储存的蛋白质转变为氨基酸，许多代谢酶以及维生素大量增加。例如 1 kg 大麦在发芽前几乎不含胡萝卜素，发芽后(芽长 8.5 cm 左右)可产生 73～93 mg 胡萝卜素，核黄素含量由 1.1 mg 增加到 8.7 mg，蛋氨酸含量增加 2 倍，赖氨酸含量增加 3 倍，但无氮浸出物减少。

【步骤】

(1)先把原料筛簸干净，剔除杂质，淘洗并漂出霉变、瘪粒。

(2)将清洗去杂后的谷粒放入缸内，用 30～40 ℃温水浸泡一昼夜，必要时可换水 1～2 次。

(3)等谷粒充分膨胀后即捞出，摊在能滤水的容器内或者在能滤水的纱窗或麻袋上，厚度不超过 5 cm，温度一般保持在 15～25 ℃，过高易烧坏，过低则发芽缓慢。

(4)在催芽过程中，每天早、晚用 15 ℃清水冲洗一次，这样经过 3～5 d 即可发芽。在开始发芽但尚未盘根期间，最好将其翻转 1～2 次。一般经过 6～7 d，籽粒萌发出嫩绿的芽尖时，芽长 3～6 cm 时即可用来饲喂畜禽。

(5)饲喂方法：用发芽饲料喂畜禽时，可以与要饲喂的饲料一起混合饲喂。例如：饲喂成年母畜，每天每头补饲 250 g 左右，有促进正常发情、受孕和产后增加泌乳量的作用；饲喂种公畜，每天每头喂 200 g 左右，有增强性欲、改善精液品质和提高受精率的作用；饲喂仔猪每天每头喂 20 g。据调查，坚持用发芽饲料饲喂的畜禽，很少出现维生素缺乏症。

【作业】

1. 写出有关籽实饲料发芽调制方法、步骤及应注意事项的实训报告。

2. 深入猪场及养殖专业户，调查当地籽实类饲料发芽调制经验及存在的问题。

3. 推广籽实类饲料的科学调制技术。推广活动结束后，召开座谈会，交流心得体会。

【考核标准】

1. 实训学分比例：实训纪律占 15 分；实训练习占 60 分；实训报告占 25 分。

2. 实训练习考核方法与标准：

优秀(50～60 分)	能正确、熟练地对籽实类饲料进行发芽处理。
良好(40～50 分)	能比较正确、熟练地对籽实类饲料进行发芽处理。
及格(30 分以上)	基本上能正确、熟练地对籽实类饲料进行发芽处理。
不及格(30 分以下)	在教师指导下对籽实类饲料进行发芽处理，出现明显错误。

技能五　籽实类饲料的发酵

【目的】通过实训，掌握籽实类饲料发酵的方法、步骤。

【材料】玉米、大麦、小麦、稻谷、青稞、燕麦、高粱等各类籽实类饲料；酵母、发酵箱、纱布或麻袋、缸等。

【原理】籽实饲料的发酵是通过微生物的作用增加饲料中的 B 族维生素和各种酶、醇等芳香刺激性物质，从而提高饲料适口性和营养价值，刺激家畜生产性能和繁殖能力的提高。籽实饲料的发酵微生物一般用酵母菌，因此原料要求为富含碳水化合物的籽实，豆类不宜发酵。

【步骤】每 100 kg 磨或细磨粉碎的籽实，用面包酵母或酿酒酵母 0.5～1.0 kg。先用温水将酵母稀释化开，然后将 30～40 ℃温水 150～200 kg 倒入发酵箱中，再慢慢加入稀释过的酵母，一面搅拌，一面倒入 100 kg 饲料，搅拌均匀。饲料铺在发酵箱内，厚度为 30 cm 左右，温度保持在 20～27 ℃，并保证通气良好。每 30 min 搅拌一次，经 6～9 h 发酵即可完成。

【作业】

1. 写出有关籽实饲料发酵调制方法、步骤及应注意事项的实训报告。

2. 深入猪场及养殖专业户，调查当地籽实类饲料发酵调制经验及存在的问题。

3. 推广籽实类饲料的科学调制技术。推广活动结束后，召开座谈会，交流心得体会。

【考核标准】

1. 实训学分比例：实训纪律占 15 分；实训练习占 60 分；实训报告占 25 分。

2. 实训练习考核方法与标准：

优秀（50～60 分）	能正确、熟练地对籽实类饲料进行发酵处理。
良好（40～50 分）	能比较正确、熟练地对籽实类饲料进行发酵处理。
及格（30 分以上）	基本上能正确、熟练地对籽实类饲料进行发酵处理。
不及格（30 分以下）	在教师指导下对籽实类饲料进行发酵处理，出现明显错误。

技能六　糖化饲料的制作

【目的】通过实训，掌握糖化饲料制作的方法、步骤。

【材料】玉米面、麦麸、草（麦糠、玉米秸）、高粱秸、麦曲、酵母菌；木桶、锅等。

【原理】糖化是利用谷实和麦芽中淀粉酶作用，将饲料中淀粉转化为麦芽糖的过程。例如玉米、大麦、高粱等都含 70%左右的淀粉，而低分子的糖分仅为 0.5%～0.2%。经糖化后，其中低分子糖含量可提高到 8%～12%，并能产生少量的乳酸，从而改善饲料的适口性，提高消化率。

【步骤】

将粉碎的谷料装入木桶内，按 1∶(2～2.5)的比例加入 80～85 ℃水，充分搅拌成糊状，使木桶内的温度保持在 60 ℃左右。在谷料表层撒上一层厚约 5 cm 的干料面，盖上木板即可。糖化时间需 3～4 h。为加快糖化，可加入适量（约占干料重的 2%）麦芽曲（大麦或燕麦经过 3～4 d 发芽后干制磨粉而成，其中富含糖化酶）。饲料贮藏时间最好不要超过 10～14 h，存放过久或用具不洁，易引起饲料酸败变质。

具体操作：

(1)曲子的培养　将麦曲加水搅拌均匀（手握不出水为宜）。上锅进行高温灭菌，待麦曲温度降到 28 ℃时，按 0.3%的比例向麦曲中加入曲种拌匀。进行培养，变成曲子。

(2)酵酶糖化液的培养　将玉米面按 3%的比例加水，熬成粥，待温度降到 60 ℃时，再按 20%的比例加入曲子，糖化 4 h 后，用棉纱布过滤玉米粥。将过滤出的液体加热到 28 ℃后，加入少许酵母菌培养成酵酶糖化液。

(3)糖化饲料的制作　按 100 kg 玉米加 70 kg 草粉的比例拌匀，并加适量的水，上锅加温到 20 ℃时再加入 30 kg 曲子，发酵 3 d，便可制出糖化饲料。

【作业】

1. 写出有关饲料糖化调制方法、步骤及应注意事项的实训报告。

2. 深入猪场及养殖专业户，调查当地饲料糖化调制经验及存在的问题。

3. 推广饲料糖化的科学调制技术。推广活动结束后，召开座谈会，交流心得体会。

【考核标准】

1. 实训学分比例：实训纪律占 15 分；实训练习占 60 分；实训报告占 25 分。

2. 实训练习考核方法与标准：

优秀(50～60分)　　能正确、熟练地对籽实类饲料进行糖化处理。
良好(40～50分)　　能比较正确、熟练地对籽实类饲料进行糖化处理。
及格(30分以上)　　基本上能正确、熟练地对籽实类饲料进行糖化处理。
不及格(30分以下)　　在教师指导下对籽实类饲料进行糖化处理,出现明显错误。

技能七　高粱的脱单宁方法

【目的】 通过实训,掌握高粱脱单宁的方法步骤。

【材料】 高粱;NaOH、水、氧化钙、碳酸钾、草木灰、NH_4OH。

【步骤】

(1)机械脱壳　单宁存在于籽实的种皮,用机械加工脱去外皮,可除去大部分单宁,但脱壳时也伴随脱去了部分的营养成分。

(2)水浸或煮沸　用冷水浸泡2 h或用开水煮沸5 min,可脱去约70%的单宁。

(3)碱液处理　用NaOH水溶液在70 ℃下处理6 min,除去籽实外壳后,将脱壳的籽实浸在60 ℃温水中,边搅边溢流30 min,可完全除掉单宁。此外,使用氧化钙、碳酸钾、草木灰等碱性溶液处理,也可除去约90%的单宁。

(4)氨化法　可将高粱籽实置于塑料袋中,加入NH_4OH,封存7 d(低压法,含氨30%);也可在80个大气压条件下用氨对高粱处理1 h(高压法)。

【作业】

1. 写出有关高粱脱单宁调制方法、步骤及应注意事项的实训报告。
2. 深入猪场及养殖专业户,调查当地高粱脱单宁的经验及存在的问题。
3. 推广高粱脱单宁的科学调制技术。推广活动结束后,召开座谈会,交流心得体会。

【考核标准】

1. 实训学分比例:实训纪律占15分;实训练习占60分;实训报告占25分。
2. 实训练习考核方法与标准:

优秀(50～60分)　　能正确、熟练地对高粱进行脱单宁处理。
良好(40～50分)　　能比较正确、熟练地对高粱进行脱单宁处理。
及格(30分以上)　　基本上能正确、熟练地对对高粱进行脱单宁处理。
不及格(30分以下)　　在教师指导下对高粱进行脱单宁处理,出现明显错误。

技能八　饲料黄曲霉毒素污染的去毒

【目的】 通过实训,掌握饲料黄曲霉毒素污染的脱毒处理方法。

【材料】 黄曲霉毒素污染的玉米、花生粕等;缸、水、瓶子、纱布、白陶土、活性炭、氢氧化钠、氨水、山苍子油。

【步骤】 轻度污染的饲料或原料经脱毒处理使毒素含量符合卫生标准后可再利用。主要的脱毒方法有:

(1)剔除霉粒法　毒素主要集中在霉坏、破损、变色及虫蛀的粮粒中,如将这些粮粒挑选除去,可使毒素含量大大降低。

(2)碾轧加工法　霉菌污染粮粒的部位主要在种子皮层和胚部,因此通过碾轧加工,除糠去胚,可减少大部分毒素。

(3)磨碎、水洗脱毒　将欲饲用的霉玉米磨成1.5～4.5 mm碎粒。取一口缸,倒入1份碎玉米及3～4份清水,搅拌,轻搓,将上浮的玉米胚捞出。如此反复换水操作3～4次,捞出,用于饲喂。用清水反复浸泡漂洗,可除去水溶性毒素。有的霉菌毒素虽难溶于水,但因毒素多存在于表皮层,反复加水搓洗,也可除去大部分毒素。

(4)吸附法　白陶土、活性炭等吸附剂能吸附霉菌毒素。例如用白陶土吸附法可将植物油中的黄曲霉毒素吸附除去。

(5)化学药物去毒法　用碱处理植物油中的黄曲霉毒素,可使其结构破坏而去毒。国内外也有利用氨来破坏棉籽或玉米中黄曲霉毒素。

(6)微生物去毒法　即筛选某些微生物,利用其生物转化,使黄曲霉毒素破坏或转变为低毒物质。近年来,发现用无根根霉、橙色黄杆菌等对去除粮食中黄曲霉毒素效果较好。

(7)山苍子油熏脱毒　取一口大缸,缸底放一装有10 mL山苍子芳香油的瓶,瓶口用纱布包好。再将100 kg霉玉米倒入缸内,密封。7 d后,可用于饲喂。

【作业】

1. 写出有关黄曲霉毒素去毒过程及应注意事项的实训报告。

2. 深入猪场、养殖专业户,调查当地黄曲霉毒素去毒的方法、步骤,以及存在的问题,并写出调查报告。

3. 推广黄曲霉毒素去毒知识和操作技术。推广活动结束后,召开座谈会,交流心得体会。

【考核标准】

1. 实训学分比例:实训纪律占15分;实训练习占60分;实训报告占25分。

2. 实训练习考核方法与标准:

优秀(50～60分)	能熟练地完成黄曲霉毒素去毒的方法、步骤,操作规范。
良好(40～50分)	能比较熟练地完成黄曲霉毒素去毒的方法、步骤,操作较规范。
及格(30分以上)	在教师的指导下能完成黄曲霉毒素去毒。
不及格(30分以下)	在教师的指导下,仍不能完成黄曲霉毒素去毒。

技能九　饼粕类饲料的去毒加工

【目的】通过实训,掌握大豆饼粕、棉籽饼粕、菜籽饼、蓖麻饼、亚麻饼(胡麻饼)等的脱毒处理方法。

【材料】大豆饼粕、菜籽饼粕、棉籽饼、蓖麻饼、亚麻饼、硫酸亚铁、氨水、食盐、石灰、氢氧化钠、碳酸氢钠等。缸、锅、筛、木棒、水桶、水管、铁锹、塑料薄膜或草席、笼屉、液体旋风分离器。

【步骤】

1. 大豆饼粕的脱毒处理

(1)有毒物质的种类　大豆饼粕含有抗胰蛋白酶、脲酶、血细胞凝集素、皂角苷、甲状腺肿诱发因子、抗凝固因子等有害物质。

(2)脱毒方法　常采用热处理。通常在100～110 ℃条件下加热处理3～5 min,即可达到脱毒的目的。加热时间不宜过长、温度不宜过高,否则,会降低蛋白质的饲用价值。

2. 棉籽饼粕的脱毒处理

(1)改进制油工艺　棉籽饼粕中游离棉酚的残留量受制油工艺和加工条件的影响很大，制油工艺过程中的湿热处理、压榨、撕裂及某些与水互溶的有机溶剂提取，均可使棉籽色素腺体破坏，释放出游离棉酚，这些游离棉酚直接随棉籽油排出。

(2)硫酸亚铁浸泡法　是一种成本低、效果好、操作简便的方法。用硫酸亚铁去毒时，其用量应因机榨或土榨棉籽而不同。机榨的棉籽饼粕每 100 kg 用硫酸亚铁 0.2～0.4 kg，土榨的棉籽饼粕则用 1～2 kg。使用时先将硫酸亚铁用 200 kg 水溶解，制成硫酸亚铁溶液备用。用此溶液浸泡粉碎的饼粕，中间搅拌几次，经一昼夜，即可饲用。

这种去毒方法可在油脂厂棉籽加工过程中进行，也可在饲料厂或饲养场进行。

(3)碱处理法　可用 2%的熟石灰水溶液、1%氢氧化钠溶液或 2.5%的碳酸氢钠溶液中的一种，将粉碎的棉籽饼粕浸泡 24 h，再用清水冲洗 4～5 遍，也可达到去毒目的。但此法可使饼粕中部分蛋白质和无氮浸出物溶解并流失，从而降低饼粕的营养价值。

(4)水煮脱毒法　将粉碎的棉籽饼粕放在清水中浸泡 1 h 左右，蒸煮，锅盖要压紧盖严，沸后继续煮 0.5 h，冷却后其滤渣作为动物饲料，滤液弃去。这种方法可使棉籽饼粕中 55%～75%的游离棉酚破坏。此法宜在农村和饲养场采用，但缺点是会使饼粕中赖氨酸的有效性大大降低。

(5)分离棉籽色素腺体法　根据棉酚集中于棉籽色素腺体的特点，采用液体旋风分离器，借助高速旋转产生的离心力，将色素腺体完整地分离出来，此法饼粕中的游离棉酚含量低，但技术设备和成本都要求较高。

3. 菜籽饼脱毒处理

(1)土埋脱毒　取一口缸，按 1∶1的比例将菜籽饼和水倒入缸内，浸泡。挖一大小适当的土坑，在坑内铺放塑料薄膜或草席，将浸泡好的菜籽饼，填入土坑，装满后，盖上草或塑料薄膜，再压上 20 多 cm 厚的土。经两个月后，挖出，用于饲喂。

(2)氨处理脱毒　取一口缸，倒入菜籽饼 100 份，再加含氨 7%的氨水 22 份，搅拌均匀，加盖，焖 3～5 h。

将经氨处理过的菜籽饼捞出，倒在笼屉上，加热蒸 40～50 min 之后，下屉，倒在干净水泥地或塑料布上晒干，或倒在锅内加热炒干。

4. 蓖麻籽饼脱毒处理

(1)盐水浸泡脱毒　取一口缸，倒入食盐 30 kg，添加清水 300 kg，搅拌，使食盐溶解，再将 500 kg 蓖麻籽饼倒入食盐水中，搅拌，浸泡。取一大筛，将浸泡 6～10 h 的蓖麻籽饼倒入筛内，用清水冲洗后，即可用于饲喂。

(2)煮沸脱毒　取一口大锅，倒入蓖麻籽饼，在添加适量清水，加热煮沸后 2 h，倒出，冷却，用于饲喂。

5. 亚麻饼(胡麻饼)脱毒处理

取一口大锅，倒入一份亚麻饼及 5 份清水，加热煮沸 15 min 后，倒入一大筛内，用流水冲洗干净，即可用于饲喂。

【作业】

1. 写出有关饼粕类饲料的去毒加工过程及应注意事项的实训报告。

2. 深入猪场、养殖专业户，调查当地饼粕类饲料的脱毒加工的方法、步骤以及存在的问题，并写出调查报告。

3. 推广饼粕类饲料的脱毒加工知识和操作技术。推广活动结束后，召开座谈会，交流心得体会。

【考核标准】

1. 实训学分比例：实训纪律占15分；实训练习占60分；实训报告占25分。

2. 实训练习考核方法与标准：

优秀(50～60分)	能熟练地完成饼粕类饲料的脱毒加工的方法，操作规范。
良好(40～50分)	能比较熟练地完成饼粕类饲料的脱毒加工的方法，操作较规范。
及格(30分以上)	在教师的指导下能完成饼粕类饲料的脱毒加工。
不及格(30分以下)	在教师的指导下，仍不能完成饼粕类饲料的脱毒加工。

学习评价

一、名词解释

能量饲料　蛋白质饲料　粗饲料　矿物质饲料　维生素饲料　饲料添加剂　谷实类饲料　糠麸类饲料　单细胞蛋白质饲料

二、填空题

1. 能量饲料通常分为4类，除液体能量饲料和淀粉质块根块茎类饲料外，还有________、________。

2. 从能量的角度比较，麸皮的有效能值________次粉的有效能值。

3. 常用动物性蛋白质饲料原料有______、______、______、______、______。

4. 在所有植物性蛋白质饲料中，使用效果最佳的饲料原料是________。

5. 鱼粉是一种优质蛋白质饲料，一般粗蛋白质含量为________，但鱼粉中食盐含量也较高，一般为________，含盐量较高的鱼粉应控制用量。

6. 常用营养性添加剂主要有________、________和________等，常用微量元素添加剂主要有________、________、________和________等。

三、选择题

1. 常用谷物籽实类饲料中能量含量最高的是(　　)。

A. 高粱　B. 麦类　C. 玉米　D. 麸皮

2. 油脂属于(　　)。

A. 蛋白质饲料　B. 能量饲料　C. 饲料添加剂　D. 维生素饲料

3. 新鲜米糠适口性好，但不宜长期贮藏，其原因是下列哪种物质含量高(　　)。

A. 粗纤维　B. 蛋白质　C. 不饱和脂肪酸　D. 微量元素

4. 大豆籽实及其饼粕中含有的主要抗营养因子是(　　)。

A. 单宁　B. 植酸　C. 游离棉酚　D. 抗胰蛋白酶抑制因子

5. 各种饼粕类饲料中饲喂价值最高的是(　　)。

A. 大豆饼粕　B. 菜籽饼粕　C. 棉籽饼粕　D. 花生饼粕

四、简答题

1. 简述谷实类饲料的营养特点及饲喂价值。

2. 简述糠麸类饲料的营养特点及饲喂价值。
3. 简述玉米的营养特点。
4. 简述小麦麸的营养特点。
5. 植物性蛋白质饲料的营养特点是什么？在使用这类饲料时应注意什么问题？
6. 鱼粉的营养特点是什么？在使用鱼粉时应注意什么问题？
7. 简述动物性蛋白质饲料的营养特点。
8. 简述骨粉、食盐、磷酸氢钙、石粉的营养特点。
9. 饲料中补充磷时应注意的事项有哪些？
10. 给猪补喂食盐有哪些好处？补喂时应注意哪些问题？
11. 简述饲料添加剂的概念及分类。
12. 维生素添加剂有哪些？生产实践应注意哪些问题？
13. 如何正确地使用饲料添加剂？

五、讨论与思考

1. 为什么说玉米作为肥育猪的主要精料，会使胴体脂肪变软？
2. 举例说明动物性蛋白质饲料与植物性蛋白质饲料营养特点的异同点。
3. 养殖实践中，添加石粉时，为什么猪对石粉粒度要求较细？
4. 何谓维生素的安全范围？你对它是如何认识的？
5. 举例说明哪些添加剂有环境污染问题。

信息链接

1. NY/T 141—1989 饲料用白三叶草粉。
2. GB/T 17890—2008 饲料用玉米。
3. NY/T 115—2021 饲料用高粱。
4. NY/T 118—2021 饲料用皮大麦。
5. NY/T 210—1992 饲料用裸大麦。
6. NY/T 119—2021 饲料用小麦麸。
7. NY/T 211—1992 饲料用次粉。
8. NY/T 122—1989 饲料用米糠。
9. GB/T 19541—2017 饲料原料豆粕。
10. GB/T 19164—2003 鱼粉。
11. GB/T 20193—2006 饲料用骨粉及肉骨粉。
12. NY 5032—2006 无公害食品　畜禽饲料和饲料添加剂使用准则。
13. GB/T 21517—2008 饲料添加剂　叶黄素。
14. GB/T 22144—2008 天然矿物质饲料通则。
15. NY/T 722—2003 饲料用酶制剂通则。
16. GB/T 21264—2007 饲料用棉籽粕。
17. GB/T 23736—2009 饲料用菜籽粕。
18. NY/T 116—1989 饲料用稻谷。
19. NY/T 117—2021 饲料用小麦。

20. SCT 3501—1996 鱼粉。
21. NY/T 915—2017 饲料原料水解羽毛粉。
22. NY/T 218—1992 饲料用桑蚕蛹。
23. NY/T 125—1989 饲料用菜籽饼。
24. NY/T 129—1989 饲料用棉籽饼。
25. NY/T 130—1989 饲料用大豆饼。
26. NY/T 132—2019 饲料用花生饼。
27. NY/T 133—1989 饲料用花生粕。
28. NY/T 139—1989 饲料用木薯叶粉。
29. NY/T 142—1989 饲料用甘薯叶粉。
30. SB/T 10212—1994 饲料用血粉。

二维码 2-8　饲料原料

二维码 2-9　饲料原料国家标准信息链接

模块三

猪饲料检测与分析

学习目标

了解一定的饲料质量检测方法与检测技术，掌握六大概略养分（水分、粗蛋白质、粗脂肪、粗纤维、粗灰分、无氮浸出物）测定的基本原理，并要求学生掌握测定这些养分的基本过程（仪器、设备、试剂、试样的选取和制备、测定步骤、结果计算及判断）。

学习任务

任务一　饲料样本的采集与制备

一、概述

1. 采样

采样指从物料中抽取一定数量、具有充分代表性样品的过程。在某种程度上可以说采样比分析更重要。

2. 样品

从受检的饲料产品或原料中，按规定抽取一定数量具有代表性的部分，称为样品。样品一般分为原始样品、平均样品和试验样品。

原始样品：也叫初级样品，是从生产现场如田间、牧场、仓库、青贮窖、试验场等地的一批受检的饲料或原料中最初采集的样品，原始样品一般不少于 2 kg。

平均样品：也叫次级样品，将原始样品按规定混合，均匀地分出一部分，称为平均样品，平均样品一般不少于 1 kg。

试验样品：也叫分析样品，平均样品经过混合分样，根据需要从中抽取一部分，用作试验室分析，称为试样样品。

二维码 3-1　饲料样本的采集与制备

3. 样品的制备

样品的制备指将样品经过干燥、粉碎和混合处理，以便进行理化分析的过程。

4. 几何法

这种方法适用于非均匀性物品。即把待测的大量饲料看成某种有规则的几何体(长方体、圆柱体、圆锥体等)。采样时就可将该立体形状假想分为若干体积相等的部分(虽然,不便实际上去操作,但至少可以在想象中把它分开),这些部分必须在全体中分布均匀,即不只是在表面或只是在一面上。从这些部分中选取体积相等的样品,这些部分的样品称为支样,将支样混合即得样品。

5. 四分法

这种方法适用于均匀性的物品。即把均匀性的饲料(搅拌均匀的籽实、粉末状饲料)或混合完全后的原始样本放置在一张方形纸、塑料布等上面,提起一角,使饲料流向对角,随后提起对角使饲料回流,如法将四角反复提起,使饲料反复移动混合均匀。然后将饲料展平,铺成圆形或方形薄层(1～2 cm),用分样板或料铲,从中划一"十"字或以对角线连接,将样品分成四等份,任意除去对角两份。将剩余的两份如前述混合均匀后再分成四等份,重复上述过程,直到剩余样品量与测定需要量接近为止,见图 3-1。

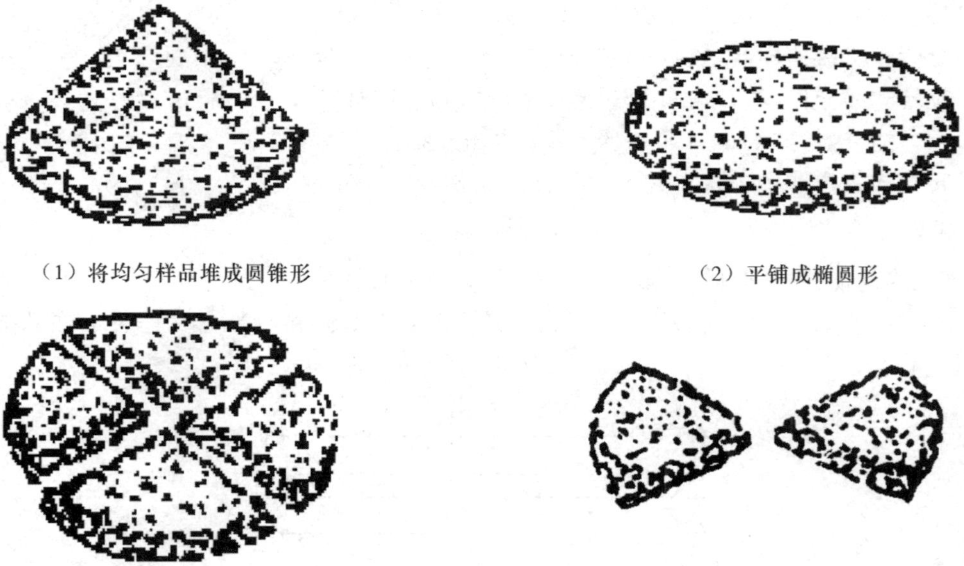

(1) 将均匀样品堆成圆锥形　(2) 平铺成椭圆形

(3) 分成四等份　(4) 移去对角部分，进行缩分

图 3-1　四分法取样

对大量的籽实、粉末也可将样品倒在洁净的地板上,用分样板或小铲将其堆成锥形,然后用铲将堆移至另一处,移动时将每一铲倒于前一铲之上,这样使样品由锥顶向下流动到周围,如此反复移动 3 次以上,即可混合均匀。最后将饲料堆成圆锥形,将顶部略略压平使成圆台状,再从上部中间分割为"十"字形的四等份,弃去对角线的两部分,将剩余的两部分如上法缩减至适当数量为止。

二、材料用具

采样设备有取样铲、取样器、抽样器、抽样管等。也可分为固体产品采样的设备和液体或半液体产品采样的设备。采样设备应清洁,干燥,不受外界气味的影响。

1. 固体产品手工采样的工具

(1)散装饲料采样工具　普通取样铲,见图 3-2。手柄勺、柱状取样器(如取样钎、管状取样器、套管取样器)和圆锥取样器。取样钎可有一个或更多的分隔室。

(2)袋装或其他包装饲料的采样工具　手柄勺、麻袋取样钎或取样器、管状取样器、锥形取样器和分割式取样器,见图 3-3。

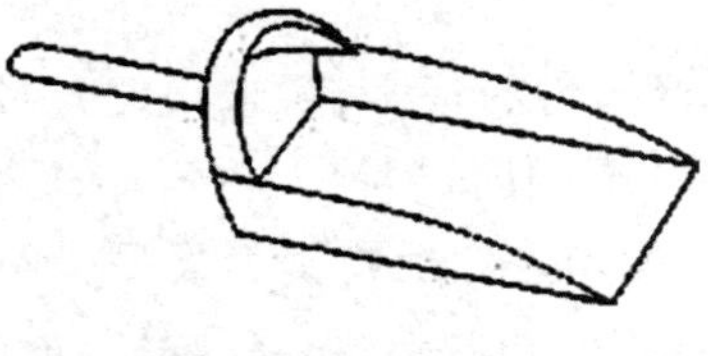

图 3-2　普通取样铲

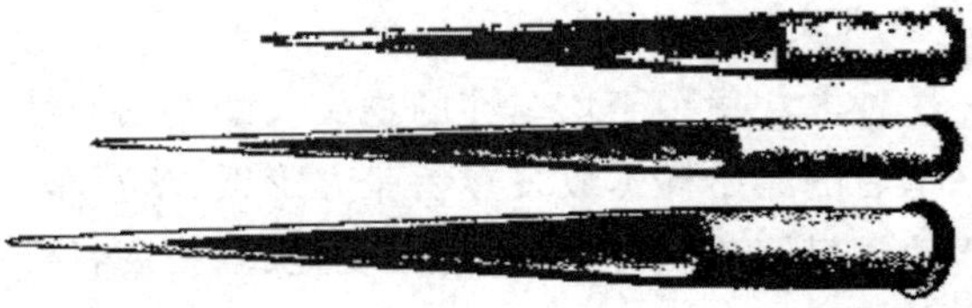

图 3-3　锥形袋式取样器

2. 机械采样工具

从流动的产品中周期性采样可以使用认可的设备(如气力装置),速度较高的流动产品的采样可以通过手工控制机器来完成。主要包括:

(1)分流型机械抽样器,如 Gamet 公司的 6800L 系列 D/T 型。

(2)旋转式缩分器,如 Gamet 公司的 4500 系列旋转缩分器。

(3)重力缩分器,如 Gamet 公司的 5∶1重力缩分器。

(4)转盘式集样器,如 Gamet 公司的 24 位集样器。

3. 液体或半液体产品手工或机械采样的设备

适当大小的搅拌器、取样瓶、取样管、带状取样器和长柄勺。

(1)不锈钢或铝合金制成的底部抽样器　适合于从罐(舱)装油脂等液态样品底部抽取样品,见图 3-4。

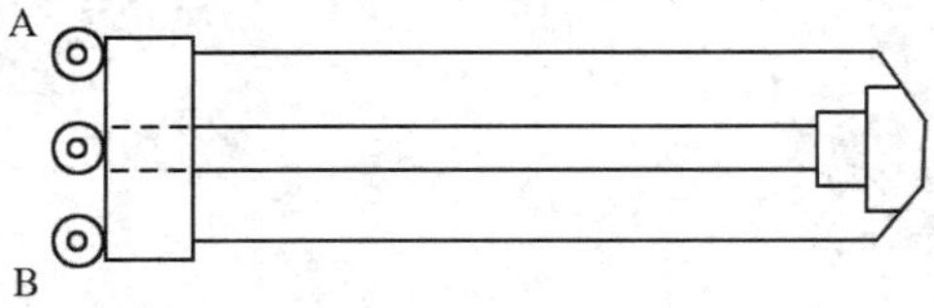

图 3-4　底部抽样器

(2)瓶式抽样器　适合从罐(舱)中抽取油脂等液态样品,见图 3-5。

(3)套管式抽样器　适用于糊状油脂等抽样,见图 3-6。

(4)抽样探子　全长 100 cm,柄长 7 cm,槽深 1.5 cm,槽口宽 1.5 cm,横柄长 12 cm,横柄直径 1.5 cm,由不锈钢制成。适用于糊状或软固体油脂抽样,见图 3-7。

(5)抽样管　管长 100 cm,外径 2 cm,下口 0.5 cm,上口 0.8 cm,由厚壁玻璃管或不锈钢制成,适用于油脂等液体类货物抽样,见图 3-8。

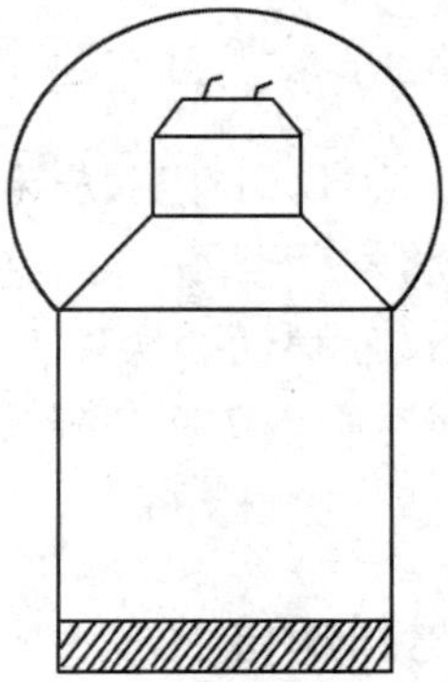

图 3-5　瓶式抽样器

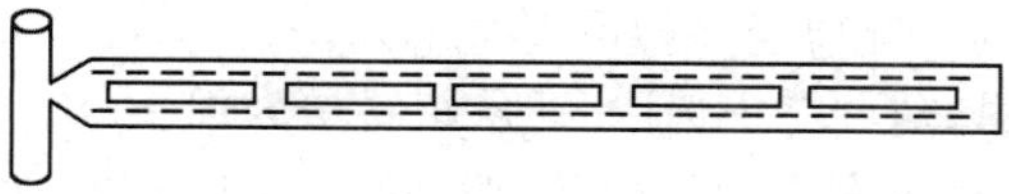

图 3-6　套管式抽样器

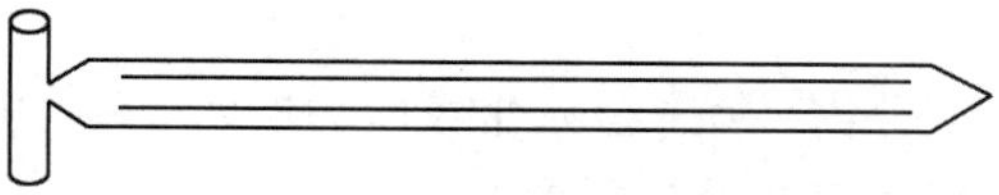

图 3-7　抽样探子

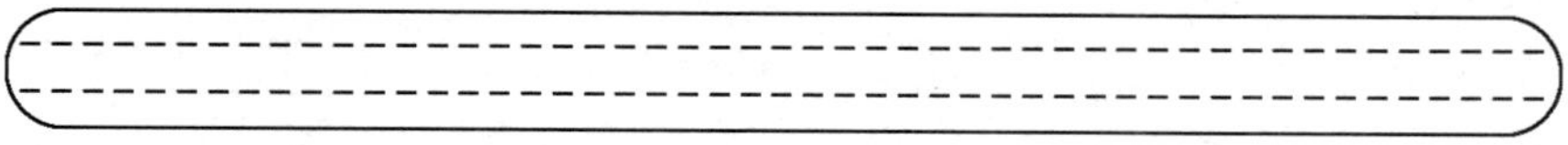

图 3-8　抽样管

三、样品的采集

样品的采集通常采用随机抽样的方法。随机抽样是指不带主观框架，在抽样过程中保证整批饲料中的每一个单位产品（为检验需要而划分的产品最小的基本单位）都有被抽取的机会。抽取的样品必须均匀地分布在整批饲料的各个部位。

最常用的方法有简单随机抽样、分层随机抽样、系统随机抽样和阶段随机抽样。各方法并无严格界线，采样时可结合起来使用，在保证代表性的前提下，还应注意抽样方式的可行性和抽样技术的先进性。不同饲料样品的采集因饲料原料或产品的性质、状态、颗粒大小或包装方式不同而不同。

1. 原始样本的采集

对于不均匀的饲料（粗饲料、块根块茎饲料、家畜屠体等）或成大批量的饲料。为使样品具有代表性，应尽可能取到被检饲料的各个部分，最常用的方法是几何法。

（1）粉状和颗粒饲料

①散装。散装的原料应在机械运输过程中的不同场所（如滑运道、传送带等）取样。如果在机械运输过程中未能取样，则可用探管取样，但应避免因饲料原料不匀而造成的错误取样。

取样时，用探针从距边缘 0.5 m 的不同部位分别取样，见图 3-9。然后混合即得原始样品。取样点的分布和数量取决于装载的数量，也可在卸车时用长柄勺、自动选样器或机器选样器等，间隔相等时间，截断落下的料流取样，然后混合即得原始样本。间隔时间应根据产品移动的速度来确定，同时要考虑到每批选取的原始样品的总量。

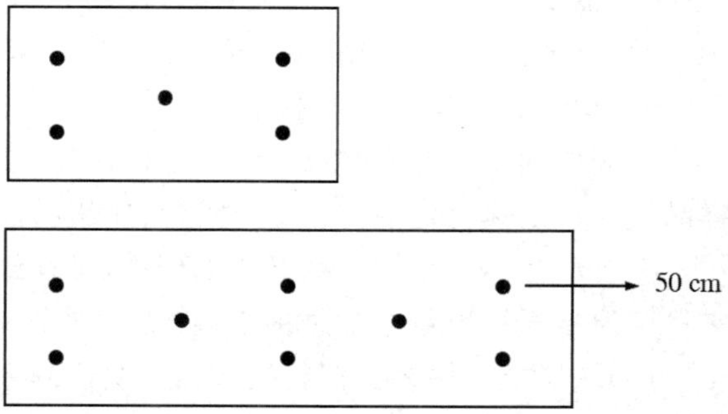

图 3-9　散装料取样

由于干的粉状饲料中粉尘的一致性高，采样时应防止其爆炸。由于产品是经过加工处理的，因此受微生物侵害腐败的可能性增加。因此，采样时应特别注意有无异常。

②仓装。针对贮藏在饲料库中的散状产品的原始样品，按高度分层采样，即采样

前将层表面划分为6等份，在每一部分的四方形对角线的四角和交叉点5个不同地方采样。料层厚度在0.75 m以下时，从两层中选取，即从距料层表面10～15 cm处的上层和靠近地面20 cm的下层选取，当料层厚度在0.75 m以上时，从3层中选取，即从距料层表面10～15 cm处的上层、中层和靠近地面20 cm处的下层选取，采集时从上而下进行。料堆边缘的点应距边缘50 cm处，底层距底部20 cm。

圆仓可按高度分层，每层分内(中心)、中(半径的一半处)、外(距仓边30 cm左右)3圈，圆仓直径在8 m以下时，每层按内、中、外分别采1、2、4个点，共7个点；直径在8 m以上时，每层按内、中、外分别采取1、4、8个点，共13个点，见图3-10。将各点样品混匀即得到原始样品。

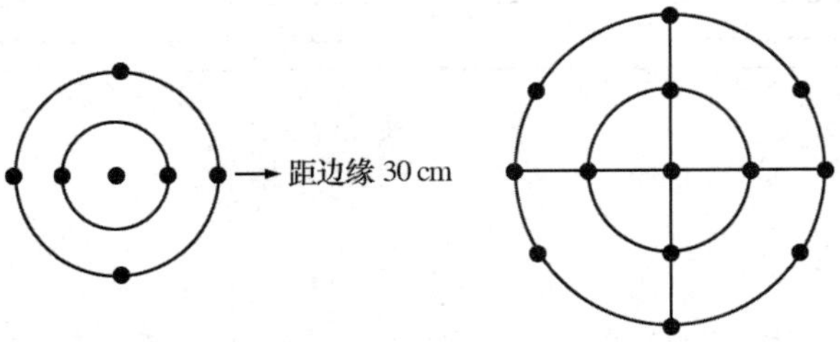

图3-10 仓装料取样

③袋装。用抽样锥随意从不同袋中分别取样，然后混匀即得到原始样品。每批采样的袋数取决于总袋数、颗粒大小和均匀度，可采取不同的方案，取样袋数至少为总袋数的10%，中小颗粒饲料如玉米、大麦等取样的袋数不少于总袋数的5%，粉状饲料取样的袋数不少于总袋数的3%。总袋数在100袋以下，取样不少于10袋，每增加100袋需增加1袋。

取样时，用口袋探针从口袋的上下两个部位采样，或将料袋放平，将探针的槽口向下，从料袋的头至底斜对角插入取样器，插入后将其旋转180°取出，见图3-11。

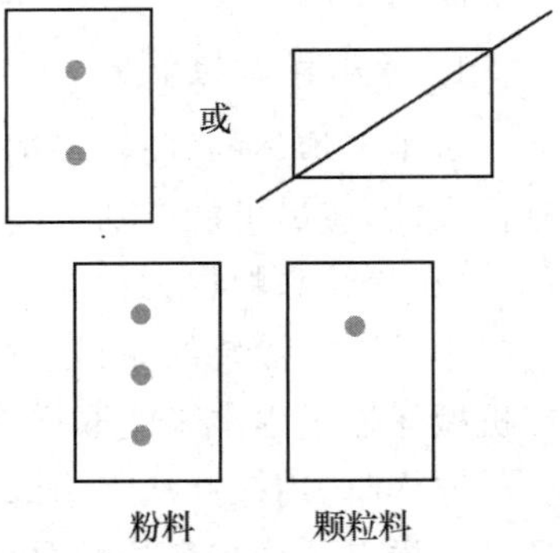

图3-11 袋装料取样

(2)液体或半固体饲料

①液体饲料。桶或瓶装的植物油等液体饲料应从不同的包装单位(桶或瓶)中分别取样，然后混合。

取样时，将桶内饲料搅拌均匀，然后将空心探针缓慢地自桶口插至桶底，然后堵压上口提出探针，将液体饲料注入样品瓶内混匀。取样的桶数如下：7桶以下，取样桶数不少于5桶；10桶以下，取样桶数不少于7桶；10～50桶，取样桶数不少于10桶；51～100桶，取样桶数不少于15桶；101桶以上，按不少于总桶数的15%抽取。

②固体油脂。对在常温下呈固体的动物性油脂的采样，可参照固体饲料采样方法，但原始样品应通过加热熔化混匀后，才能采集次级样品。

③黏性液体。黏性浓稠饲料如糖蜜，可在卸料过程中采用抓取法，即定时用勺等器具随机采样。原始样品数量应为总量1 t时至少采集1 L。原始样品混匀后，即可采集次级样品。

(3)块饼类 块饼类饲料的采样依块饼的大小而异。

大块状饲料从不同的堆积部位选取不少于5大块，然后从每块中切取对角的小三角形，将全部小三角形块捶碎混合后得到原始样品，然后再用四分法取分析样品200 g左右。

小块的油粕，选取具有代表性的 25～30 片，粉碎后充分混合得到原始样品，再用四分法取分析样品 200 g 左右，见图 3-12。

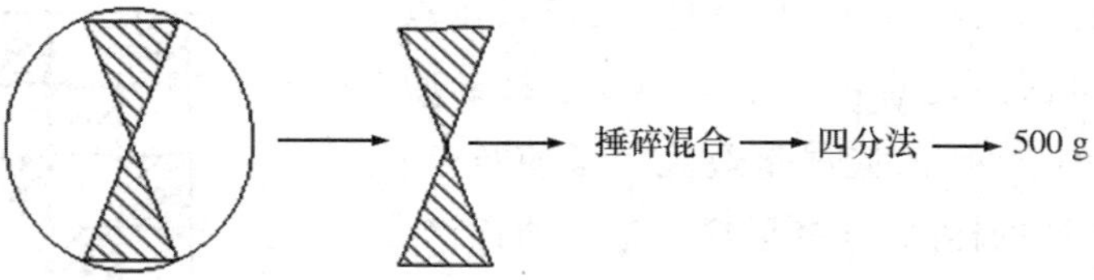

图 3-12　块饼类饲料取样

（4）副食及酿造加工副产品　此类饲料包括酒糟、醋糟、粉渣和豆渣等。取样方法是：在贮藏池、木桶或贮堆中分上、中、下 3 层取样。视池、桶、堆的大小每层取 5～10 个点，每点取 100 g 放入大瓷桶内充分混合得到原始样品，然后从中随机取分析样品约 1 500 g，用 200 g 测定其初水分，其余放入大瓷盘中，在 60～65 ℃恒温干燥箱中干燥供制风干样品用。

对豆渣和粉渣等含水较多的样品，在采样过程中应注意避免汁液损失。

（5）块根、块茎和瓜类　这类饲料的特点是含水量大，由不均匀的大体积单位组成。采样时，通过采集多个单独样品来消除每个个体间的差异。样品个数的多少，根据样品的种类和成熟的均匀与否，以及所需测定的营养成分而定，一般块根、块茎 10～20 根，马铃薯 50 个，胡萝卜 20 根，南瓜 10 个。

采样时，从田间或贮藏窖内随机分点采集原始样品 15 kg，按大、中、小分堆称重求出比例，按比例取 5 kg 次级样品。先用水洗干净，洗涤时注意不要损伤样品的外皮，洗涤后用布拭去表面的水分。然后，从各个块根的顶端至根部纵切具有代表性的对角 1/4、1/8、1/16……，直至适量的分析样品，迅速切碎后混合均匀，取 300 g 左右测定初水分，其余样品平铺于洁净的瓷盘内或用线串联置于阴凉通风处风干 2～3 d，然后在 60～65 ℃恒温干燥箱中烘干备用。

（6）新鲜青绿饲料及水生饲料　一般取样是在天然牧地或田间，在大面积的牧地上应根据牧地类型划区分点采样。每区选 5 个以上的点，每点为 1 m^2 的范围，在此范围内离地面 3～4 cm 处割取牧草，除去不可食草，将各点原始样品剪碎，混合均匀得到原始样品。然后，按四分法取分析样品 500～1 000 g，取 300～500 g 用于测定初水分，一部分立即用于测定胡萝卜素等，其余在 60～65 ℃恒温干燥箱中烘干备用。

栽培的青绿饲料应视田块的大小，按上述方法等距离分点，每点采 1 株至数株，切碎混合后取分析样品。该方法也适用于水生饲料，但注意采样后应晾干样品外表游离水分，然后切碎取分析样品。

（7）青贮饲料　青贮饲料的样品一般在圆形窖、青贮塔或长形壕内采样（图 3-13）。取样前应除去覆盖的泥土、秸秆以及发霉变质的青饲料，原始样品质量为 500～1 000 g，长形青贮壕的采样点视青贮壕长度大小分为若干段，每

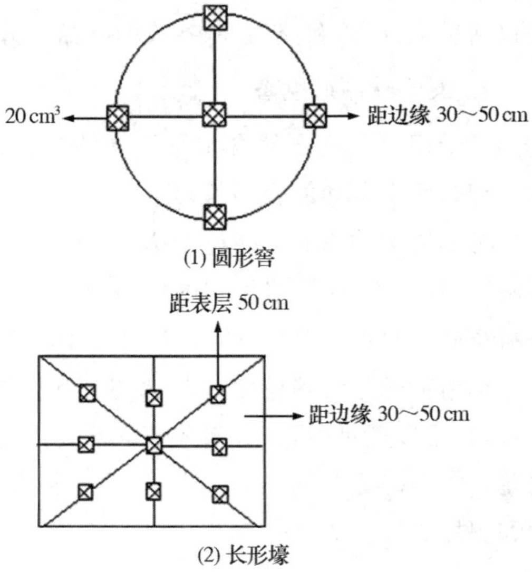

图 3-13　青贮饲料取样

段设采样点分层取样。

(8)粗饲料　这类饲料包括秸秆和干草类。取样方法为在存放秸秆或干草的堆垛中选取5个以上不同部位的点采样(即采用几何法取样)，每点采样200 g左右，采样时应注意由于干草的叶子极易脱落，影响其营养成分的含量，故应尽量避免叶子的脱落，采取完整或具有代表性的样品，保持原料中茎叶的比例。然后将采取的原始样品放在纸或塑料布上，剪成1～2 cm长度，充分混匀后取分析样品约300 g，粉碎过筛。少量难粉碎的秸秆渣应尽量捶碎弄细，并混入全部分析样品中，充分混合均匀后装入样品瓶中，切记不能丢弃，见图3-14。

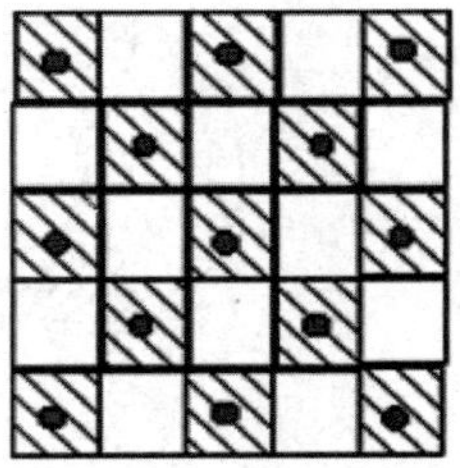

图 3-14　草地及田间采样示意图

2. 分析样品的采集

原始样品充分混匀后，通常再按照“四分法”缩小原始样品的数量，直到样品数量剩余1 kg左右。

3. 样品采集的注意事项

采样工具应该清洁，不应将任何有害物质带入样品中；样品在检测前，不得受到污染，发生变化；样品抽取后，应迅速送检测室进行分析；在感官性质上差别很大的食品不允许混在一起，要分开包装，并注明其性质；盛样容器可根据要求选用硬质玻璃或聚乙烯制品，容器上要贴上标签，并做好标记。

四、样品的制备

样品的制备指将原始样品或次级样品经过一定的处理成为分析样品的过程。样品制备方法包括烘干、粉碎和混匀，制备成的样品可分为半干样品和风干样品。

1. 风干样品的制备

风干饲料是指自然含水量不高的饲料，一般含水量在15%以下，如玉米、小麦等作物籽实、糠麸、青干草和配合饲料等。

对不均匀的原始样品如干草、秸秆等，应经过一定处理如剪碎或捶碎等，然后混匀，按“四分法”采得次级样品，对均匀的样品如玉米、粉料等，可直接用“四分法”采得次级样品。然后用饲料样品粉碎机粉碎，见图3-15、图3-16。通过孔径1.00～0.25 mm孔筛即得分析样品。主要分析指标样品粉碎粒度要求，见表3-1。要注意的是：不易粉碎的粗饲料在粉碎机中会剩下少量，其难以通过筛孔，这部分绝不可丢弃，应尽力弄碎后一并均匀混入样品中，避免引起分析误差。将粉碎完毕的样品200～500 g装入磨口广口瓶内保存备用，并注明样品名称、制样日期和制样人等。

图 3-15　植物样本粉碎机

图 3-16　高速万能粉碎机

表 3-1　主要分析指标样品粉碎粒度的要求

指标项目	分析筛规格/目	筛孔直径/mm
水、粗蛋白质、粗脂肪、粗灰分、钙、磷、盐	40	0.45
粗纤维、体外胃蛋白酶消化率	18	1.00
氨基酸、微量元素、维生素、蛋白质溶解度、脲酶活性	60	0.25

2. 半干样本的制备

半干样品是由新鲜的青饲料、青贮饲料等制备而成。这些新鲜样品含水分高，占样品质量的 70%～90%，不易粉碎和保存。除少数指标如胡萝卜素的测定可直接使用新鲜样品外，一般在测定饲料的初水分含量后制成半干样品，以便保存，供其余指标分析备用。

初水分是指新鲜样品在 60～65 ℃的恒温干燥箱中烘 8～12 h，除去部分水分，然后回潮使其与周围环境条件的空气湿度保持平衡，在这种条件下所失去的水分称为初水分。去掉初水分之后的样品称为半干样品。

半干样品的制备包括烘干、回潮和称恒重 3 个过程。最后，半干样本经过粉碎机粉碎后，通过 0.25～1.00 mm 孔筛，即得分析样品。将分析样品装入磨口广口瓶内，在瓶上贴上标签，注明样品名称、采样地点、采样日期、制样日期、分析日期和制样人等，然后保存备用。直接分析的新鲜样本，应将其匀质化，装入塑料袋或瓶中，冷冻保存后测定。

3. 初水分的测定步骤

(1)瓷盘称重　在普通天平上称取瓷盘的质量。

(2)样品称重　用已知质量的瓷盘在普通天平上称取新鲜样品 200～300 g。

(3)灭酶　将装有新鲜样品的瓷盘放入 120 ℃烘箱中烘 10～15 min，使新鲜饲料中存在的各种酶失活，以减少对饲料养分分解造成的损失。

(4)烘干　将瓷盘迅速放入 60～70 ℃烘箱中烘一定时间，直到样品干燥容易磨碎为止。烘干时间一般为 8～12 h，取决于样品含水量和样品数量。含水低、数量少的样品也可能只需要 5～6 h 即可烘干。

(5)回潮和称重　取出瓷盘，放置在室内自然条件下冷却 24 h，然后用普通天平称重。

(6)再烘干　将瓷盘再次放入 60～70 ℃烘箱中烘 2 h。

(7)再回潮和称重　取出瓷盘，放置在室内自然条件下冷却 24 h，然后用普通天平称重。

如果两次质量之差超过 0.5 g,则将瓷盘再放入烘箱,重复(6)和(7)步骤,直至两次质量之差不超过 0.5 g 为止,以最低的质量即半干样品的质量,将其粉碎至一定粒度即为分析样品。

(8)计算公式和结果表示

$$\omega(\text{初水分}) = \frac{m_1 - m_2}{m} \times 100\%$$

式中:m_1 为鲜样本和瓷盘的质量(g);m_2 为烘干样本和瓷盘的质量(g);m 为鲜样本质量(g)。

五、样品的登记与保管

1. 样品的登记

制备好的风干样品或半干样品均应装在洁净、干燥的磨口广口瓶内作为分析样品备用。在瓶外贴上标签,注明样品名称、采样地点、采样和制样时间、采样和制样人等。此外,分析实验室应有专用的样品登记本,系统详细的记录与样品相关的资料,要求登记的内容如下:

(1)样品名称(一般名称、学名和俗名)和种类(必要时注明品种、质量等级)。

(2)生长期(成熟程度)、收获期、茬次。

(3)调制、加工方法及贮藏条件。

(4)外观性状及混杂度。

(5)采样地点及采集部位。

(6)生产厂家、批次、出厂日期。

(7)等级、质量。

(8)采样人、制样人和分析人的姓名。

2. 样品的保管

样品应避光保存,并尽可能低温保存,并做好防虫措施。

样品保存时间的长短应有严格规定,这主要取决于原料更换的快慢及买卖饲料分析及双方谈判情况(如水分含量过高,蛋白质含量是否合乎要求)。此外,对某些饲料在饲喂后可能出现问题,故该饲料样品应长期保存,备做复检用。但一般情况下原料样品应保留 2 周,成品样品应保留 1 个月(与对客户的保险期相同)。有时为了特殊目的饲料样品需保存 1~2 年。对需长期保存的样品可用锡铝纸软包装,经抽真空充氮气(高纯氮气)后密封,在冷库中保存备用。专门从事饲料质量检验监督机构的样品保存期一般在 3~6 个月。

饲料样品应由专人采集、登记、制备与保管。

任务二 饲料中水分的测定 (GB/T 6435—2014)

——烘箱干燥法

一、实训目的

通过饲料样品中干物质的测定,了解饲料干物质含量与饲料营养价值之间的关系。通过

实验，要求能够掌握各类饲料样品中干物质(水分)的测定方法

二维码 3-2　饲料中水分的测定

二、适用范围

本标准适用于测定饲料、饲料原料和饲料添加剂中水分的含量，但用作饲料的奶制品、动物和植物油脂、矿物质则除外，因为它们在测定水分的热处理过程中易引起其组成成分的损失或破坏。

三、测定原理

根据样品性质选择特定条件对试样进行干燥，通过试样干燥损失的质量计算水分的含量。

四、仪器设备

仪器设备见图 3-17。

(1)实验室用样品粉碎机或研钵。

(2)分样筛：孔径 0.45 mm(40 目)。

(3)分析天平：感量 1 mg。

(4)电热恒温烘箱：可控制温度为(103±2) ℃。

(5)称样皿：玻璃或铝质，直径 50 mm，高 30 mm。

(6)干燥器：用氯化钙或变色硅胶作干燥剂。

图 3-17　仪器设备

五、试样的选取和制备

选取有代表性试样，用四分法缩减至 200 g，粉碎至 40 目，装入密封容器，放阴凉干燥处保存。如试样是多汁的鲜样，或无法粉碎时，应预先干燥处理，称取试样 200～300 g，置于已知质量的培养皿中，先在 105 ℃烘箱中烘 15 min，然后立即降到 65 ℃，烘干 5～6 h，将烘干的样品放在室内空气中冷却 1 h，称重，即得风干样品。重复上述操作，直到两次称重之差不超过 0.5 g 为止。

六、操作步骤

(1)将洁净称样皿放在(103±2) ℃烘箱中烘 1 h 取出，在干燥器中冷却 30 min，称重，准确至 0.000 2 g，再烘干 30 min，同样冷却，称重，直至两次质量之差小于 0.000 5 g 为恒重。

(2)用已恒重称样皿称取两份平行试样，每份 2～5 g(含水量在 0.1 g 以上，样品厚度 4 mm 以下)，准确至 0.000 2 g。

(3)将盛有样品的称样皿不盖盖，在(103±2) ℃烘箱中烘 3 h(以温度到达 103 ℃开始计时)，取出，盖好称样皿盖，在干燥器中冷却 30 min，称重。

(4)再同样烘干 1 h，冷却，称重，直至两次质量之差小于 0.000 2 g 为恒重。

七、结果计算

1. 计算公式

$$\omega(H_2O)=\frac{m_1-m_2}{m_1-m_0}\times100\%$$

式中：m_1为105 ℃烘干前试样及称样皿质量(g)；m_2为105 ℃烘干后试样及称样皿质量(g)；m_0为已恒重的称样皿质量(g)。

2. 重复性

每个试样，应取两份平行试样进行测定，以其算术平均值为结果。两份平行样测定值相差不得超过0.2%，否则应重做。

3. 精密度

含水量在10%以上，允许相对偏差为1%；含水量在5%～10%时，允许相对偏差为3%；含水量在5%以下时，允许相对偏差为5%。

八、注意事项

(1)天平的使用　称量的过程中应注意天平的调零，天平窗户的开关，称量要戴手套，不能徒手。读数要准确(分析天平稳定，等出现"♯"号时开始读数)。

(2)称量皿的使用　在实验过程中一般采用铝制称量皿而不采用玻璃的(防止学生打破)。铝盒称重有一定的规律，进入烘箱1/4开盖，出了烘箱迅速盖严，并置于干燥器中冷却30 min。取用铝盒戴手套，注意手上的污渍影响实验结果。

(3)干燥器的使用　干燥器一般装用的干燥剂是硅胶，如果部分硅胶变白，应及时烘干反复利用，以防样品干燥不彻底。

(4)如果已按多汁鲜样进行过预先干燥处理，则应按下式计算原来试样中水分含量：原试样总水分(%)＝预干燥减重(%)＋[100－预干燥减重(%)]×风干试样水分(%)。

(5)加热时试样中有挥发性物质可能与试样中水分一起损失，例如青贮料中的挥发性脂肪酸。

(6)某些脂肪含量高的样品，烘干时间长反而会增重，乃脂肪氧化所致，应以增重前那次称重为准。

(7)含糖分高、易分解或易焦化的样品，应使用减压干燥法(70 ℃，80 kPa以下，烘干5 h)测定水分。

任务三　饲料中粗蛋白的测定 (GB/T 6432—2018)

——凯氏定氮法

一、实训目的

了解凯氏定氮法测定的基本原理，掌握半微量凯氏定氮法测定饲料中粗蛋白质的方法，掌握粗蛋白质含量的计算方法。

二维码 3-3　饲料中粗蛋白的测定

二、适用范围

本标准适用于饲料原料、配合饲料、浓缩饲料、精料补充料和添加剂预混合饲料。

三、测定原理

各种饲料的有机物质在催化剂(如 $CuSO_4$，K_2SO_4 或 Na_2SO_4 或 Se 粉)的帮助下，用浓硫酸进行消化作用，使含氮物转化成硫酸铵，而非含氮物质，则以二氧化碳、水、二氧化硫的气体状态逸出。消化液在浓碱的作用下进行蒸馏使氨逸出，释放出的氨气，用硼酸溶液吸收，然后以甲基红-溴甲酚绿作混合指示剂，用盐酸标准溶液滴定吸收液，求出氮的含量，再乘以一定的换算系数(通常以 6.25 系数计算)，即为粗蛋白质的含量。

其主要化学反应如下：

$$2CH_3CHNH_2COOH+13H_2SO_4 \rightarrow (NH_4)_2SO_4+6CO_2\uparrow+12SO_2\uparrow+16H_2O$$

$$(NH_4)_2SO_4+2NaOH \rightarrow 2NH_3\uparrow+2H_2O+2Na_2SO_4$$

$$4H_3BO_3+NH_3 \rightarrow NH_4HB_4O_7+5H_2O$$

$$NH_4HB_4O_7+HCl+5H_2O \rightarrow NH_4Cl+4H_3BO_3$$

本法不能区别蛋白氮和非蛋白氮，只能部分回收硝酸盐和亚硝酸盐等含氮化合物。在测定结果中除蛋白质外，还有氨基酸、酰胺、铵盐、部分硝酸盐和亚硝酸盐等，故以粗蛋白质表示。

四、仪器设备

(1)实验室用样品粉碎机或研钵。

(2)分析筛：孔径 0.45 mm(40 目)。

(3)分析天平：感量 0.000 1 g；消煮炉或电炉。

(4)滴定管：酸式，25 mL 或 50 mL。

(5)凯式烧瓶：100 mL 或 500 mL。

(6)凯氏蒸馏装置：常量直接蒸馏式或半微量水蒸气蒸馏式。

(7)锥形瓶：150 mL 或 250 mL。

(8)容量瓶：100 mL。

(9)消煮管:100 mL。

(10)定氮仪:以凯氏原理制造的各类型半自动、全自动定氮仪。

五、试剂及配制

1. 试剂

(1)浓硫酸(GB 625):化学纯。

(2)硫酸铜(GB 665):化学纯。

(3)硫酸钾(HG 3—920):化学纯,或硫酸钠(HG 3—908):化学纯。

(4)400 g/L 氢氧化钠溶液:40 g 氢氧化钠(GB 629)溶于 100 mL 水中。

(5)20 g/L 硼酸溶液:2g 硼酸(GB 628)溶于 100 mL 水中。

(6)盐酸标准溶液:无水碳酸钠法标定 GB 601。

0.1 mol/L 盐酸标准溶液:8.3 mL 盐酸(GB 622,分析纯),注入 1 000 mL 水中。

0.2 mol/L 盐酸标准溶液:16.7 mL 盐酸(GB 622,分析纯),注入 1 000 mL 水中。

(7)混合指示剂:甲基红(HG 3—958)1 g/L 乙醇溶液与溴甲酚绿(HG 3—1220)5 g/L 乙醇溶液等体积混合,阴凉处保存 3 个月以内。

(8)硫酸铵(GB 1396):分析纯,干燥。

2. 盐酸标准溶液的配制及标定

(1)配制　按表 3-2 的规定量取盐酸,注入 1 000 mL 水中,摇匀。

表 3-2　盐酸标准溶液的配制

盐酸标准滴定溶液的浓度[c(HCl)]/(mol/L)	盐酸的体积(V)/mL
1	90
0.5	45

(2)标定　按表 3-3 的规定称取 270～300 ℃高温炉中灼烧至恒重的工作基准试剂无水碳酸钠,溶于 50 mL 水中,加 10 滴溴甲酚绿-甲基红指示液,用配制好的盐酸溶液滴定至溶液由绿色变为暗红色,煮沸 2 min,冷却后继续滴定至溶液再呈暗红色。同时做空白试验。

表 3-3　盐酸标准溶液的标定

盐酸标准滴定溶液的浓度[c(HCl)]/(mol/L)	工作基准试剂无水碳酸钠的质量(m)/g
1	1.9
0.5	0.95
0.1	0.2

盐酸标准滴定溶液的浓度[c(HCl)],数值以摩尔每升(mol/L)表示,按下式计算:

$$c(\mathrm{HCl})=\frac{m\times 1\,000}{(V_1-V_2)M}\times 100\%$$

式中:m 为无水碳酸钠的质量的准确数值(g);V_1 为盐酸溶液的体积的数值(mL);V_2 为空白试验盐酸溶液的体积的数值(mL);M 为无水碳酸钠的摩尔质量的数值(g /mol),$M(\frac{1}{2}\mathrm{Ha_2CO_3})=52.994$]。

六、试样的选取和制备

取有代表性试样用四分法缩减至 200 g，粉碎至 40 目，装入密封容器中，防止试样成分的变化或变质。液体或膏状黏液试样应注意取样的代表性。

七、操作步骤

1. 试样的消化

(1)称取 0.5～1 g 试样(含氮量 5～80 mg)，准确至 0.000 2 g，无损失地放入凯氏烧瓶或消化管中，加入硫酸铜($CuSO_4 \cdot 5H_2O$)0.4 g，无水硫酸钾(或无水硫酸钠)6 g，与试样混合均匀，再加浓硫酸 12 mL 和 2 粒玻璃珠。

(2)将凯氏烧瓶或消煮管放在通风橱的可调电炉或消煮炉上小心加热，待样品焦化，泡沫消失，再加强火力(360～410 ℃)，直至溶液澄清后，再加热消化 1 h。

2. 氨的蒸馏

(1)常量直接蒸馏法　将上述的试样消煮液冷却，加蒸馏水 60～100 mL 摇匀，冷却。沿瓶壁小心加入 50 mL 氢氧化钠溶液，立即与蒸馏装置相连，蒸馏装置冷凝管的末端应浸入装有 50 mL 硼酸吸收液和 2 滴混合指示剂的锥形瓶内，轻摇凯氏烧瓶，使溶液混匀，加热蒸馏，直至馏出液体积约 150 mL。降下锥形瓶，使冷凝管末端离开液面，继续蒸馏 1～2 min，并用蒸馏水冲洗冷凝管末端，洗液均需流入锥形瓶内，先将吸收液取下，再停止加热。

(2)半微量蒸馏法(图 3-18)

①将上述试样的消煮液冷却，加蒸馏水 20 mL，移入 100 mL 容量瓶中，用蒸馏水冲洗凯氏烧瓶数次，洗液入容量瓶内，冷却后用水稀释至刻度，摇匀后作为试样分解液。

②在蒸馏装置的蒸汽发生器中加 1/2～2/3 容量的蒸馏水，水中应加甲基红指示剂数滴，硫酸数滴，且保持此液为橙红色，否则应补加少许硫酸。将蒸馏装置安装好。打开电炉，将蒸汽发生瓶中的蒸馏水煮沸，空蒸几分钟后检查各接头有无漏气，用蒸汽洗涤反应室 5 min 以上，再用蒸馏水洗涤 2～3 次。

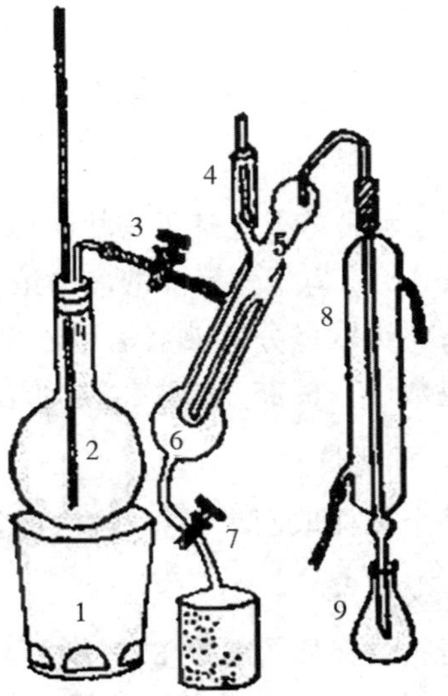

图 3-18　凯氏蒸馏装置

1. 电炉　2. 蒸汽发生器　3. 螺丝夹　4. 小玻杯及棒状玻塞　5. 反应室　6. 反应室外层　7. 橡皮管及螺丝夹　8. 冷凝器　9. 蒸馏液接收三角瓶

③量取硼酸溶液 20 mL 加入 100 mL 锥形瓶中，加入甲基红-溴甲酚绿混合指示剂 2 滴，此时锥形瓶中溶液应为红色，若呈蓝色，则需重新洗涤锥形瓶直至为红色。将锥形瓶置于冷凝管下，使冷凝管末端浸入硼酸液面下。

④用移液管准确移取试样分解液 10～20 mL，加入蒸馏装置的反应室中，用少量蒸馏水冲洗加液处，塞好入口玻璃塞，再加 10 mL 氢氧

化钠溶液于反应室入口处，小心提起玻璃塞使之流入反应室，将玻璃塞塞好，并在入口处加水密封，防止漏气。蒸馏 4 min，降下锥形瓶，使冷凝管末端离开液面，继续蒸馏 1 min，并用蒸馏水冲洗冷凝管末端，洗液均需流入锥行瓶内，将锥形瓶移开，停止加热。

3. 滴定

用硼酸吸收氨后，立即用 0.1 mol/L 的盐酸标准溶液滴定，直至锥形瓶内吸收液呈灰红色为滴定终点，见图 3-19。

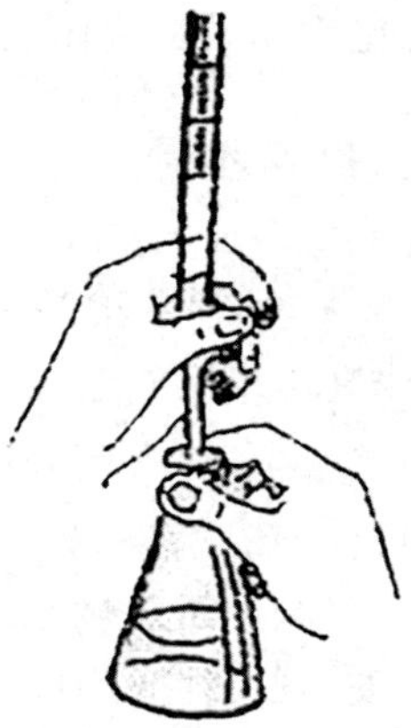

图 3-19 滴定

4. 空白测定

在测定饲料样本中含氮量的同时，应做一空白对照测定，即各种试剂的用量及操作步骤完全相同，但不加样本，这样可以校正因药品不纯所发生的误差。吸收氨后的吸收液立即用 0.1 mol/L 盐酸标准溶液滴定，消耗 0.1 mol/L 盐酸标准溶液的体积应不得超过 0.2 mL。消耗 0.02 mol/L 盐酸标准溶液的体积应不得超过 0.3 mL。

5. 测定步骤的检验

精确称取 0.2 g 硫酸铵，代替试样，按测定步骤文字中的各步骤操作，并按公式计算(但不乘系数 6.25)，测得硫酸铵含氮量为 21.19%±0.2%，否则应检查加碱、蒸馏和滴定各步骤是否正确。

八、结果计算

1. 计算公式

每毫升的 1.00 mol/L 盐酸标准溶液相当于 0.014 0 g 的氮。因此，

$$\omega(\text{粗蛋白}) = \frac{(V_2-V_1)\times c\times 0.0140\times 6.25}{m\times\frac{V'}{V}}\times 100\%$$

式中：V_2 为试样滴定时所需盐酸标准溶液的体积(mL)；V_1 为空白滴定时所需盐酸标准溶液的体积(mL)；c 为盐酸标准溶液的浓度(mol/L)；m 为试样的质量(g)；V 为试样的分解液总体积(mL)；V' 为试样分解液蒸馏用体积(mL)；0.014 0 为每毫升 1.00 mol/L 盐酸标准溶液相当于氮的克数(g)；6.25 为氮换算成蛋白质的平均系数。

2. 重复性

每个试样取两个平行样进行测定，以其算术平均值为结果。

3. 精密度

当粗蛋白质含量在 25%以上，允许相对偏差为 1%；当粗蛋白质含量在 10%～25%时，允许相对偏差为 2%；当粗蛋白质含量在 10%以下时，允许相对偏差为 3%。

九、注意事项

1. 称量等前处理需要注意的问题

一般样品称量 0.5 g 即可，称量过多花费消化时间较多，对于低蛋白的样品则相对较少，可

以适当放大到 2 g。将样品置入凯氏烧瓶时，尽可能送入凯氏烧瓶底部(可以制作纸筒备用)。凯氏烧瓶中加浓硫酸时，戴胶皮手套，以防硫酸滴到手上，边旋转凯氏烧瓶边加，用硫酸冲洗可能粘到烧瓶壁的饲料。催化剂添加比例可选择五水硫酸铜和硫酸钾 1∶9，称量 3 g 即可。

电炉加热凯氏烧瓶时，烧瓶口部面向墙壁，以防热硫酸沸腾溅出，加热应从低温开始，分阶段升温，待样品焦化泡沫消失，再加强火力直至溶液澄清后，再加热消化。可在管口插上一个漏斗，以减少或防止液体溅出。

整个消煮过程中应防止瓶内液体过度沸腾喷溅，上冲粘到瓶颈上，使得部分样品消化不完全，造成误差过大，凯氏烧瓶内液体泡沫过多时可适当降温。

2. 使用凯式蒸馏装置需要注意的问题

实验一般采用的是半微量蒸馏法(可以多次进行蒸馏)，消化液向容量瓶转移后，不要立即定容，此时浓硫酸加水释放出大量热，因热胀冷缩，立即定容会造成偶然误差偏大。

凯氏定氮蒸馏过程中，要求整套装置呈密闭状态，蒸馏前应检查定氮仪各导管间的连接处是否密闭，以免产生泄漏。使用蒸馏仪器时，严禁将蒸馏瓶两侧的阀门同时关闭，以免发生爆炸；在加样液或碱于反应室时要快，应先检查气源是否夹断，废液流出口是否畅通。开始蒸馏时应先通蒸汽，后夹断废液排出口。在蒸馏结束时，应用蒸馏水冲洗冷凝管末端，并使洗液流入吸收瓶，以减少误差。蒸馏时蒸馏装置的蒸汽发生器内的水应加甲基红数滴和硫酸数滴，且保持此溶液为橙红色，以防止水中氨态氮的逸失而影响测定值。蒸馏时间必须掌握好。蒸馏完毕应先取下接收瓶，然后关闭电源，以免吸收液倒流。

硼酸接受瓶中加指示剂后，呈现微红色，如果呈现蓝色，说明接收瓶没有洗干净，必须重新洗涤，直至溶液呈现微红。盐酸滴定浓度可根据样品蛋白含量情况选择。

3. 其他注意问题

各种饲料的粗蛋白质中实际含氮量，差异很大，变异范围在 14.7%～19.5%，平均为 16%。凡饲料的粗蛋白质中氮的含量已经确定的，可用 6.25 平均系数来乘以氮量换算成粗蛋白质含量。凡饲料的粗蛋白质中氮的含量尚未确定的，可用它们的实际系数来换算。例如荞麦、玉米用系数 6.00，箭筈豌豆、大豆、蚕豆、燕麦、小麦、黑麦用系数 5.70，牛奶用系数 6.38。

在测定饲料试样含量的同时，应做一空白(蔗糖代替样品)对照测定，以校正药品不纯所引入的误差。

对脂肪含量较高的样品，应适当增加硫酸用量。含硝酸盐多的饲料，用凯氏定氮法测定粗蛋白时，很多硝酸盐还原而损失。

任务四　饲料中粗脂肪的测定 (GB/T 6433—2006)

——索氏脂肪抽提法

一、实训目的

通过饲料样品中粗脂肪的测定，掌握各类饲料样品中粗脂肪的测定原理和方法。

二维码 3-4 饲料中粗脂肪的测定

二、适用范围

本标准适用于油籽和油籽残渣以外的动物饲料。

三、测定原理

根据脂肪不溶于水而溶于有机溶剂的特点，使用索氏脂肪提取器，用乙醚提取试样，称提取物的重量，除脂肪外还有有机酸、磷脂、脂溶性维生素、叶绿素等，因而测定结果称粗脂肪或乙醚提取物。

四、仪器设备和试剂

(1)实验室用样品粉碎机或研钵。
(2)分析筛：孔径 0.45 mm(40 目)。
(3)分析天平：感量 0.000 1 g。
(4)电热恒温水浴锅：室温至 100 ℃。
(5)恒温烘箱。
(6)索氏脂肪提取器：100 mL 或 150 mL。
(7)滤纸或滤纸筒：中速，脱脂。
(8)干燥器：用氯化钙或变色硅胶为干燥剂。
(9)无水乙醚：分析纯。

五、试样的选取和制备

取有代表性试样用四分法缩减至 200 g，粉碎至 40 目，装入密封容器中，防止试样成分的变化或变质。

六、操作步骤

(1)索氏提取器，见图 3-20，应干燥无水。抽提瓶(内有沸石数粒)在(105±2) ℃烘箱中烘干 1 h，干燥器中冷却 30 min，称重。再烘干 30 min，同样冷却称重，两次重量之差小于 0.000 8 g 为恒重。

(2)称取试样 1～5 g，准确至 0.000 2 g，于滤纸筒中，或用滤纸包好，用铅笔编号，放入(105±2) ℃烘箱中，烘干 2 h(或称测水分后的干试样，折算成风干样重)。滤纸包长度应以可全部浸泡于乙醚中为准。将滤纸筒或包放入抽提管，在抽提瓶中加无水乙醚 60～100 mL，在 60～75 ℃的水浴(用蒸馏水)上加热，使乙醚回流，控制乙醚回流次数为每小时约 10 次，共回流

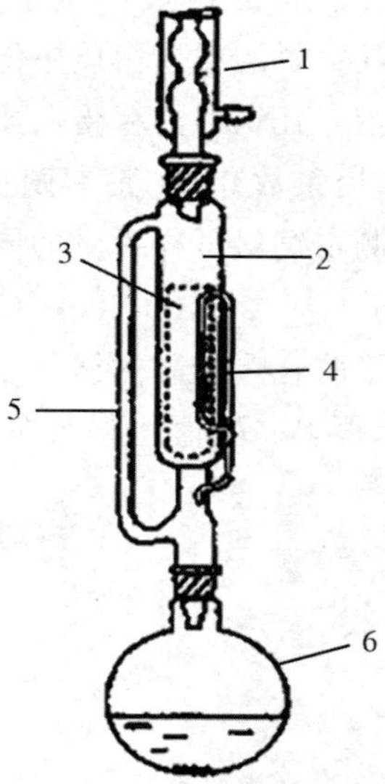

图 3-20 索氏提取器结构

1.冷凝管 2.脂肪提取器
3.滤纸筒 4.虹吸管
5.蒸汽管 6.萃取瓶(圆底烧瓶)

约 50 次(含油高的试样约 70 次)或检查抽提管流出的乙醚挥发后不留下油迹为抽提终点。

(3)取出试样,仍用原提取器回收乙醚直至抽提瓶中乙醚几乎全部收完,取下抽提瓶,在水浴上蒸去残余乙醚。擦净瓶外壁,将抽提瓶放入(105±2) ℃烘箱中烘干 2 h,干燥器中冷却 30 min,称重,再烘干 30 min,同样冷却称重,两次重量之差小于 0.001 g 为恒重。

七、结果计算

$$\omega(\text{粗脂肪})=\frac{m_2-m_1}{m}\times 100\%$$

式中:m 为风干试样质量(g);m_1 为已恒重的抽提瓶质量(g);m_2 为已恒重的盛有脂肪的抽提瓶质量(g)。

每个试样取两个平行样进行测定,以其算术平均值为结果。粗脂肪含量在 10%以上(含 10%)时,允许相对偏差为 3%;粗脂肪含量在 10%以下时,允许相对偏差为 5%。

八、注意事项

(1)全部称量操作,样品包装时要戴乳胶手套或棉线手套,或用坩埚钳或干净的纸条,以免手上的汗、油等污染脂肪接受瓶,影响测定结果。称取样品时,应放在无水硫酸纸上称量,而不是滤纸上。或者样品可以直接选用已经测过水分的样品。

(2)使用乙醚时,严禁明火加热,保持室内通风良好,抽提时防止乙醚过热而爆炸。

(3)测定样品在浸提前烘干,以免在浸提过程中样品水分随乙醚溶解样品中糖类而引起误差。用定性脱脂滤纸折叠好脂肪包,再将称好的样品转移进去,注意小心操作,转移时不要让样品洒落或折痕处压破,使样品有漏出的可能。滤纸包外面,用铅笔编号,不要用油笔或钢笔等标记,以免被乙醚冲洗掉。

(4)滤纸包的高度不应该超过浸提器的虹吸管高度,以防试样不能全部浸泡。乙醚的添加量刚刚超过虹吸管为止,能使其回流即可。提取温度控制在 65～70 ℃,控制回流速度每小时至少循环 10 次。检测浸提终点,可以用一块干净的平皿,滴回流的最后一液滴在平皿上挥发不留下油迹为准。

(5)若样品为富含脂肪的饲料(如鱼粉、饼粕等),为避免脂肪在烘干时氧化,应在真空干燥箱中干燥。

(6)回流时间视样品脂肪含量而定,若用乙醚浸泡过夜,回流时间可缩短 2 h。

(7)烘干滤纸包前,最后放置在阳光通风处使大部分乙醚挥发,不要立即放入烘箱中烘干,以防乙醚浓度过高引起燃烧爆炸。盛有脂肪的脂肪接受瓶烘干时间不能过长,以防止脂肪氧化。

(8)粗脂肪的测定也可采用脂肪提取仪测定。

任务五　饲料中粗纤维的含量测定（GB/T 6434—2006）

——过滤法

二维码 3-5　饲料中粗纤维的测定

一、实训目的

掌握饲料中粗纤维的测定原理及方法步骤，了解粗纤维测定方法中存在问题及解决的方案。

二、测定原理

用固定量的酸和碱，在特定条件下消煮样品，样品相继与热的稀酸、稀碱共煮，并分别经过滤分离、洗涤残留物、醚洗、醇洗等操作后，再进行干燥、灰化。酸可将糖、淀粉、果胶质和部分半纤维素水解而除去。碱能溶解蛋白质、部分半纤维素、木质素和皂化脂肪酸而将其除去。再用乙醇和乙醚处理。所得的残渣干燥后减去灰分重即为粗纤维含量。

它不是一个确切的化学实体，只是在公认强制规定的条件下，测出的概略养分。其中以纤维素为主，还有少量半纤维素和木质素。

三、仪器设备

(1)实验室用样品粉碎机或研钵。

(2)分析筛：孔径 1.00 mm(18 目)。

(3)分析天平：感量 0.000 1 g。

(4)电热恒温箱：可控制温度在 130 ℃。

(5)高温炉：电加热，可控制温度在 550～600 ℃。

(6)可调电炉或电热板；古氏坩埚：30 mL，预先加入 30 mL 酸洗石棉悬浮液。再抽干，以石棉厚度均匀，不透光为宜。

(7)消煮器：有冷凝球的高型烧杯(500 mL)或有冷凝管的锥形瓶。

(8)抽滤装置：抽真空装置(真空泵)，抽滤瓶及漏斗。

(9)滤器：200 目不锈钢网或尼龙网或滤锅，带有烧结的滤板，滤板孔径 40～100 μm。

(10)干燥器：用氯化钙(干燥剂)或变色硅胶作干燥剂。

(11)砂芯坩埚。

四、试剂溶液

(1)硫酸溶液[(0.128±0.005) mol/L]：吸取 1.84 g/mL 浓硫酸(GB 625)6.89 mL，注入 800 mL 水中，冷却后稀释至 1 000 mL。用无水碳酸钠法标定 GB 601。

(2)氢氧化钠溶液[(0.313±0.005) mol/L]：迅速称取分析纯氢氧化钠(GB 629)12.5 g，溶于 100 mL 水中，准确定容至 1 000 mL。邻苯二甲酸氢钾法标定 GB 601。

(3)酸洗石棉：将中等长度的酸洗石棉(HG 3—1062)在1∶3盐酸溶液中煮沸45 min，过滤后于550 ℃灼烧16 h。用(0.128±0.005) mol/L的硫酸溶液浸泡且煮沸30 min，过滤，用水洗净酸。同样用(0.313±0.005) mol/L氢氧化钠溶液煮沸30 min，过滤，先用少量硫酸洗1次，再用水洗净，烘干后于550 ℃灼烧2 h，其空白试验结果为每1 g石棉含粗纤维小于1 mg。

(4)95%乙醇(GB 697)：化学纯。

(5)乙醚(HG 3—1002)。

(6)蓝色石蕊试纸、红色石蕊试纸。

五、试样的选取和制备

取有代表性试样用四分法缩减至200 g，粉碎至18目，装入密封容器中，防止试样成分的变化或变质。

六、操作步骤

1. 称样

称取1～2 g试样，准确至0.000 2 g，用乙醚脱脂(如果脂肪不大于10%可不必脱脂，但建议脱脂，脂肪大于10%必须脱脂)，放入消煮器。

2. 酸煮。在消煮器中加入浓度准确且已沸腾的(0.128±0.005) mol/L硫酸溶液200 mL和1滴正辛醇，使其在2 min内沸腾，调整可调电炉或电热板，使溶液保持微沸(30±1) min。注意保持硫酸浓度不变，样品不应离开溶液沾在瓶壁上，见图3-21。

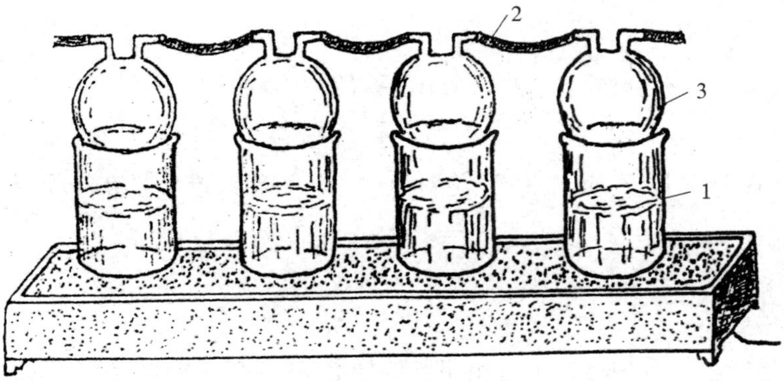

图3-21　粗纤维测定的回流装置

1. 600 mL高脚烧杯　2. 烧杯上冷凝壶的回流装置　3. 冷凝壶

3. 抽滤、洗涤残渣

取下消煮器，用装有200目滤布的抽滤装置趁热抽滤，残渣用沸蒸馏水反复洗至中性(蓝色石蕊试纸不变红)，见图3-22。

4. 碱煮

用已沸腾(0.313±0.005) mol/L的氢氧化钠溶液将滤布上的残渣冲洗至原容器中并加至200 mL，同样微沸(30±1) min。

5. 抽滤、洗涤残渣

取下消煮器，用装有200目滤布的抽滤装置趁热抽滤，残渣用沸蒸馏水反复洗至中性（红色石蕊试纸不变蓝）后抽干。

6. 残渣转移、洗涤

将残渣无损地转移到已铺有酸洗石棉的古氏坩埚或玻璃滤器中，用15 mL 95%乙醇洗涤残渣，抽干。

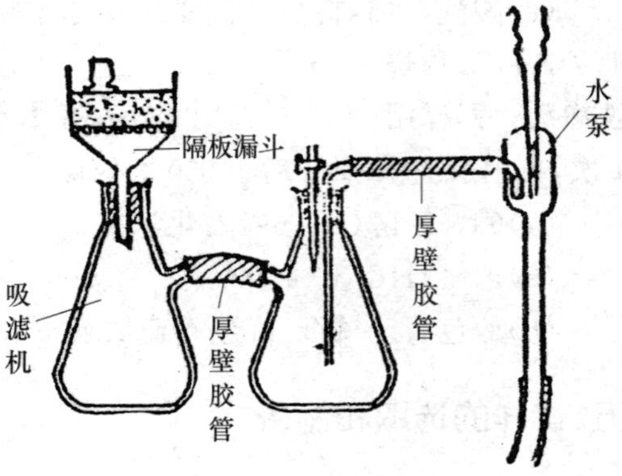

图3-22 抽滤装置

7. 烘干、灰化

将盛有残渣的古氏坩埚或玻璃滤器放入恒温干燥箱，于(130±2) ℃烘干2 h，取出在干燥器中冷却至室温，称重直至恒重。再于(550±25) ℃灼烧30 min，取出在干燥器中冷却至室温，称重。

七、结果计算

1. 计算公式

$$\omega(\text{粗纤维}) = \frac{m_1 - m_2}{m} \times 100\%$$

式中：m_1为130 ℃烘干后坩埚及试样残渣重(g)；m_2为550 ℃灼烧后坩埚及试样残渣重(g)；m为风干试样质量（未脱脂）(g)。

2. 重复性

每个试样应取2个平行样测定，以其算术平均值为结果。

3. 精密度

粗纤维含量在10%以下，允许相差（绝对值）0.4%。粗纤维含量在10%以上，允许相对偏差为4%。

八、注意事项

(1)样品的选择最好采用已经测过粗脂肪的样品，因为其脂肪已基本提取干净。

(2)硫酸和氢氧化钠的浓度必须准确，并且经过标定。在不使用冷凝球或冷凝管的情况下，消煮时，可用热蒸馏水使液面高度基本维持在200 mL左右。消煮时，应保证其在1～2 min之内开始沸腾，并使溶液保持微沸腾(30±1) min，试样不能离开溶液沾到瓶壁上。

(3)样品的粒度需过18目筛。

(4)在酸煮后和碱煮后冲洗至中性过程中，最好用热蒸馏水，易于过滤。用真空抽气机抽滤时，使用200目不锈钢网或尼龙纱布，清洗滤布时要用玻璃棒清去残渣或用牛角勺刮干净。控制好压力，压力过大易造成样品损失，导致测定失败。

(5)酸洗石棉搅拌成稀薄悬浮液再倒入坩埚中，使之自然漏去水分，再用抽滤装置抽干，石棉应铺均匀，不留空隙，也不过厚，太厚水漏不下去，太薄纤维反而漏下去。

(6)粗纤维的测定也可采用粗纤维测定仪测定。

任务六　饲料中粗灰分的测定（GB/T 6438—2007）

——高温灼烧法

一、实训目的

通过饲料样品中粗灰分的测定，掌握粗灰分的测定原理和方法。

二维码 3-6　饲料中粗灰分的测定

二、适用范围

本标准适用于动物饲料中粗灰分的测定。

三、测定原理

试样在 550 ℃灼烧后所得残渣，用质量百分数表示。残渣中主要是氧化物、盐类等矿物质，也包括混入饲料的砂石、土等，故称粗灰分。

四、仪器设备

(1)实验室用样品粉碎机或研钵。
(2)分析筛：孔径 0.45 mm(40 目)。
(3)可调电炉：1 000 W。
(4)分析天平：感量 0.000 1 g。
(5)高温炉：电加热，有温度计且可控制炉温在 550～600 ℃，见图 3-23。
(6)坩埚：30 mL。
(7)干燥器：用氯化钙（干燥剂）或变色硅胶作干燥剂。

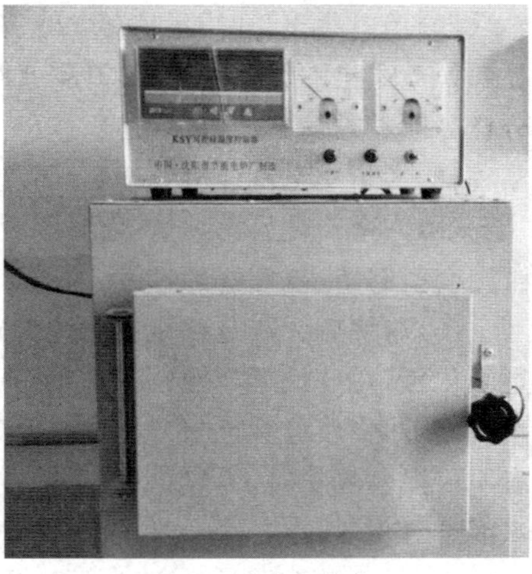

图 3-23　高温炉

五、试样的选取和制备

取有代表性试样用四分法缩减至 200 g，粉碎至 40 目，装入密封容器中，防止试样成分的变化或变质。

六、操作步骤

(1)将带盖坩埚洗净烘干后放入高温炉，在(550±20) ℃下灼烧 30 min，冷却至 200 ℃时，取出，在空气中冷却约 1 min，放入干燥器冷却 30 min，称重。再重复灼烧，冷却，称重，直至两次称重之差小于 0.000 5 g 为恒重。

(2)在已恒重的坩埚中称取 2～5 g(灰分重 0.05 g 以上)试样，准确至 0.000 2 g，在电炉上小心炭化至无烟，再放入高温炉中，于(550±20) ℃下灼烧 3 h，取出，在空气中冷却约 1 min，放入干燥器中冷却 30 min，称重。再同样灼烧 1 h，称重，直至两次称重之差小于 0.001 g 为恒重。

七、结果计算

1. 计算公式

$$\omega(\text{粗灰分})=\frac{m_2-m_0}{m_1-m_0}\times 100\%$$

式中：m_0 为已恒重空坩埚质量(g)；m_1 为坩埚加试样质量(g)；m_2 为灰化后坩埚加灰分质量(g)。

2. 重复性

每个试样应取两个平行样测定，以其算术平均值为结果。

3. 精密度

粗灰分含量在 5%以上时，允许相对偏差为 1%；粗灰分量在 5%以下时，允许相对偏差为 5%。

八、注意事项

(1)新坩埚编号，将带盖的坩埚洗净烘干后，用钢笔蘸 5 g/L 氯化铁墨水溶液(称 0.5 g $FeCl_3\cdot 6H_2O$ 溶于 100 mL 蓝墨水中)编号，然后于高温炉中 550 ℃灼烧 30 min 即可。对于已经用过的坩埚如有需要可用 25%盐酸溶液浸泡瓷坩埚煮沸 1～2 h。

(2)用电炉炭化时，坩埚要 1/4 开盖，应小心控制温度，开盖过大防止火力过大而使部分样品颗粒被逸出的气体带走，不开盖水分等挥发不出去。温度应逐渐上升，防止火力过大而使部分样品颗粒被逸出的气体带走。

(3)为了避免试样氧化不足，不应把试样压得过紧，试样应松松地放在坩埚内。

(4)完全灰化后再灼烧，而且高温炉必须预热，温度不能过高，灼烧温度不宜超过 600 ℃，否则会引起磷、硫等盐的挥发。

(5)灼烧后的灰分应呈灰白色无碳粒，若以上还未灰化完全，可取出，冷却后加几滴硝酸或过氧化氢，在电炉上干燥后再灰化。

(6)灼烧残渣颜色与试样中各元素含量有关，含铁高时为红棕色，含锰高时为淡蓝色。但有明显黑色炭粒时，为炭化不完全，应延长灼烧时间或将坩埚取出，冷却后滴入 5～10 滴蒸馏水或过氧化氢，小心蒸干后，重新灼烧，直至全部炭化为止。

(7)用于微量元素测定时，可选择铂坩埚或石英坩埚。

任务七　饲料中无氮浸出物的计算

——差减法

一、计算原理

一般采用的分析方案中，无氮浸出物是根据相差计算法求得，即 1 中减去水分、粗蛋白质、粗脂肪、粗纤维、粗灰分等的质量分数，所得之差即为无氮浸出物的质量分数。由于不进行直接测定，因此，只能概括说明饲料中这部分养分的含量。

饲料中无氮浸出物是非常复杂的一组物质，包括淀粉、可溶性单糖、双糖、一部分果胶、木质素、有机酸、单宁、色素等。在植物性精料中(籽实饲料)，无氮浸出物以淀粉为主，在青饲料中以戊聚糖为最多。淀粉和可溶性糖容易被各类动物消化吸收。

二维码3-7　饲料中无氮浸出物的计算

二、计算方法

由于不同种类饲料中的无氮浸出物所含各种养分的比重相差很大(特别是木质素的成分)，因此不同种类饲料无氮浸出物的营养价值相差悬殊。但在新的饲料分析方案未确定下来之前，无氮浸出物的成分比较复杂，一般不进行实际测定，而根据相差计算法来求得，暂时采用旧的方案中规定的相差计算法。

$$无氮浸出物=100-(水分+粗灰分+粗蛋白质+粗脂肪+粗纤维)$$

三、注意事项

(1)参与计算的各种概略养分含量，必须是在水分含量一致的情况下，否则应进行同一基础换算。

(2)动物性饲料因不含有无氮浸出物，可不计算其含量。

学习评价

1. 饲料样品采集的目的和原则是什么？
2. 饲料样品采集的方法主要是什么？
3. 样本的制备应注意哪些问题？
4. 样本如何进行登记与保管？
5. 影响水分测定的因素有哪些？
6. 饲料水分测定的方法有哪几种？各有何特点？
7. 饲料中的水分有几种存在形态？生产中测定饲料的水分有何意义？
8. 饲料常规分析的组分和各组分的主要成分有哪些？
9. 测定粗蛋白质时硫酸铜、硫酸钾、浓硫酸的作用是什么？
10. 简述凯氏定氮法测定饲料中粗蛋白质含量的原理和主要步骤。
11. 凯氏定氮法测定饲料中粗蛋白质含量时，在“蒸馏和吸收”的操作中应注意哪些问题？
12. 影响脂肪测定的因素有哪些？
13. 简述索氏浸提法测定饲料中粗脂肪的原理及索氏脂肪浸提器的构造。
14. 索氏浸提法测定饲料中粗脂肪含量时，为什么滤纸包的高度不能超过虹吸管的高度？盛有粗脂肪接收瓶烘干时间为什么不能超长？
15. 粗脂肪测定时应注意哪些问题？
16. 简述粗纤维的测定的基本步骤、原理。

17. 简述酸碱水解法测定饲料中粗纤维含量的缺点和公认强制规定的条件是什么？
18. 饲料中粗纤维的含量测定应注意哪些问题？
19. 简述粗灰分测定的原理。
20. 高温电炉中取出坩埚时为什么要在空气中冷却 1 min？
21. 使用高温炉灼烧样品时应注意哪些问题？

信息链接

1. GB/T 6435—2014 饲料中水分的测定。
2. GB/T 6432—2018 饲料中粗蛋白的测定。
3. GB/T 6433—2006 饲料中粗脂肪的测定。
4. GB/T 6434—2006 饲料中粗纤维的含量测定。
5. GB/T 6438—2007 饲料中粗灰分的测定。
6. GB/T 20806—2006 饲料中中性洗涤纤维(NDF)的测定。

二维码 3-8　液相色谱仪分离系统

二维码 3-9　液相色谱仪高压输液系统

二维码 3-10　液相色谱仪结构和流程

二维码 3-11　液相色谱仪进样系统

二维码 3-12　饲料检测国家标准信息链接

二维码 3-13　饲料物理性状鉴定

二维码 3-14　饲料质量检测

模块四

猪饲料配方与筛选

学习目标

1. 掌握配合饲料产品的概念与种类。
2. 掌握配方设计的基本原则。
3. 掌握猪的各生长阶段饲料原料选择要求。
4. 掌握饲料配方设计的基本方法，能为猪的各生长阶段设计出比较合理的饲料配方。
5. 掌握浓缩饲料配方设计方法与步骤。
6. 掌握添加剂预混合饲料配方设计方法与步骤。

学习任务

任务一　猪饲料配方设计

单一的饲料原料各有其特点，有的以供应能量为主，有的以供应蛋白质和氨基酸为主，有的以供应矿物质或维生素为主，有的粗纤维含量高，有的水分含量高，有的是以特殊目的而添加到饲料中的产品，所以单一饲料原料普遍存在营养不平衡、不能满足动物的营养需要、饲养效果差的问题，有的饲料还存在适口性差、不能直接饲喂动物、加工和保存不方便的缺陷，有的饲料含抗营养因子和毒素等问题。

为了合理利用各种饲料原料、提高饲料的利用效率和营养价值、提高饲料产品的综合性能、提高饲料的加工性能和保存时间等，有必要将各种饲料进行合理搭配，以便充分发挥各种单一饲料的优点、避开其缺点，因此，配合饲料便成为集约化饲养、饲料工业化生产的必然选择。配合饲料被称为 20 世纪畜牧业的三大技术革命之一。

一、配合饲料的种类及特点

配合饲料是应用现代营养科学原理，根据不同畜禽在不同的生理阶段、生产目的和生产方式对营养的需要，将多种饲料原料按照科学比例，经工业生产工艺配制并生产出均匀的能直接饲喂动物的商品饲料。

(一)种类

配合饲料的种类很多,其种类和结构,见图 4-1。按配合饲料营养特性可分为如下几种:

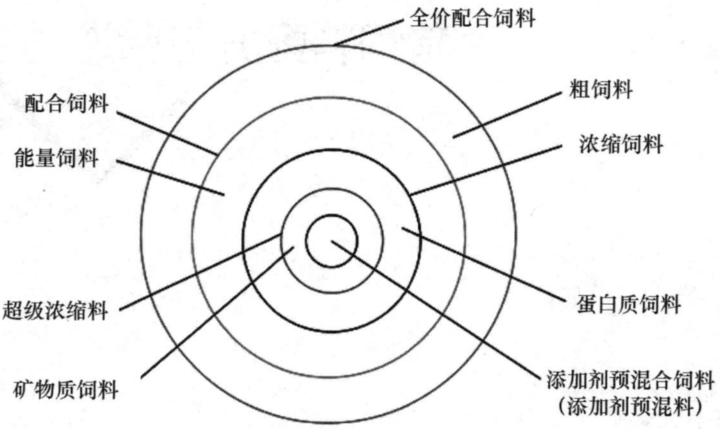

图 4-1 配合饲料的种类和结构

1. 全价配合饲料

全价配合饲料中除水以外无须添加和饲喂任何数量和种类的其他物质便能够满足畜禽生活和生产所需要的各种营养成分的饲料,它可用来直接饲喂畜禽。全价配合饲料的原料构成有能量饲料、蛋白质饲料、常量矿物质饲料(钙、磷、食盐等)、微量元素添加剂(铁、锌、铜、硒、锰、碘、钴等)、氨基酸添加剂和维生素添加剂。此外,全价配合饲料中还常加有非营养性添加剂。

2. 浓缩饲料

浓缩饲料又称平衡配合料或维生素-蛋白质补充料。由添加剂预混料、蛋白质饲料和钙、磷以及食盐等按配方制成,是全价配合饲料的组分之一。因须加上能量饲料组成全价配合饲料后才能饲喂,配制时必须知道拟搭配的能量饲料成分,方能保证营养平衡。如肥育前期浓缩饲料通常占全价配合饲料的 30%,能量饲料占 70%,俗称三七料;到了肥育后期,则前者占 20%,后者占 80%,俗称二八料。

3. 添加剂预混料

添加剂预混料是由多种微量元素、维生素、氨基酸及非营养性添加剂与载体或稀释剂组成的均匀混合物,既是一种借助载体或稀释剂将一种或多种营养性或非营养性微量组分均匀分布、降低其浓度,并添加在浓缩饲料或全价饲料中的特殊组分的预混合物。

饲料添加剂或添加剂预混料中的载体,是一种能接受和承载粉状活性成分的可食性物料,表面粗糙或具有小孔洞。常用的载体为粗小麦粉、麸皮、稻壳粉、玉米芯粉、石灰石粉等。稀释剂也是可食性物料,但不要求表面粗糙或有小孔洞。二者的作用都在于扩大体积和有利于混合均匀。

预混合饲料在配合饲料中所占的比例很小,一般占 0.5%~10%,多集中在 1%~5%的范围内。预混合饲料与蛋白质饲料按一定比例配合生产出浓缩饲料。

根据猪的品种、性别、生产目的、生产性能和生长阶段对应不同的配合饲料。如猪用配合饲料又可分为仔猪开食料、幼猪料、生长肥育猪料、妊娠母猪料、哺乳母猪料和公猪料。

配合饲料按成品形态还可分为粉料、颗粒饲料、碎粒料、压扁饲料、膨化饲料、液体饲料等。

(二)特点

在近代畜牧业生产发达的国家,配合饲料已在猪的饲养业中广泛的应用,美国、德国、日本等发达国家的养猪饲料的80%或更多采用配合饲料形式。与20世纪上半叶相比,采用配合饲料饲喂畜禽,效率几乎提高了一倍,这是因为配合饲料具有任何其他饲料所不具备的特点。

1. 提高了饲料的营养价值和经济效益

配合饲料通过饲料配方的制作和拥有先进的技术设备条件,可以集中地应用饲料营养价值评定和畜禽营养需要的最新研究成果,并能把构成配合饲料的几十种不同组分,包括计量微小到百万分之一和宏大到百分之几十的各种组分,均匀地混合在一起,从而保证活性成分的稳定性,提高了饲料的营养价值和经济效益。所以,配合饲料营养全面,饲喂效果显著,能加速畜禽生长,缩短饲养周期,降低饲养成本。

2. 能充分合理的利用饲料资源

长期以来,由于饲养业中使用传统的单一饲料,饲料资源没有得到充分合理的利用。而配合饲料是由粮食、各种加工副产品(如饼粕、麸皮、糟渣、糖蜜、鱼粉、血粉、肉骨粉、羽毛粉、制革下脚料等)、植物的茎叶、矿物质饲料及微量添加剂等配合组成。可见,配合饲料配制的原料多样化,可以使上述各方面的资源得到充分利用,同时也刺激饲料资源加工业的开发,使一些不易被畜禽利用的和不能单独利用的饲料资源经工业化加工处理后,可成为饲料原料被进一步利用。

(1)选用的原料品种要尽可能多　原料品种多可起到营养物质的互补作用,但要注意猪对原料中营养物质的利用效率。

(2)饲料原料的质量要符合标准　可按照国标采购原料,切忌图便宜而采购劣质原料。

(3)尽可能使用本地廉价饲料原料　各地方的饲料原料资源不尽相同,有些廉价的饲料原料如米糠、豆腐渣等,都可以加以利用,以降低养殖成本。

(4)饲料原料的供应要货源充足　对于某些时有时无的原料,最好要避免使用,因为经常更换原料,可对猪只造成应激症。

(5)注意饲料原料的适口性　虽然有的原料很廉价,但适口性不好,要注意限制这类原料的用量。反之,对于那些适口性非常好的原料,也要考虑限制喂量,以防过食而出现消化方面的问题。

3. 可充分利用各种饲料添加剂

配合饲料能运用各种饲料添加剂,加速畜禽生长,减少疾病的发生,提高饲料的利用率。在天然的饲料中,某些营养物质,如维生素、矿物质、氨基酸的含量少且不平衡,即使互相配合也难以弥补其营养缺陷,而配合饲料可根据畜禽在不同生长阶段维持正常生产的养分需要量制作饲料,对基础原料中的养分缺陷给予恰当的补充,因而大大提高了饲料转化率。同时,在配合饲料中适当加入药物饲料添加剂,可有效预防畜禽疾病的发生及传染病的蔓延;若加入饲料保藏剂(如抗氧化剂、黏结剂、防霉剂等),可使配合饲料中的活性成分稳定,减少饲料产品在贮运过程中的自动分级现象,同时延长其商品货架期。

二、配合饲料生产及使用

(一)配合饲料配方设计

配合饲料质量的好坏与饲料原料、饲料配方的优劣及加工工艺等因素有着紧密的关系，其中饲料配方的好坏至关重要。配合饲料的核心是饲料添加剂预混料，它对配合饲料的饲养效果和经济效益起着重要的作用。但是，有了科学的饲料添加剂预混料配方并不等于就能生产出优质的预混料，还需要有优质的原料，并通过正确地选用生产设备和科学的加工工艺，以及一整套完整的质量管理措施，方能把各种预混料原料按配方要求加工成合格的产品，做到以最低的加工成本实现科学配方应该取得的效果。因此，饲料配方特别是饲料添加剂预混料的配方设计及其加工技术就显得极为重要。

饲料配方是指能够满足动物营养需求的、不同饲料原料的配比。饲料配方实质是一个资源最优配置的运筹学问题，它可以用适当的线性或非线性决策模型来定量的描述，对这些模型的求解可实现资源的最优配置，即得到配方的最低成本或配方的最大收益。无论应用什么模型来计算最终各种原料的配比，要设计一个配方，必须有三大参数：

1. 动物的饲养标准

针对不同的动物、不同的品种、不同的年龄段，各地区或机构通过试验等手段提出一套动物饲养标准，可查阅选用合适的饲养标准。

根据动物的品种、生产阶段选用不同营养需要标准，必须清楚了解标准制定的基础和条件与要设计的配方使用条件的差异。尽可能选择这种差异小的需要标准使用。经常注意国内外有关营养需要研究报道。尽可能了解所选“需要标准”有关数据的详细资料，便于灵活应用，最大限度地缩小需要标准与要设计的配方使用基础和条件之间的差异。

2. 饲料原料的营养成分

在饲料配方中，原料的营养成分随产地、季节、水分含量等的不同而异，可查阅选用合适的饲料营养成分表。

(1)一般常用饲料营养成分　注意同一饲料不同来源，其数据可能相差 20% 左右。因此，在选用数据前必须作精细论证。尽可能了解所选饲料的一般特性，如地质、土壤、生长、加工、贮藏等。在没有把握选用现有数据时，可实测。

(2)不同饲料的组合特性　即对饲料之间的相互影响要有清楚估计。采取有效措施，抑制不利的相互作用，突出其有利方面。如猪日粮中的棉饼与亚铁盐结合，可抑制游离棉酚的毒性。若铁用量超过 400 mg/kg，可能引起 Ca、P、Zn 缺乏。只要合理使用棉籽饼用量与适宜铁盐结合，即可消除游离棉酚的影响，避免结合使用可能造成的不利后果。常用谷类与其副产品配合的猪日粮，总是赖氨酸不足，精氨酸过量。若再加入菜籽饼，这种情况会变得更严重。类似的组合特性，在配方设计中必须认真对待，适当处理。

(3)设计者要比较熟悉所用饲料有关饲料学方面的知识　如前所述外，限定因素、使用范围、实际营养价值、饲料之间的适宜搭配等都要心中有数。

3. 饲料原料的价格

饲料原料的价格决定了一个饲料配方最终的成本，应选用价廉物美的饲料原料。

尽管饲料配方设计对饲料产品起着决定性作用，但并不意味着有了良好的饲料配方就一定能生产出优质的饲料产品。研究和实践证明：在生产流程中，各道工序的工作质量都直接影响到产品的质量，其中清理、粉碎、计量和混合是保证产品质量的关键工序。

三、配合饲料配方设计的方法

配合饲料配方设计主要是规划计算各种饲料原料的用量比例。设计配方时采用的计算方法分手工计算和计算机规划两大类：①手工计算法，有交叉法、方程组法、试差法，可以借助计算器或计算机数据处理软件（如 Excel 等）计算；②计算机规划法，主要是根据有关数学模型编制专门程序软件进行饲料配方的优化设计，涉及的数学模型主要包括线性规划、多目标规划、模糊规划、概率模型、灵敏度分析、多配方技术等。

（一）交叉法

交叉法又称四角法、正方形法、对角线法或图解法。这是一种将简单的作图与计算相结合的运算方法。在饲料原料种类不多及考虑营养指标较少的情况下，可较快地获得比较准确的结果。但其缺点是在饲料种类及营养指标较多的情况下，需反复进行两两组合，计算比较麻烦。

【例题 1】 利用粗蛋白质含量为 30％的猪用浓缩饲料与能量饲料玉米（含粗蛋白质 8.5％）混合，为体重 20～35 kg 的生长肥育猪配制粗蛋白质为 16％的饲粮 1 000 kg。

计算方法步骤如下：

1. 算出两种饲料在配合料中应占的比例（％）

先画一方形图，在图中央写上所要配合的配合料中粗蛋白质含量（16％），方形图的左边、上、下角分别是玉米和浓缩料蛋白质含量。如图对角线所示，并标箭头，顺箭头以大数减小数得出的差分别除以两差之和，即得出玉米和浓缩饲料的百分比。其方形图及计算如下：

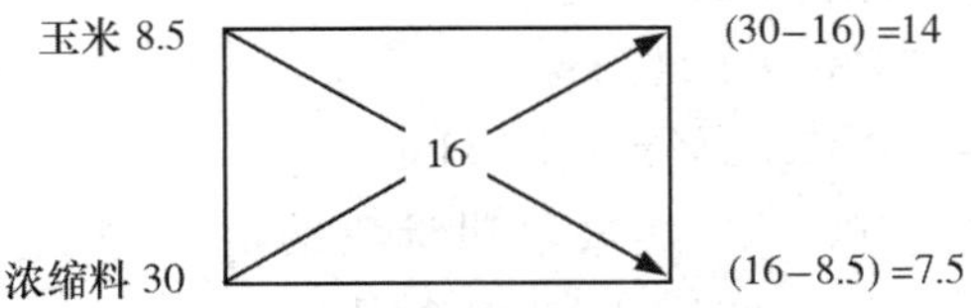

玉米应占比例＝(30－16)÷(14＋7.5)×100％＝65％

浓缩料应占比例＝(16－8.5)÷(14＋7.5)×100％＝35％

2. 计算两种饲料在配合料中所需重量

玉米：　1 000 kg×65％＝650 kg

浓缩料：1 000 kg×35％＝350 kg

【例题 2】 用能量饲料（玉米 70％、小麦麸 30％）和蛋白质饲料（鱼粉 30％、豆饼 70％）及其他矿物质饲料等添加剂为妊娠后期的母猪配制 1 000 kg 混合饲粮。

计算步骤：

(1)查《猪饲养标准》(NY/T 65—2004)可知，妊娠后期的母猪饲粮的蛋白质含量应为 12％。

(2)查饲料营养成分表可知，现有饲料粗蛋白质含量：玉米 8.5％、小麦麸 14.3％、鱼粉

53.5%、豆饼 41.8%。

(3)计算能量混合饲料和蛋白质混合饲料中粗蛋白质含量。

能量混合饲料中粗蛋白质含量=(70%×8.5%+30%×14.3%)×100%=10.24%

蛋白质混合饲料中粗蛋白质含量=(30%×53.5%+70%×41.8%)×100%=45.31%

(4)确定矿物质等添加剂的比例,并计算在由能量混合饲料与蛋白质混合饲料组成的混合饲料中应达到的粗蛋白质含量。

在妊娠后期母猪饲粮中矿物质饲料的比例一般为2%,能量混合饲料与蛋白质混合饲料所占的比例为98%。因为从饲养标准中查到的要求配制的混合饲粮中粗蛋白质含量为12%,而矿物质饲料添加剂中不含蛋白质,所以由能量饲料和蛋白质饲料组成的混合饲粮中粗蛋白质含量应为12%/98%×100%=12.24%

(5)用方形图计算能量混合饲料和蛋白质混合饲料在所配混合饲粮中的比例。

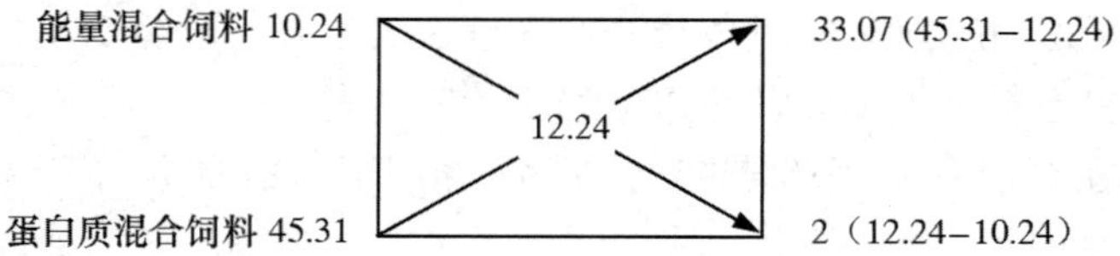

能量混合饲料应占的比例=33.07/(33.07+2)×100%=94.30%

蛋白质混合饲料应占的比例=2/(33.07+2)×100%=5.70%

(6)计算各种饲料原料的用量。

能量混合饲料的用量=1 000×98%×94.30%=924.14 kg

其中:玉米=924.14×70%=646.90 kg

小麦麸=924.14×30%=277.24 kg

蛋白质混合饲料的用量=1 000×98%×5.70%=55.86 kg

其中:鱼粉=55.86×30%=16.76 kg

豆饼=55.86×70%=39.10 kg

矿物质饲料的用量=1 000×2%=20.00 kg

经过计算可知:配制 1 000 kg 妊娠后期母猪的混合饲粮可用玉米 646.90 kg、小麦麸 277.24 kg、鱼粉 16.76 kg、豆饼 39.10 kg 及矿物质饲料 20.00 kg。

(二)方程组法(代数法)

方程组法也叫公式法或联立方程组法,即用二元一次方程组来计算饲料配方。此法特点是方法简单,适用于饲料原料种类少的情况,而饲料原料种类多时,计算较为复杂。

【例题3】已知某猪场现有含粗蛋白质 9.5%的能量饲料(其中玉米占75%,大麦占25%)和含粗蛋白质 40%的蛋白质补充料,现要配制含粗蛋白质 15%的配合饲料。

计算方法步骤如下:

(1)配合饲料中能量饲料占 x%,蛋白质补充料占 y%。

$$x+y=100$$

(2)能量饲料的粗蛋白质含量为 9.5%,蛋白质补充料含粗蛋白质为 40%,要求配合饲料含粗蛋白质为 15%。

$$0.095x+0.40y=15$$

(3)列联立方程：$\begin{cases} x+y=100 & ① \\ 0.095x+0.40y=15 & ② \end{cases}$

(4)解联立方程：

$$x=81.97$$

$$y=18.03$$

(5)求能量饲料中玉米、大麦在配合饲料中所占的比例：

玉米占比例＝81.97%×75%＝61.47%

大麦占比例＝81.97%×25%＝20.50%

(三)试差法

试差法又称为凑数法。这种方法首先根据经验初步拟出各种饲料原料的大致比例，然后用各自的比例去乘该原料所含的各种养分的百分含量，再将各种原料的同种养分之积相加，即得到该配方的每种养分的总量。将所得结果与饲养标准进行对照，若有任一养分超过或不足时，可通过增加或减少相应的原料比例进行调整和重新计算，直至所有的营养指标都基本满足要求为止。此方法简单，可用于各种配料技术，应用面广。缺点是计算量大，十分烦琐，盲目性较大，不易筛选出最佳配方，相对成本可能较高。

1. 明确目标

饲料配方设计的第一步是明确目标，不同的目标对配方要求有所差别。目标可以包括整个产业的目标、整个产业中养殖场的目标和养殖场中某批动物的目标等不同层次。主要目标含以下方面：①单位面积收益最大；②每头上市动物收益最大；③使动物达到最佳生产性能；④使整个集团收益最大；⑤对环境的影响最小；⑥生产含某种特定品质的畜产品。随养殖目标的不同，配方设计也必须作相应的调整，只有这样才能满足各种层次的需求。

2. 确定动物的营养需要量

国内外的猪的饲养标准可以作为营养需要量的基本参考。但由于养殖场的情况千差万别，动物的生产性能各异，加上环境条件的不同，因此在选择饲养标准时不应照搬，而应是在参考标准的同时，根据当地的实际情况，进行必要的调整，稳妥的方法是先进行试验，在有了一定把握的情况下再大面积推广。动物采食量是决定营养供给量的重要因素，虽然对采食量的预测及控制难度较大，但季节的变化及饲料中能量水平、粗纤维含量、饲料适口性等是影响采食量的主要因素，供给量的确定一般不能忽略这些方面的影响，猪各阶段采食量，见表 4-1。

表 4-1　猪各阶段采食量

体重阶段/kg	1.7～2.5	2.5～3.0	3.0～4.0	4.0～5.0	5.0～6.0	6.0～7.5	7.5～9.0	9.0～11
大约日龄/d	7	10	13	16	21	24	28	35
日喂量/g	25	75	125	200	265	350	425	520
体重阶段/kg	11～13	13～15	15～17	17～19	19～21	21～23	23～26	26～30
大约日龄/d	40	45	48	52	57	72	67	73
日喂量/g	600	700	750	800	850	900	950	1 100

续表 4-1

体重阶段/kg	30～34	34～38	38～42	42～48	48～53	53～59	59～65	65～70
大约日龄/d	81	87	92	99	106	112	119	126
日喂量/g	1 300	1 500	1 700	1 900	2 100	2 200	2 300	2 400
体重阶段/kg	70～75	75～80	80～85	85～90	90～95	95～100	100～105	105～110
大约日龄/d	132	138	143	149	154	159	164	168
日喂量/g	2 500	2 600	2 650	2 700	2 800	2 900	3 100	3 100

从表 4-1 可知道：乳猪从开食到改用小猪饲料的 7～50 日龄期间，共消耗教槽料 5.8 kg，乳猪饲料 15.28 kg。小猪从 50 日龄到 87 日龄（15～35 kg 重阶段），共消耗小猪饲料 35.65 kg。中猪从 87 日龄到 125 日龄（35～65 kg 体重阶段），共消耗中猪饲料 80.8 kg。大猪从 125 日龄到 168 日龄（65～108 kg 体重阶段），共消耗大猪饲料 118.8 kg。

3. 选择饲料原料

这是饲料配制的第三步，即选择可利用的原料并确定其养分含量和对动物的利用率。原料的选择应是适合动物的习性并考虑其生物学效价（或有效率）。

4. 饲料配方

将以上三步所获取的信息综合处理，形成配方配制饲粮，可以用手工计算，也可以采用专门的计算机优化配方软件。

5. 配方质量评定

饲料配制出来以后，想弄清配制的饲粮质量情况必须取样进行化学分析，并将分析结果和预期值进行对比。如果所得结果在允许误差的范围内，说明达到饲料配制的目的。反之，如果结果在这个范围以外，说明存在问题，问题可能是出在加工过程、取样混合或配方，也可能是出在实验室。为此，送往实验室的样品应保存好，供以后参考用。配方产品的实际饲养效果是评价配制质量的最好尺度，条件较好的企业均以实际饲养效果和生产的畜产品品质作为配方质量的最终评价手段。随着社会的进步，配方产品安全性、最终的环境和生态效应也将作为衡量配方质量的尺度之一。

四、猪不同生长阶段饲料配方设计

饲料配制过程中，按猪只体重来配制不同的饲料。从猪只生长发育的整个过程中来看，小猪阶段主要表现为骨骼的生长、中猪阶段主要长肉、大猪阶段主要长膘这一生长发育规律，同时猪只对营养的吸收也有一定规律，蛋白质的需要是前高后低，脂肪沉积是前低后高。根据以上规律，在育肥期可以分为四个阶段：保育阶段 10～20 kg、幼猪阶段 20～35 kg，中猪阶段35～60 kg，大猪阶段 60～90 kg。由于不同阶段猪的生理特点、消化功能、生长速度不同，所需要的能量、蛋白质、矿物质和维生素的数量和比例就不同，要求饲料原料和配方也应该不同，不能采用一个配方喂到底的方式养育肥猪。兼顾饲料营养要全面、品种要多样化，在保证玉米、糠麸、饼粕、动物性饲料比例的同时，更要满足矿物质和维生素的添加比例。每一类饲料最好多用几种原料，这样可以起到营养互补，提高饲料利用率的目的。

(一)仔猪饲料配方设计的特点

1. 饲料原料的选用

由于仔猪消化生理的特点，特别是早期断奶仔猪，其消化道内消化酶分泌系统发育不完善，要求饲料原料品质优良，易于消化吸收，适口性好。仔猪日粮中选用饲料原料应从以下几方面考虑：

(1)早期断奶仔猪日粮中应尽量使用动物性蛋白质饲料，尤其是乳清粉、血浆蛋白粉、乳糖或脱脂奶粉等。

(2)为了使仔猪更好地发挥瘦肉生长遗传潜力，随着仔猪体重的增加，仔猪日粮中应使用一些动物血浆蛋白粉、鱼粉、加工优良的血粉等仔猪优质的饲料原料。

(3)注意植物性蛋白质饲料原料含量不能过高，或者采用去除抗原性的植物性蛋白质饲料原料，例如加工良好的膨化大豆粉或分离大豆蛋白等，膨化大豆以其适口性好、消化率高、抗原性物质和抗营养因子含量低等优点被用于早期断奶仔猪饲粮。

(4)使用油脂补充能量需要时，应选用大豆油、玉米油、椰子油、棕榈油、棉籽油、菜籽油等，要求纯度高，并使用抗氧化剂，其中大豆油和椰子油的配合使用效果更好，是仔猪很好的能量饲料原料。

(5)日粮中添加一定的酶制剂、酸化剂，可提高仔猪生长速度及饲料利用率。

(6)仔猪的味觉和嗅觉较灵敏，对甜味和乳香味有嗜好，在采食量比较低的断奶仔猪日粮中添加蔗糖或其他甜味剂，可显著提高饲料的采食量。

2. 乳猪、仔猪配合饲料配方

为了最大限度地提高猪的生产性能和降低饲料成本，仔猪日粮可采取三个阶段饲养体系：第一阶段，喂含 40%乳产品(15%～25%乳清粉＋10%～25%脱脂奶粉)和 1.5%赖氨酸的日粮；第二阶段(体重 6～10 kg)，日粮基本上属谷物-豆粕型，含有一定数量的乳清粉(约 10%)，鱼粉含量为 3%～5%；第三阶段(体重 10～20 kg)，采用谷物－豆粕型日粮(鱼粉含量约为 5%)。

3 周龄前乳猪配合饲料中玉米、糙米等植物性能量饲料原料用量一般为 15%～50%；大豆粕为 12%～27%，一般不用其他植物性蛋白质饲料原料；脱脂奶粉为 15%～40%；血浆蛋白粉为 0%～5%；乳清粉为 0%～20%；鱼粉为 2.5%左右；蔗糖为 5%～10%；稳定脂肪为 0%～2.5%；矿物质、复合预混料(含药物添加剂)为 1%～4%。

3 周龄后仔猪配合饲料中玉米、糙米、麸皮等植物性能量饲料原料用量一般为 50%～65%，其中麸皮用量一般不超过 5%；植物性蛋白质饲料原料一般只选用豆粕，用量为 20%～40%；杂饼(粕)总用量不超过 5%；进口鱼粉用量为 1%～5%；乳清粉为 0%～20%；矿物质、复合预混料(含药物添加剂)为 1%～4%；有条件的可补充酸化剂 1%～2%，油脂 1%～3%，以及复合酶制剂等。

【例题 4】 利用玉米、糙米、麸皮、豆饼、棉籽饼、菜籽饼、鱼粉、骨粉、石粉、食盐、磷酸氢钙及 1%的复合预混料，为体重 20～50 kg 生长猪设计配合饲粮。

计算步骤如下：

(1)查饲养标准，确定营养需要量，见表 4-2。

表 4-2 20～50 kg 生长猪的营养需要 MJ/kg，%

营养指标	消化能	粗蛋白质	钙	有效磷	赖氨酸	蛋氨酸＋胱氨酸
需要量	12.97	16	0.6	0.32	0.95	0.54

注：消化能和粗蛋白质为我国瘦肉型生长猪饲养标准，其他指标为 NRC 生长肥育猪的营养需要标准。

(2)查饲料营养成分表，见表 4-3。

表 4-3 所用各种饲料原料的营养成分含量 MJ/kg，%

饲料原料	消化能	粗蛋白质	钙	有效磷	赖氨酸	蛋氨酸＋胱氨酸
玉米	14.27	8.7	0.02	0.10	0.24	0.38
糙米	14.39	8.8	0.03	0.12	0.32	0.34
麸皮	9.37	15.7	0.11	0.30	0.58	0.39
鱼粉	12.97	62.5	3.96	3.05	5.12	2.21
豆粕	13.18	43	0.32	0.20	2.45	1.30
棉籽粕	9.46	42.5	0.24	0.25	1.59	1.27
菜籽粕	10.59	38.6	0.65	0.33	1.30	1.50
石粉	—	—	36.0	—	—	—
碳酸氢钙	—	—	21.0	16.0	—	—

(3)初拟配方，见表 4-4。

饲料原料比例根据：能量饲料占 65%～75%，蛋白质饲料占 15%～25%，矿物质饲料与预混料共占 3%。

表 4-4 配方组分及各种营养成分含量 %，MJ/kg

饲料配方组分	比例	营养成分	含量	与标准的差值
玉米	53	消化能	13.22	0.25
糙米	20	粗蛋白质	15.37	−0.63
麸皮	5	钙	0.13	−0.47
鱼粉	1	有效磷	0.16	−0.16
豆粕	12	赖氨酸	0.65	−0.30
棉籽粕	3	蛋氨酸＋胱氨酸	0.55	0.10
菜籽粕	3			

(4)调整配方，见表 4-5、表 4-6。

表 4-5 第一次调整后配方组分及各种营养成分含量 %，MJ/kg

饲料配方组分	比例	营养成分	含量	与标准的差值
玉米	51.16	消化能	13.20	0.23
糙米	20	粗蛋白质	16.00	0
麸皮	5	钙	0.136	−0.464
鱼粉	1	有机磷	0.162	−0.068
豆粕	13.84	赖氨酸	0.691	−0.259
棉籽粕	3	蛋氨酸＋胱氨酸	0.567	0.027
菜籽粕	3			

表 4-6　第二次调整后配方组分及各种营养成分含量　%，MJ/kg

饲料配方组分	比例	营养成分	含量	与标准的差值
玉米	51.16	消化能	13.20	0.23
糙米	20.00			
麸皮	5.00	粗蛋白质	16.00	0
鱼粉	1.00			
豆粕	13.84	钙	0.604	0.004
棉籽粕	3.00			
菜籽粕	3.00	有机磷	0.231	0.001
碳酸氢钙	0.43			
石粉	1.05	赖氨酸	0.956	0.006
赖氨酸	0.34			
食盐	0.30	蛋氨酸＋胱氨酸	0.567	0.027
预混料	1.00			

(5)整理配方，见表 4-7。

表 4-7　预期配方：体重 20～50 kg 生长猪配合饲料配方　%

饲料配方组分	比例	饲料配方组分	比例
玉米	51.04	菜籽粕	3.00
糙米	20.00	磷酸氢钙	0.43
麸皮	5.00	石粉	1.05
鱼粉	1.00	赖氨酸	0.34
豆粕	13.84	食盐	0.30
棉籽粕	3.00	预混料	1.00

注：从以上配方中可以看出，各养分含量均高于标准值，各组分总和(100.12%)稍大于 100%，可减少玉米的比例，达到预期的目标。

(二)生长肥育猪饲料配方设计的特点

1. 饲料原料的选择

生长肥育猪消化道机能相对成熟，日粮中各种营养物质需要的水平不需要太高，选用饲料原料应注意以下几点：

(1)饲料原料选择范围广，除使用玉米、豆粕外，可以选择非常规能量饲料原料如大麦等麦类谷物、稻谷、高粱及其加工副产品。可以不使用动物性饲料原料，适当增加杂粕类饲料原料如棉籽粕、菜籽粕等，还可少量补充优质青粗饲料。

(2)应注意所选饲料原料的适口性、抗营养因子或有毒有害物质的含量，尤其是非常规能量饲料及其加工副产品中，一般含有水溶性非淀粉多糖以及植酸等影响营养消化利用的抗营养因子等成分，可通过原料的适当加工处理，或者在配方设计时限制用量的方法解决这些问题。

(3)生长肥育后期还应特别注意饲粮对肉质的影响，由于生长育肥猪后期沉积脂肪的能力很强，其饲粮中如较多地使用某些油脂含量很高的植物性饲料（如米糠，脂肪含量达 16%，且主要为不饱和脂肪酸),可使猪胴体脂肪变软,降低肉质。

2. 生长肥育猪配合饲料配方

不同生长阶段的饲料配方设计应有不同侧重。50 kg 以内的生长猪,在全面考虑日粮营养平衡时,尤其要注意满足其粗蛋白质、赖氨酸、钙、磷、维生素 A、维生素 D、铁、锌、胆碱等营养指标、饲料的适口性和饲料质量等因素;还可以采用每千克日粮 160 g Cu 的高铜日粮以促其生长。50 kg 以上的育肥猪的日粮配方,应侧重于满足其可消化能、钙、磷、锌、维生素 A、维生素 D、维生素 E 等指标。肥育后期还应特别注意饲粮对肉质的影响,并注意饲粮的成本。

生长肥育猪能量饲料原料一般占配合饲料的 65%～75%,且可广泛使用谷物籽实,如玉米用量可占配合饲料的 0%～75%,糙米占 0%～75%,大麦占 0%～50%,高粱占 0%～10%,麸皮占 0%～30%(前期一般不超过 10%)等;蛋白质饲料原料用量一般占配合饲料的 15%～25%,以植物性蛋白质饲料为主,豆粕占配合饲料的 10%～25%,棉、菜籽粕总用量可控制在 10%以内(前期以不超过 8%为宜),其他饼粕一般为 5%以内;动物性蛋白质饲料原料一般不超过 5%;此外配合饲料中可补充适量的优质粗饲料,如干草粉、树叶粉等,用量以不超过 5%为宜;矿物质、复合预混料(一般不含药物添加剂)占 1%～4%。

【例题 5】应用玉米、豆粕、麸皮、菜籽饼、花生饼、磷酸氢钙、石粉、食盐、微量元素预混料和 *L*-赖氨酸盐酸盐等为 35～60 kg 的瘦肉型生长肥育猪配制全价饲料。

计算步骤如下:

(1)查饲养标准,确定 35～60 kg 的瘦肉型生长肥育猪的营养需要　猪的营养需要中考虑的指标一般有消化能、粗蛋白质、钙、总磷、赖氨酸、蛋氨酸+胱氨酸,见表 4-8。

表 4-8　35～60 kg 瘦肉型生长肥育猪的营养需要　MJ/kg,%

营养指标	DE	CP	钙	总磷	Lys	Met+Cys
需要量	12.97	16.0	0.60	0.50	0.75	0.38

(2)确定各种原料的营养价值　查饲养标准中的饲料营养成分表,列出所用各种原料消化能、粗蛋白质、钙、总磷、赖氨酸、蛋氨酸+胱氨酸等这几个营养指标的含量,见表 4-9。

表 4-9　各种饲料原料的营养成分含量　MJ/kg,%

营养指标	DE	CP	钙	总磷	Lys	Met+Cys
玉米	14.35	8.5	0.02	0.21	0.20	0.30
麸皮	10.59	13.5	0.22	1.09	0.61	0.55
豆粕	13.56	41.6	0.32	0.50	2.57	0.77
花生饼	14.06	43.8	0.61	0.95	1.35	0.94
菜籽饼	11.59	37.4	0.33	0.58	1.62	1.61
石粉	—	—	36.0	—	—	—
磷酸氢钙	—	—	23.1	18.7	—	—

(3)初拟配方　根据实践经验,生长肥育猪全价饲料中各类饲料的比例一般为:能量饲料 65%～75%,蛋白质饲料 20%～30%,矿物质、复合预混料(一般不含药物添加剂)1%～4%。

先设定限制性原料的用量比例，然后再设定一般原料比例，见表4-10、表4-11。

表4-10　原料的用量比例

限制性原料	菜籽粕	4%	适口性差并含有毒物质
	花生粕	4%	AA平衡性差，影响胴体品质
	添加剂预混料	1%	添加量固定
非限制性原料	豆粕	19%	矿物质饲料的用量是预留的；据前面提到的原则，设定能量原料占配合饲料的70%，在玉米与麸皮中分配；豆粕用量则为19%（100%－70%－1%－2%－4%－4%）。
	玉米	50%	
	麸皮	20%	
	矿物质	2%	

表4-11　消化能和粗蛋白质含量计算

饲料原料	比例/%	消化能/(MJ/kg)		粗蛋白质/%	
		原料中	饲粮中	原料中	饲粮中
玉米	50	14.35	14.35×0.50＝7.175	8.5	8.5×0.50＝4.25
麸皮	20	10.59	10.59×0.20＝2.118	13.5	13.5×0.20＝2.7
豆粕	19	13.56	13.56×0.19＝2.5764	41.6	41.6×0.19＝7.904
花生粕	4	14.06	14.06×0.04＝0.5624	43.8	43.8×0.04＝1.752
菜籽粕	4	11.59	11.59×0.04＝0.4636	37.4	37.4×0.04＝1.496
合计	97		12.89		18.1
标准			12.97		16
与标准比			—0.08		＋2.1

（4）调整配方　和饲养标准比较，消化能偏低，粗蛋白质偏高。需要把蛋白质降低，消化能提高，使能量和粗蛋白质符合饲养标准规定量。方法是，用一定比例的某一种原料替代同比例的另一种原料。计算时可先求出每代替1%时，饲粮能量和蛋白质改变的程度，然后根据第三步中求出的与标准的差值，计算出应该代替的百分数。

由上述计算可知，配方中消化能比标准低0.08 MJ/kg，而粗蛋白质高2.1%。减少蛋白质饲料豆粕的用量可降低粗蛋白质含量。

如用1%的玉米替代1%的豆粕，可降低粗蛋白质含量为0.416%－0.085%＝0.331%。

要使粗蛋白质含量与标准中的16%相符合，需降低豆粕比例为6.3%（2.1%/0.331%），玉米相应增加6.3%。按此调整后，玉米用量为56.3%，豆粕用量为12.7%，此时配方中能量和粗蛋白质与饲养标准相符合。调整配方后能量和粗蛋白质计算结果，见表4-12。

表4-12　调整配方后消化能和粗蛋白质计算

饲料原料	比例/%	消化能/(MJ/kg)		粗蛋白质/%	
		原料中	饲粮中	原料中	饲粮中
玉米	56.3	14.35	14.35×0.563＝8.079	8.5	8.5×0.563＝4.7855
麸皮	20	10.59	10.59×0.20＝2.118	13.5	13.5×0.20＝2.7
豆粕	12.7	13.56	13.56×0.127＝1.7221	41.6	41.6×0.127＝5.2832

续表 4-12

饲料原料	比例/%	消化能/(MJ/kg)		粗蛋白质/%	
		原料中	饲粮中	原料中	饲粮中
花生粕	4	14.06	14.06×0.04=0.562 4	43.8	43.8×0.04=1.752
菜籽粕	4	11.59	11.59×0.04=0.463 6	37.4	37.4×0.04=1.496
合计	97		12.95		16.02
标准			12.97		16
与标准比			−0.02		+0.02

(5) 计算矿物质饲料用量,见表 4-13。

表 4-13 矿物质饲料用量

饲料原料	比例/%	钙/%	磷/%
玉米	56.3	0.02×0.563=0.011 3	0.21×0.563=0.118 2
麸皮	20	0.22×0.20=0.044	1.09×0.20=0.218
豆粕	12.7	0.32×0.127=0.040 6	0.50×0.127=0.063 5
花生粕	4	0.61×0.04=0.024 4	0.95×0.04=0.038
菜籽粕	4	0.33×0.04=0.013 2	0.58×0.04=0.023 2
合计	97	0.133 5	0.46
标准		0.6	0.5
与标准比		−0.466 5	−0.04

根据配方计算结果和饲养标准相比,钙、磷都不能满足需要,钙比标准低 0.466 5%,磷低 0.04%。因磷酸氢钙中含有钙和磷,所以先用磷酸氢钙来满足磷,需磷酸氢钙 0.04%÷18.7%=0.21%。0.21%的磷酸氢钙可为饲粮提供钙 23.1%×0.21%=0.048 5%,钙还差 0.466 5%−0.048 5%=0.418%,用含钙 36%的石粉补充,需石粉 0.418%÷36%=1.2%。按照饲养标准,需加食盐 0.30%。

(6) 计算配方中赖氨酸、蛋氨酸+胱氨酸含量,见表 4-14。

表 4-14 氨基酸用量

饲料原料	比例/%	赖氨酸/%	蛋氨酸+胱氨酸/%
玉米	56.3	0.2×0.563=0.113	0.3×0.563=0.168 9
麸皮	20	0.61×0.20=0.326 4	0.55×0.20=0.097 8
豆粕	12.7	2.57×0.127=0.122	0.77×0.127=0.11
花生粕	4	1.35×0.04=0.054	0.94×0.04=0.037 6
菜籽粕	4	1.62×0.04=0.064 8	1.61×0.04=0.064 4
合计	97	0.68	0.48
标准		0.75	0.38
与标准比		−0.07	+0.1

由配方计算结果可知，赖氨酸不能满足需要，需要补充。市售的赖氨酸为 *L*-赖氨酸盐酸盐，其赖氨酸的实际含量为 78.8%，所以 *L*-赖氨酸的添加量应为 0.07%÷78.8%＝0.09%。

(7) 补充复合预混料，见表 4-15。

表 4-15　日粮组成及营养价值

饲料原料	比例/%	营养指标	含量
玉米	56.3	消化能/(MJ/kg)	12.97
麸皮	20		
豆粕	12.7	粗蛋白质/%	16
花生粕	4		
菜粕	4	钙/%	0.6
石粉	1.2		
磷酸氢钙	0.21	总磷/%	0.5
食盐	0.3		
L-赖氨酸	0.09	赖氨酸/%	0.75
预混料	1.0		
合计	99.8	蛋氨酸＋胱氨酸/%	0.48

含维生素、微量元素的复合预混料一般占配合饲料的 0.5%～1%，在本例中确定复合预混料添加量为配合饲料的 1%。

(8)计算总配比　最初预留的矿物质饲料占饲粮的 2%。计算各种矿物质饲料的实际添加总量：磷酸氢钙＋石粉＋食盐＋赖氨酸＝0.21%＋1.2%＋0.3%＋0.09%＝1.8%，比预留比例 2%还少 0.2%。像这样的结果不必再算，因消化能还差 0.02，所以可将 0.2%加到玉米中去，即玉米再增加 0.2%。

一般情况下，在能量饲料调整不大于 1%时，对饲粮中能量、粗蛋白质等指标影响不大，可忽略不计。

(9)列出饲粮配方及主要营养指标。

(三)种猪饲料配方设计特点

1. 饲料原料的选择

种猪日粮配制要注意防止生长速度过快，体况过肥，在饲料原料选择上要适当考虑粗饲料或营养浓度较低的饲料原料。主要选择以下原料：

(1)选择含有一定量粗纤维的饲料，不仅可使种猪保持良好的体况，维持较高的繁殖性能，同时可以减少便秘的发生，一般糠麸类、草粉类和叶粉类饲料常常被用作种猪的饲料原料。

(2)种猪日粮应适当增加矿物质微量元素和维生素的供给量，除了以添加剂形式补充外，可使用富含微量元素和维生素的天然饲料原料。促生长类饲料添加剂，一般不能用在种猪的日粮中。

(3)妊娠母猪日粮中，要求饲料品质优良，适口性好并具有调养性。饲料组成要多样化，按母猪妊娠不同阶段调整日粮中精料、粗料及多汁饲料的比例。妊娠前期可适当增加糠麸及青、粗饲料用量。妊娠后期则因胚胎生长发育迅速，加之哺乳阶段又分泌大量乳汁，为保证繁殖性能的提高，要求饲料中蛋白质品质好，而且必需氨基酸平衡；钙、磷比例应为(1.2～1.5)∶1；粗纤维含量应超过3.5%，最好达到4%～5%；供给充足的维生素和微量元素。

2. 种猪配合饲料配方

在制定种猪配方时，要特别注意所配饲粮的营养平衡性，同时，由于种猪性别、生理阶段不同，对营养的要求也有较大差异。所以，在设计种猪饲料配方时必须注意如下几点：

(1)注意日粮中维生素和矿物质元素(尤其是维生素A、维生素E、生物素、叶酸、锌、锰、硒等)及与猪胚胎发育有关营养物质的供给，这些养分不仅对种猪的性成熟和繁殖力影响显著，同时还会对妊娠母猪胚胎的发育造成影响，或通过乳汁造成对仔猪生长的影响。

(2)注意适时控制日粮的能量水平，以免种猪过肥或过瘦而影响其繁殖性能。后备种猪、空怀母猪和母猪妊娠前期日粮能量水平不宜过高，妊娠后期和哺乳期则需供给较高的能量水平，当然，妊娠母猪日粮能量水平的确定还需依据母猪体重、妊娠期目标体增重及其饲养管理和环境条件而定。

(3)注意保证日粮适当的粗纤维水平，一方面是为了控制其能量水平，另一方面也是为了防止便秘。

(4)应注意日粮蛋白质水平与氨基酸的平衡。尤其是泌乳母猪、妊娠后期母猪及配种公猪，它们对日粮蛋白质及氨基酸要求较高。

(5)妊娠母猪日粮配合时，除满足营养需要外，还应考虑日粮体积，一般以每100 kg体重给2.0～3.5 kg干物质为宜。

(6)种猪配合饲料配方原料比例确定，后备母猪玉米、糙米等谷物籽实类能量饲料原料一般占配合饲料的20%～45%，统糠占粗饲料的10%～20%，麸皮占20%～30%；饼粕类等植物性蛋白质饲料原料用量一般占配合饲料的15%～25%，矿物质、复合预混料占1%～3%。妊娠母猪配合饲料中玉米、大麦、糙米等谷物籽实类能量饲料占45%～75%；优质牧草类饲料占0%～10%；矿物质、复合预混料等占2%～4%。哺乳母猪配合饲料中玉米、大麦、糙米等谷物籽实类能量饲料占45%～65%；麸皮等糠麸类饲料占5%～30%；饼粕类饲料占15%～30%；优质牧草类占0%～10%；矿物质、复合预混料占1%～4%。种公猪配合饲料中一般参照妊娠母猪饲料。

【例题6】为体重140 kg哺乳母猪配合日粮。

计算方法步骤如下：

(1)查阅饲养标准，得知体重140 kg哺乳母猪所需养分数量，见表4-16及表4-17。

表4-16 哺乳母猪每千克饲粮养分含量

体重/kg	消化能/(MJ/kg)	粗蛋白质/%	钙/%	磷/%	蛋氨酸+胱氨酸/%	赖氨酸/%
140	12.13	14	0.64	0.46	0.31	0.5

表4-17 哺乳母猪每头每日营养需要量

体重/kg	消化能/(MJ/kg)	粗蛋白质/g	钙/g	磷/g	蛋氨酸+胱氨酸/g	赖氨酸/g
140	60.7	700	32.0	23.0	15.5	25

(2)查阅饲料营养价值表,得知采用玉米、大麦、麦麸、豆饼、鱼粉、苜蓿草粉、骨粉、食盐等各种饲料原料所含养分,见表 4-18。

表 4-18　饲料营养成分表

饲料原料	消化能/(MJ/kg)	粗蛋白质/%	钙/%	磷/%	蛋氨酸+胱氨酸/%	赖氨酸/%
玉米	14.18	8.0	0.02	0.27	0.34	0.24
大麦	13.56	13.0	0.04	0.39	0.39	0.58
麦麸	9.37	15.7	0.11	0.92	0.39	0.44
豆饼	13.51	40.9	0.30	0.49	1.20	2.38
鱼粉	12.55	60.2	4.04	2.90	2.16	4.72
苜蓿草粉	6.23	14.3	1.34	0.19	0.33	0.60
骨粉			36.4	16.4		

(3)试配日粮,画出一个配料表格,确定饲料原料大致比例,计算试配日粮的营养价值。其试配日粮的组成和营养价值,见表 4-19。

表 4-19　试配日粮的组成和营养价值表

饲料原料	比例/%	消化能/(MJ/kg)	粗蛋白质/%	钙/%	磷/%	蛋氨酸+胱氨酸/%	赖氨酸/%
玉米	55.3	14.18×55.3% =7.842	8.0×55.3% =4.42	0.02×55.3% =0.01	0.27×55.3% =0.149	0.34×55.3% =0.188	0.24×55.3% =0.133
大麦	10	13.56×10% =1.36	13.0×10% =1.3	0.04×10% =0.004	0.39×10% =0.039	0.39×10% =0.039	0.58×10% =0.058
麦麸	19	9.37×19% =1.78	15.7×19% =2.98	0.11×19% =0.021	0.92×19% =0.175	0.39×19% =0.074	0.44×19% =0.084
豆饼	5.7	13.51×5.7% =0.77	40.9×5.7% =2.33	0.30×5.7% =0.02	0.49×5.7% =0.028	1.20×5.7% =0.068	2.38×5.7% =0.136
鱼粉	2.5	12.55×2.5% =0.31	60.2×2.5% =1.51	4.04×2.5% =0.10	2.90×2.5% =0.073	2.16×2.5% =0.054	4.72×2.5% =0.118
苜蓿草粉	5	6.23×5% =0.31	14.30×5% =0.72	1.34×5% =0.07	0.19×5% =0.010	0.33×5% =0.017	0.60×5% =0.030
骨粉	1			36.40×1% =0.364	16.40×1% =0.164		
食盐	0.5						
预混料	1						
合计	100	11.61	13.26	0.59	0.64	0.44	0.56
饲养标准	100	12.13	14	0.64	0.46	0.31	0.5
相差	0	−0.5	−0.7	−0.05	+0.18	+0.13	+0.06

分析表 4-19 可见，试配的日粮所含粗蛋白质比标准低，且钙含量较低，消化能也比较低，其他养分与饲养标准基本相等，因此应提高豆饼比例，减少麦麸比例，以提高日粮中粗蛋白质的水平。

(4)调整配方比例，将上述试配的日粮中豆饼、麦麸、玉米调整为 8%、17%、55%，其他饲料配方不变。经调整后日粮配方每千克养分含量是消化能为 12.5 MJ，粗蛋白质为 14%，钙为 0.64%，磷为 0.66%，蛋氨酸＋胱氨酸为 0.46%，赖氨酸为 0.61%，这样就与表 4-16 哺乳母猪饲养标准的要求相符合。一般与饲养标准相比较，相差以不超过 5%即为合格。

若按表 4-17 中粗蛋白质需要量计，可日喂经调整后的日粮 5 kg(700÷140＝5)，则可获得营养，见表 4-20。

表 4-20 哺乳母猪每头每日获得营养量与饲养标准比较

项目	消化能/(MJ/kg)	粗蛋白质/g	钙/g	磷/g	蛋氨酸＋胱氨酸/g	赖氨酸/g
日喂 5 kg	12.5×5 ＝62.5	14×5 ＝700	6.4×5 ＝32	6.6×5 ＝33	4.6×5 ＝23	0.61×5 ＝3.05
饲养标准	60.7	700	32.0	23.0	15.5	25
相差	＋1.8	0	0	＋10.0	＋7.5	－21.95

由表 4-20 得知，该日粮基本已满足哺乳母猪的营养需要，赖氨酸稍有缺乏可以通过赖氨酸盐酸盐添加剂的形式给以补充。

五、浓缩饲料配方设计

浓缩饲料也称平衡用配合饲料，是指由蛋白质饲料、矿物质饲料和添加剂预混料按一定比例配制而成的均匀混合物。相当于全价配合饲料减去能量饲料的剩余部分，一般占全价配合饲料的 20%～40%。发展浓缩饲料可减少能量饲料的往返运输费用，降低饲料成本，还有利于养殖场(户)生产高质量的配合饲料，提高动物的生产效率。随着饲料工业的发展，浓缩饲料已成为饲料工业的主要产品之一。

(一)根据全价配合饲料推算浓缩饲料配方

先依据全价配合饲料配方的设计方法，设计出配方，然后由全价配合饲料的配方推算出浓缩饲料配方。这是一种比较常见、直观且简单的方法。

(1)由配制出的全价配合饲料配方求浓缩饲料配方设计的系数。即用 100%减去全价配合饲料中能量饲料所占的百分数，此值也是将来配制成的浓缩饲料的用量比。

(2)用系数分别除浓缩饲料将使用的各种饲料占全价配合饲料的百分数，得到所要配制的浓缩饲料配方。

(3)列出配方，并计算出浓缩饲料的营养水平。

【例题 7】利用猪的全价日粮配方推算浓缩饲料配方。现有能量饲料 84.3%，浓缩饲料中：豆饼 5.7%、苜蓿草粉 5%、骨粉 1%、鱼粉 2.5%、食盐 0.5%、预混料 1%。

计算方法步骤如下，见表 4-21。

表 4-21　浓缩饲料试配过程

	饲料种类	原配方比例/%	浓缩饲料配方比例/%	消化能/(MJ/kg)	粗蛋白/%	钙/%	磷/%	蛋氨酸+胱氨酸/%
能量饲料	玉米	55.3						
	大麦	10						
	麦麸	19						
浓缩饲料	豆饼	5.7	5.7/15.7×100=36.31	13.51×36.31%=4.91	40.9×36.31%=14.85	0.3×36.31%=0.11	0.49×36.31%=0.18	1.2×36.31%=0.44
	苜蓿草粉	5	5/15.7×100=31.85	6.11×31.85%=1.95	17.2×31.85%=5.48	1.52×31.85%=0.48	0.22×31.85%=0.07	0.36×31.85%=0.11
	骨粉	1	1/15.7×100=6.37			36.4×6.37%=2.32	16.4×6.37%=1.04	
	鱼粉	2.5	2.5/15.7×100=15.92	12.55×15.92%=2	60.2×15.92%=9.6	4.04×15.92%=0.64	2.9×15.92%=0.46	2.16×15.92%=0.34
	食盐	0.5	0.5/15.7×100=3.18					
	预混料	1	1/15.7×100=6.37					
	合计	100		8.86	30	3.55	1.75	0.89

(二)直接计算浓缩饲料配方

1. 由设定的搭配比例计算浓缩饲料配方

根据用户的使用习惯或特定要求以及用户所有的能量饲料的种类和数量，确定浓缩饲料与能量饲料的搭配比例，然后根据饲养标准及能量饲料的营养水平确定浓缩饲料应达到的营养水平，最后计算浓缩料配方。

【例题 8】为 20～60 kg 的生长育肥猪配制浓缩饲料。

(1)确定能量饲料与浓缩饲料的比例。根据销售区域内能量饲料种类、特点制定相应比例，或按客户要求和习惯设定比例，如玉米 50%，高粱 20%，小麦麸 5%，则浓缩饲料的比例为 25%。

(2)查猪的饲养标准，确定适宜的营养指标，见表 4-22。

表 4-22　体重 20～60 kg 生长猪的饲养标准

消化能/(MJ/kg)	粗蛋白质/%	钙/%	有效磷/%	赖氨酸/%	蛋氨酸+胱氨酸/%
12.98	16	0.60	0.28	0.75	0.50

(3)计算能量饲料所能达到的营养水平，见表 4-23。

表 4-23 能量饲料所能达到的营养水平

饲料	在配合饲料中的比例/%	消化能/(MJ/kg)	粗蛋白质/%	钙/%	有效磷/%	赖氨酸/%	蛋氨酸+胱氨酸/%
玉米	50	7.14	4.35	0.01	0.05	0.12	0.19
高粱	20	2.64	1.8	0.026	0.024	0.036	0.058
小麦麸	5	0.47	0.79	0.006	0.015	0.029	0.02
合计	75	10.25	6.94	0.042	0.089	0.185	0.27

(4)计算浓缩饲料应提供营养成分含量。即饲养标准规定值与能量饲料相应成分含量之差值除以25%(浓缩饲料比例),如粗蛋白质比例=(16%−6.94%)/25%×100%=36.24%,其他指标计算方法与之相同,见表4-24。

表 4-24 浓缩饲料应提供的营养含量

消化能/(MJ/kg)	粗蛋白质/%	钙/%	有效磷/%	赖氨酸/%	蛋氨酸+胱氨酸/%
10.92	36.24	2.232	0.764	2.26	0.92

(5)选择浓缩饲料原料并确定其配比。原料的选择要因地制宜,根据来源、价格、营养价值等方面综合考虑而定。各原料在浓缩饲料中所应占的比例,可采用与全价配合饲料相同的设计方法,最好通过计算机按最低成本原则去优化。有时为更好地控制质量,有目的地将原料的上下限进行设定,例如使棉籽饼不超过25%,使其在全价饲料中比例不超过25%×25%=6.25%。预混料及食盐的比例需固定,见表4-25。

表 4-25 体重 20~60 kg 生长猪的浓缩饲料配方 %

原料	比例	原料	比例
大豆粕	40.0	菜籽饼	15.0
棉籽粕	16.0	花生饼	12.1
石粉	4	鱼粉	4
磷酸氢钙	2.4	*L*-赖氨酸盐	0.9
食盐	1.6	预混料	4

浓缩饲料产品必须提供用户参考使用配方,如上述配方中为:浓缩饲料25%+玉米50%+高粱20%+小麦麸5%。

2. 依据推荐或设定的浓缩饲料营养标准设计

目前,我国已发布了猪浓缩饲料的国家标准,也可自己设定浓缩饲料中各种养分的设计标准,然后按照设计全价配合饲料的方法直接计算浓缩饲料配方。

必须注意,浓缩饲料属饲料半成品,不能直接饲喂,必须与能量饲料混合均匀后饲喂。因此,饲喂前需仔细阅读使用说明书及饲料标签,按照说明使用,避免使用不当危害生产,尤其对于含有药物及非蛋白氮的浓缩饲料,使用时更应注意。关于浓缩饲料标签的主要内容可参照《饲料标签(GB 10648—2013)》的规定,在此不再赘述。

(三)浓缩饲料的使用

浓缩饲料是由蛋白质饲料、常量矿物质饲料和添加剂预混料按一定比例配制而成的均匀混合物,它不可直接用于饲喂动物,必须与能量饲料合理搭配形成全价饲料后才能饲喂。

使用浓缩饲料时应注意有以下几方面:

(1)按固定比例配制。应用浓缩饲料的关键就是确定与能量饲料的配合比例或具体用量,使用浓缩饲料时,必须严格按照产品说明中补充能量饲料的种类和比例,一般浓缩饲料在全价料中的比例为20%~40%,以30%最为普遍,但具体比例取决于浓缩饲料的营养水平和与之搭配的能量饲料的种类。

(2)按灵活比例配制。对于通用型浓缩饲料常推荐有各种比例,但客户因原料变化或其他目的也不一定按固定比例配制,这时可将浓缩饲料作为单一原料,照顾主要指标进行配方设计。

(3)使用前各种原料必须混合均匀。要保证与之相配的能量饲料原料的质量和粉碎粒度,不能将浓缩饲料和能量饲料分开使用,为了保证浓缩饲料的使用效果,有条件的使用者,应配置相应的饲料混合机等设备。

(4)在贮藏浓缩饲料时,要注意通风、阴凉、避光,严防潮湿、雨淋和曝晒,提供一个良好的贮藏条件。

(5)浓缩饲料最好在规定保持期内使用完,对于超过保质期的浓缩饲料一定要慎用。

六、预混料配方设计及生产

(一)预混料中活性成分的种类和添加量的确定

预混合饲料是配合饲料的核心,因其含有的微量活性组分是配合饲料饲用效果的决定因素。预混合饲料的种类可分为单项预混合饲料和复合预混合饲料。

单项预混合饲料是由单一添加剂原料或同一种类的多种饲料添加剂与载体或稀释剂配制而成的匀质混合物,主要是由于某种或某类添加剂使用量非常少,需要初级预混才能更均匀分布到大宗饲料中。生产中常将单一的维生素(如50%氯化胆碱预混剂)、单一的微量元素(如1%亚硒酸钠稀释粉)、多种维生素(也称为复合多维)、多种微量元素(如0.1%生长猪多矿、生长素)各自先进行初级预混分别制成单项预混料等。

复合预混合饲料是按配方和实际要求将各种不同种类的饲料添加剂与载体或稀释剂混合制成的匀质混合物。如微量元素、维生素及其他成分混合在一起的预混料,具有综合添加的效果。

1. 需要量与添加量的概念

预混合饲料中活性成分主要是指维生素、微量元素、氨基酸成分等。

(1)活性成分需要量　活性成分需要量主要是指动物对维生素、微量矿物质元素、氨基酸等成分的需要量,包括两层含义,即最低需要量和最适需要量。

最低需要量是指在试验条件下,为预防动物产生某种维生素或微量矿物质元素缺乏症,对维生素或微量矿物质元素的需要量。现行的饲养标准中推荐的维生素或微量矿物质元素需要量都是指最低需要量。最低需要量未包括生产实际情况下各种影响因素所致的需要量的提高,因而在实际生产条件下并不完全适应,尤其以维生素更为突出。

最适需要量是指能取得最佳的生产效益和饲料利用率时的活性成分供给量。最适需要量一般高于最低需要量。

动物对微量养分的需要量主要由两部分来满足:一是基础饲料中的含量,二是需要由添加剂提供的量。基础饲料中的含量可根据饲料配方和饲料微量养分含量来计算,后者通常来自饲料营养价值表中的数据。饲料营养价值表中各种养分的含量是许多种同名饲料中养分含量的平均值,而准确含量因饲料产地、收获时间、加工条件的不同而异。因此,要知道饲料中微量养分的准确含量,必须对饲料原料进行直接测定。

(2)活性成分添加量　实际供给动物某种活性成分分量称为活性成分总供给量。它包括两部分,即基础饲料中的含量和通过预混合饲料供给的部分,后者称为活性成分的添加量。

2. 影响活性成分添加量的主要因素

(1)动物　不同种类的动物对维生素、微量矿物质元素的需要量不同;同种类动物由于其品种、生理状态、年龄、健康状况、营养水平及生产性能的不同,对维生素、微量矿物质元素的需要量也不同,因此,活性成分添加量也不同。

(2)饲养方式及环境因素　集约化饲养方式虽然使动物的生产力得到了充分发挥,提高了养殖业的经济效益,但也给动物生长、发育和生产带来了一些负面影响。一是饲养密度大使动物产生应激反应,二是密闭式饲养使动物减少了从自然界或其他途径获取维生素、微量矿物质元素的机会。提高维生素的供给量已成为现代养殖生产中缓解应激的一项重要措施。

(3)活性成分　各种活性成分稳定性和生物学效价相差较大,有些成分在加工、贮藏、运输等过程中很容易失去活性,有些成分相对比较稳定,这就决定了添加量与需要量相差的程度不同。

(4)基础饲料　基础饲料原料中所含的维生素、微量矿物质元素不同,有的饲料原料中还含有抗营养因子,这些抗营养因子都会影响预混合饲料中活性成分的添加量。

(5)活性成分的配伍禁忌　预混合饲料中各成分之间存在着复杂的关系,影响着添加成分在预混合饲料中添加量。如微量矿物质元素间存在着复杂的协同、颉颃作用,氯化胆碱对维生素 A、维生素 D 等有破坏作用,抗生素类药物饲料添加剂间配伍禁忌等。

(6)原料成本和产品规格　各种饲料添加剂的用量和成本不同,在预混合饲料总成本中所占的比例不同。为了降低成本,以获取最大的经济效益,确定活性成分的添加量也应有所区别。

3. 确定活性成分添加量的原则

总的原则是依据动物饲养标准,考虑动物品种、生长阶段、生理特点、生产水平、饲养条件等因素,结合各种活性成分的理化特性,参考国内外的研究成果而科学合理地确定预混合饲料中活性成分的添加量。

(1)营养性添加剂添加量的确定　营养性添加剂预混料配方设计要以饲养标准为依据。首先根据饲养标准确定动物对氨基酸、维生素和微量元素的需要量。饲养标准中规定的氨基酸、维生素、微量元素的需要量是动物的最低需要量,而实际生产条件下各种制约因素使动物对微量养分的实际需要量高于饲养标准的推荐量。因此,通常在饲养标准基础上增加一个安全系数(或叫保险系数)作为动物的实际需要量,安全系数为 10%～100%不等,具体数值取决于实际条件。

维生素添加剂的稳定性相对较差,各种维生素的稳定性差别也较大,影响其添加量的因素复杂，而动物对维生素的耐受量与需要量相差甚大。因此，各种维生素的推荐供给量与实际添加量差异很大，总的趋势是忽略基础饲料中维生素的含量，直接以饲养标准（如 NRC 标准）推荐的最低需要量作为添加量，并且在最低需要量基础上增加一定量（作为保险系数）来设计。另外，维生素在贮藏、运输过程中，活性很容易被破坏，所以预混合饲料通常都规定了有效期，以及在有效期内活性成分的保证值，确定添加量时还应考虑有效期内的损失。

微量矿物质元素添加量是严格遵守动物饲养标准，但允许根据基础饲料的情况、生产水平、应激因素等做适当调整。具体拟定其添加量时，理论上添加量应该是动物需要量与基础饲料中含量的差值。但在生产中，往往将基础饲料的微量矿物质元素的含量作为安全阈值（即忽略不计），这是因为基础饲料中的微量元素含量变化大，且动物对微量矿物质元素的最高耐受量与需要量间有一定的差值，忽略基础饲料中的微量矿物质元素含量，而直接以动物的需要量作为添加量一般不会超过安全限度。另一方面，在确定微量矿物质元素添加量时，还要考虑某些元素的特殊作用（如高铜的促生长作用等），以及各元素间的相互关系。但确定毒性较大的微量元素（如硒、砷等）添加量时，需考虑基础饲料中的含量，尤其是富含这些元素的地区，更应如此。

氨基酸的添加量是基础饲料缺什么补什么、缺多少补多少。因此，准确的添加量应等于动物的实际需要量与基础饲料含量之差，而不是饲养标准规定的需要量。但若在无化验条件的一般生产条件下，蛋氨酸和赖氨酸的添加量可按配合饲料重量的 0.1%左右添加。

（2）非营养性添加剂添加量的确定　对抗生素、化学合成药、益生素、酶制剂、有机酸等非营养性添加剂，必须以药理学、药物学、病理学、毒理学、动物生理学、动物生物化学等学科的原理为指导，以国家的有关的法律法规为依据来确定其添加量，同时要注意药物的配伍禁忌。

在药物剂量学上有“量”和“量段效应”的理论，它对药物性添加剂预混合饲料配方设计具有重要意义。所谓“量”是指药物性添加剂使用的数量。一般来说，药物性添加剂在一定的时间和特定的剂量范围内，其作用的强度与其使用的数量成正比，即剂量越大，效力越强。但是当超过这个特定的时间和特定的剂量范围时，就发挥不了应有的作用，甚至会引起反作用或不良作用。所谓“量段效应”，是指在特定的时间内，不同剂量的药物作用于动物体内时会出现多种不同的效果，如正常作用、中毒、死亡等。这种现象在药物动力学上称为“量段效应”。它同样适用于药物性添加剂预混合饲料配方的设计。

剂量学上将量段效应划分为如下几类：第一，常用量，即药用量的最低有效量。在药物添加剂使用上能发挥正常功能或满足动物机体正常需要时的剂量。第二，极量，即药用量的最高允许量，在药物添加剂使用上相当于常用量的最高限用量。第三，中毒量，即应用这个量段可发生中毒。第四，致死量，即应用这个量段可导致死亡。

（二）预混料中非活性成分原料的选择与加工

为了保证活性成分的有效性、稳定性、均匀性和一致性，以及产品的可靠性和安全性，预混料的加工工艺对添加剂的载体及稀释剂等非活性原料的物理化学性能都有了一定的要求。

1. 载体、稀释剂和吸附剂的选择

（1）载体　载体是指能够承载或吸附微量活性成分的可饲用物料。它不仅能承载和吸附微量添加剂，而且能够提高添加剂的散落性，使添加剂能均匀地分布于饲料中。通常对载体的基本要求是：本身为非活性物料，对微量活性成分有良好的吸附能力且不损害其活性，稳定性好，无药理作用，价格低廉。常用的载体主要包括有机载体和无机载体两大类。有机载体包括次粉、小麦麸、脱脂米糠、玉米粉、稻壳粉、大豆粉、淀粉、乳糖等；无机载体包括碳酸钙、磷酸钙、二氧化硅、沸石粉、陶土、海泡石粉等。可根据不同预混料的制作要求合理选用，一般维生素预混料多用有机载体，微量元素预混料多用无机载体，复合预混料可采用有机载体或二者兼而有之。

（2）稀释剂　稀释剂是掺到一种或多种微量添加剂中起稀释作用的物料。它可以稀释活性组分的浓度，把活性成分的颗粒分开，减少它们之间的相互反应，提高活性成分的稳定性，但不起承载添加剂的作用。对稀释剂的基本要求是：本身为非活性物料，不应改变活性成分的理化性质，粒度大小均匀，不能被活性组分吸收、固定，对动物无害，水分含量低且流动性好，化学性质稳定，不带静电荷。常用的稀释剂包括有机和无机两类，有机类包括脱胚玉米粉、葡萄糖、蔗糖、大豆粉、豆粕粉等，无机类包括石粉、磷酸二钙、碳酸钙、磷酸氢钙、贝壳粉等。

（3）吸附剂　吸附剂又称吸收剂，它可以使液态活性成分附着在其颗粒表面，从而使液态活性成分变为固态，利于与其他成分均匀混合。其要求与稀释剂基本相同，但它的吸附性更强。吸附剂与载体、稀释剂一样，也分有机和无机两大类，有机类包括小麦胚粉、脱脂玉米胚粉、玉米芯碎片、粗麸皮以及吸水性强的谷物等，无机类主要包括二氧化硅、蛭石、硅酸钙等。

2. 载体、稀释剂的选择与加工

载体和稀释剂的选择是预混料生产工艺中最重要的环节之一。为了获得良好的混合效果，必须按照一定的品种以及质量要求，正确选择载体和稀释剂。对载体、稀释剂选择的要求，见表 4-26。

表 4-26　载体、稀释剂物料的要求

项目	含水率/%	粒度/目	容重	表面活性	吸湿结块	流动性	pH	静电
载体	<10	30～80	接近承载或被稀释物料	粗糙吸附性好	不易吸湿	差	接近中性	低
稀释剂		30～200		光滑流动性好	防结块	好		

此外，载体的黏着性也是考虑因素之一，载体的黏着性越好，越容易把活性成分牢固黏结和承载，但黏着性好的载体用量要适中，用量过多会黏结成团。一般有机载体的黏着性较无机载体的黏着性强。要求载体携带的微生物应越少越好，不能将发霉的原料用作载体，否则载体附着的微生物将直接损害添加剂预混料的品质。

因此，要生产优质的预混料，必须选择好相应的载体和稀释剂，首先要考虑粒度、容重、酸碱度等几个主要因素，同时注意因地制宜，以降低成本。生产维生素预混料时，考虑到维生素的稳定性差、容重偏低，为保持维生素的活性宜选用含水量低、pH 近中性、化学特性稳定、容重较小、表面粗糙、承载性能强的有机物料为载体，如淀粉、砻糠粉等。生产微量元素预混料时，宜采用容重较大的碳酸钙、石粉等无机载体。生产复合预混料时，可选用玉米粉为载体，还可选用优质肉骨粉做载体，以简化在混合过程中添加油脂的工艺。

（三）添加剂预混料配方设计的方法和步骤

饲料添加剂的用量一般比较固定，因此，预混料配方的设计过程比全价饲料简单，一般方法步骤如下：

1. 饲料添加剂活性成分用量的确定

添加剂预混料的活性成分种类繁多，既包括各种微量营养成分，也包括非营养性添加剂。对于营养性添加剂，确定需要量的基本依据是饲养标准。一般来讲，微量元素可以按饲养标准(需要量)直接添加；维生素在饲养标准中规定的需要量一般为最低需要量，且各种维生素在饲料的加工、制作、贮藏和利用过程中往往由于各种理化因素而遭到破坏，所以一般应在饲养标准的基础上超量添加，许多专著都介绍了维生素的超量幅度，德国巴斯夫公司和瑞士罗氏公司还提出了维生素的实用标准，可作为维生素实际添加量的参考；各种氨基酸由于在基础饲料中含量较高，一般采用以下公式计算添加量：某氨基酸添加量＝需要量－基础饲料中的含量。但活性成分的最高量不得超过《饲料添加剂安全使用规范》农业部公告第 1224 号中的允许量。

对于药物性添加剂，国家已制定了有关法规和规定，如《饲料添加剂安全使用规范》[2017 年修订版(农业部公告第 2625 号)]，必须在应用时遵守。使用时对于其适用动物、使用目的、生理阶段、添加量和停药期等，都必须严格执行。

对于其他非营养性添加剂(抗氧化剂、防霉防腐剂、调味剂等)，必须根据饲喂动物、饲料种类、饲料成分、环境条件、有效含量等因素，综合考虑。

2. 原料选择

关于各种添加剂的原料，必须综合原料的生物学效价、加工工艺和设备条件、价格、适用动物等因素适当选择。同时必须查明原料中有效成分(元素)含量、杂质及其他成分含量，以便使用时参考。所选的所有原料必须符合《饲料添加剂品种目录(2013)》(农业部公告第 2045 号)、《饲料原料目录》(农业部公告第 1773 号)的规定及后续修订，严禁使用国家明令禁止的添加物和化学制品。

3. 商品原料用量计算

各种微量成分商品原料在添加剂预混料中的用量主要根据其需要量(理论用量)、有效成分含量(效价)及预混料占全价料的比例计算。每千克预混料中各种活性成分商品原料用量的计算方法如下：

微量元素商品原料量(g/kg) ＝微量元素需要量(mg/kg)÷ 预混料占全价料的比例(%)÷纯品中元素量(%)÷ 商品原料纯度(%)÷1000

维生素(A、D、E)商品原料量(g/kg) ＝维生素添加量(IU/kg)÷预混料占全价料的比例(%)÷商品原料效价(IU/g)

维生素(其他)商品原料量(g/kg) ＝维生素添加量(mg/kg)÷预混料占全价料的比例(%)÷商品原料纯度(%)÷1 000

氨基酸商品原料用量(g/kg)＝[氨基酸需要量(%)－基础饲料中含量(%)] ÷ 预混料占全价料的比例(%)÷ 商品原料纯度或效价(%)×10

非营养性添加剂商品原料用量(g/kg) ＝理论添加量(%)÷ 预混料占全价料的比例(%)÷商品原料纯度或效价(%)×10

4. 载体或稀释剂用量

每千克预混料中载体或稀释剂用量的计算公式为：

载体或稀释剂用量(g/kg)＝1 000－各种活性成分用量之和(g/kg)

5. 生产配方

根据以上计算结果换算成生产配方(每批预混料用量或每 100 kg 预混料用量)。

(四)微量元素预混料的配方设计

1. 微量元素原料的选择

微量元素添加剂主要指铜、铁、锰、锌等的矿物质盐(碳酸盐和硫酸盐)与氧化物。硫酸盐类易吸湿返潮,流动性差,不易加工,需要进行干燥、加防结块剂、包被等特殊处理。氧化物类则具有元素含量高、价格相对便宜、不易吸湿结块、流动性和稳定性好,且容易加工的特点。在生产中,硫酸盐较碳酸盐和氧化物易溶于水,在畜禽体内易于消化和吸收,生物学效价也比后两种高。硫酸盐还能够促进动物对蛋氨酸的吸收利用,使蛋氨酸增效 10%左右,提高了饲料的经济效益。硫酸铜还能够预防疾病,促进动物生长。因此,在选择微量元素盐时既要考虑它们的生物学效价,又要考虑经济效益问题,应根据不同的情况综合考虑,选择最适宜的微量元素盐。但无论选择哪一种添加剂,其质量都必须符合矿物质微量元素添加剂的国家标准。

原料粒度是影响微量元素添加剂均匀分布的重要因素。因为微量元素添加剂的粒度一般要求通过 80～400 目标准筛孔,即粒径在 0.177～0.05 mm。例如铁、锌、锰等微量元素的粉碎粒度应全部通过 50 目(0.3 mm)筛孔;钴、碘、硒等极微量成分应粉碎至 0.076 mm(200 目)以下。

美国饲料生产者协会提出微量元素添加剂粒度质量规格为 100%通过 35 目(0.42 mm)筛孔;90%～95%通过 100 目(0.15 mm)筛孔。

2. 设计微量元素预混料配方时应注意的问题

设计微量元素预混料配方,应遵循营养性、安全性和经济合理等原则。

(1)微量元素的营养性和毒性　动物必需的微量元素都具有两面性,即营养性和毒性。当饲料中微量元素的添加量超过动物的最大耐受量时,动物就出现中毒症状,导致畜产品残留和环境污染。一般说来,铁、锌、锰的安全范围较大,中毒剂量相当于需要量的 50 倍,在生产上因混合计量等问题发生中毒的可能性不大。钴和碘等用量虽少,但安全范围较宽,一般也不容易中毒。硒和铜需要特别注意。硒为剧毒物质,其中毒剂量为 3～5 mg/kg,安全范围窄,再加上用量极微,其颗粒较粗、计量不准确或混合不均匀都会引起中毒。高铜用量与中毒剂量接近,使用时需特别注意。

(2)微量元素添加量的确定　确定微量元素的添加量,是根据基础饲料中微量元素含量和动物对各种微量元素的需要量进行。微量元素添加量的确定主要有三种方法:一是将营养需要量与饲料中有效含量之差作为添加量;二是营养需要量作为添加量,把基础饲料中微量元素的含量作为安全系数;三是对动物生产性能与水平、微量元素缺乏或含量高的程度、比例平衡的需要、加工和贮藏状况等因素,进行综合考虑来确定添加量。

目前在设计配方时,普遍把饲养标准中规定的微量元素需要量作为添加量,而将基础饲料中微量元素含量作为安全系数,一概不计,这样既简化了计算,又便于实际应用。

(3)配合饲料原料及畜产品特殊性　配合饲料中有些基础原料如菜籽饼粕、棉籽饼粕微量元素含量高,应使用较高的硫酸亚铁。同时,要考虑某些微量元素因地区分布特点给当地产的饲料原料造成某些微量元素缺乏的问题,对于某些元素严重缺乏或过高的饲料,在配方设计时应有明确的针对性。植酸含量高的饲料中微量元素利用率降低,可适当增加微量元素的添加量。目前，一些保健畜产品如高硒、高碘、高锌禽蛋特殊产品的生产，需要在产蛋禽微量元素预混料中适当提高硒、碘、锌的添加量。

(4)各种矿物质元素的相互关系　各种微量元素之间、常量元素与微量元素之间存在错综复杂的关系，如存在拮抗关系的元素会因某种元素含量的增加而提高另一元素的需要量，若不予以调整，则可能产生后一元素的缺乏症。在配方设计时，需特别注意它们之间的拮抗关系。

(5)某些元素的特殊功效和硒的限制添加问题　高剂量的铜(150～250 mg/kg)和高剂量的锌(2 000～3 000 mg/kg)都可促进仔猪的生长，有效地提高饲料利用率。但这样可能破坏动物体内各元素的平衡，以及涉及土壤污染等方面的问题。

硒是动物必需的微量元素，又是一种剧毒物质。一般用硒酸钠或亚硒酸钠做微量元素硒的添加化合物。对其用量要严格限制。猪的全价饲料中含硒量为 0.1～0.2 mg/kg，仔猪开食料中含硒量为 0.14～0.15 mg/kg。预混料中硒含量不得高于 200 mg/kg，每吨饲料添加这种预混料不得超过 0.5 kg。必须混合均匀，严防局部浓度过大，导致中毒。凡生产硒的预混料厂，每批产品需作含硒量分析，以使其产品符合规定。我国已经制定的猪微量元素预混料质量标准中，明确规定凡预混料中添加含硒化合物者，必须注明硒的添加量，并在商品名称后加“加硒”字样。常用的亚硒酸钠毒性较大，要求以稀释品的形式出售。

(6)微量添加剂的重金属含量　微量元素添加剂是饲料中重金属元素的一个重要来源，特别是使用一些非饲料级的微量元素添加剂，往往造成饲料中重金属元素含量超标。所以，微量添加剂的重金属含量不能超标。

(7)产品用量　微量元素预混料的用量取决于产品使用对象、生产计量设备、混合设备的大小与精度、使用方法与包装材料等因素。微量元素预混料在全价料中的用量一般为 0.1%～1.0%。

3. 微量元素预混料的配方设计的一般方法和步骤

(1)根据饲养标准，且考虑各种因素后，确定实际用量。

(2)选择适宜的微量元素原料。综合原料的生物学效价、价格和加工工艺的要求来选择微量元素原料。此外，还应考虑原料中杂质及其他元素含量，严防原料中有毒物质超标。

(3)根据原料中微量元素含量和预混料中的需要量，计算在预混料中各微量元素所需商品原料量。其公式为：

纯原料量＝某微量元素需要量÷纯品中元素含量(%)

商品原料量＝纯原料量÷商品原料纯度(%)

(4)确定预混料在配合饲料中的用量，以决定预混料中有效成分和载体用量。一般认为预混料占全价配合饲料的 0.1%～1%为宜。载体用量为预混料量与商品原料量之差。

(5)列出微量元素预混料配方。

4. 微量元素预混料配方设计示例

设计生长育肥猪(体重 35～60 kg)微量元素预混合饲料的配方。

解：(1)确定微量元素预混合饲料在全价配合饲料中的用量为 0.1%。

(2)确定微量元素在全价配合饲料中实际添加量。查《NY/T 65—2004 猪饲养标准》，体重 35～60 kg 生长育肥猪微量元素需要量，见表 4-27。

表 4-27 生长育肥猪(体重 35～60 kg)微量元素需要量 mg/kg

微量元素	铜	碘	铁	锰	硒	锌
需要量	4.00	0.14	60	2.00	0.25	60

根据基础饲料中微量元素含量，确定预混料中微量元素添加量。在确定微量元素添加量时，一般不考虑基础饲料中微量元素的含量，把需要量当作添加量。

(3)选择适宜的微量元素添加剂的原料，明确原料规格，见表 4-28。

表 4-28 商品微量元素添加剂原料及规格

微量元素商品	分子式	元素含量/%	商品原料纯度/%
硫酸铜	$CuSO_4 \cdot 5H_2O$	Cu:25.5	96
碘化钾	KI	I:76.4	98
硫酸亚铁	$FeSO_4 \cdot 7H_2O$	Fe:20.1	98.5
硫酸锰	$MnSO_4 \cdot H_2O$	Mn:32.5	98
亚硒酸钠	$Na_2SeO_3 \cdot 5H_2O$	Se:30.0	95
硫酸锌	$ZnSO_4 \cdot 7H_2O$	Zn:22.7	99

(4)计算微量元素添加剂原料的用量，见表 4-29。

表 4-29 各种微量元素添加剂原料用量

商品原料	计算公式 (需要量÷元素含量÷纯度)	饲粮中商品原料用量/(mg/kg)
硫酸铜	4.00÷25.5%÷96%	16.34
碘化钾	0.14÷76.4%÷98%	0.19
硫酸亚铁	60÷20.1%÷98.5%	303.05
硫酸锰	2.00÷32.5%÷98%	6.28
亚硒酸钠	0.25÷30.0%÷95%	0.88
硫酸锌	60÷22.7%÷99%	266.99
合计		593.73

(5)选择载体，并计算载体的用量。微量元素预混合饲料的载体一般选择密度较大的物质，如石粉、轻质碳酸钙等。

根据市场和生产需要，确定微量元素预混合饲料在全价配合饲料中的用量为 0.1%，即 1 000 g 饲粮中用 1 g 微量元素预混合饲料。

载体用量＝微量元素预混合饲料总量－各种微量元素添加剂商品原料用量之和
＝1 000－593.73＝406.27(mg)

(6)列出配方，并进行复核，见表 4-30。

表 4-30　生长育肥猪(体重 35～60 kg)微量元素预混合饲料配方

商品原料	每千克饲粮中商品原料用量/mg	在微量元素预混合饲料配方中比例/%	每吨微量元素预混合饲料用量/kg
硫酸铜	16.34	16.34/1 000×100%=1.634	16.34
碘化钾	0.19	0.19/1 000×100%=0.019	0.19
硫酸亚铁	303.05	303.05/1 000×100%=30.305	303.05
硫酸锰	6.28	6.28/1 000×100%=0.628	6.28
亚硒酸钠	0.88	0.88/1 000×100%=0.088	0.88
硫酸锌	266.99	266.99/1 000×100%=26.699	266.99
载体	406.27	406.27/1 000×100%=40.627	406.27
合计	1 000	100	1 000

(7)配方说明。

①适用范围。本配方适用于配制生长育肥猪(体重 35～60 kg)微量元素预混合饲料。

②使用方法和用量。将本配方产品按 0.1%的比例与饲料混合均匀后使用。

③保存方法。本配方产品应保存于阴凉、避光、干燥、通风处。

(五)维生素预混合饲料的配方设计

1. 确定维生素添加量的原则

维生素预混料的配方设计应根据动物饲养标准进行,实际生产中的维生素预混料配方是在饲养标准的基础上,适当增加维生素供给量,以取得最佳生产性能和经济效益。

维生素预混料配方设计关键是确定维生素添加量。因维生素的生物学效价受环境条件、饲养技术、基础饲料组成、抗维生素因子、维生素稳定性、贮藏加工条件等因素的影响很大,故维生素的添加量应根据饲养标准以及上述几方面因素来确定。总结科学研究结果和生产实践,确定维生素添加量时,应考虑以下几种情况:

第一,维生素制剂的稳定性。维生素 A 和维生素 D_3 制剂比其他维生素易失去活性,即使已采用包囊技术也易失去活性,而且常用饲料原料中不含有维生素 A 和维生素 D_3。所以维生素 A、维生素 D_3 供给量要比需要量高出 5～10 倍。有时维生素 E 的供给量也要提高。

第二,在常用饲料中,维生素 B_1、维生素 B_6 和生物素含量较丰富,为了降低维生素预混料的成本,这 3 种维生素的用量可以比需要量适当降低一些。

第三,维生素 B_2 对于防止雏鸡腿病和提高种蛋孵化率有显著作用,一般用量应高于需要量。在球虫侵袭时,提高维生素 K_3 用量有利于凝血作用,所以也需提高用量。

第四,氯化胆碱呈碱性,与其他维生素添加剂一起配合时,会影响到其他维生素的效价,一般不予混合在内,需单独添加。

第五,其他维生素可按猪禽营养需要添加,基础饲料中维生素含量可作为安全系数。

第六,为了保证维生素的稳定,必须在维生素预混料中加入抗氧化剂。

2. 维生素添加剂预混料配方设计的步骤

维生素添加剂预混料配方设计可分为以下几个步骤。

第一步：确定维生素种类和预混料添加比例。

维生素种类的确定即根据市场和生产需要，确定维生素添加剂预混料配方中维生素的种类，是生产完全复合维生素预混料添加剂还是部分复合维生素预混料添加剂。

维生素添加剂预混料在日粮中的添加比例，与动物因素和预混料产品本身的因素有关，一般为 100～500 g/t。

第二步：确定动物对各种维生素的实际需要量。

从各种动物的饲养标准中查得维生素需要量，此量为最低需要量，实践中应在此基础上增加一定的保险系数，增加比例可参考表 4-31 来确定。

表 4-31 各种维生素产品的保险系数

维生素名称	保险系数/%	维生素名称	保险系数/%
维生素 A	2～3	维生素 B_6	5～10
维生素 D_3	5～10	维生素 B_{12}	5～10
维生素 E	1～2	叶酸	10～15
维生素 K_3	5～10	烟酸	1～3
维生素 B_1	5～10	泛酸钙	2～5
维生素 B_2	2～5	维生素 C	5～10

注：引自德国 BASF 公司资料。

第三步：确定维生素的添加量。

维生素的添加量是实际需要量与基础饲料中的含量之差值。但是，由于基础饲料中的维生素的含量和活性受很多因素影响，很难确定其真正的有效含量。实际生产中，为了提高动物的生产性能和抗病力，可不考虑基础饲料中的含量，即把需要量看成添加量。

维生素的添加量＝实际需要量＝需要量×(1＋保险系数)

应当明确，维生素是营养性添加剂，但并非越多越好，过量的维生素不但不经济，而且会带来相反的作用。

第四步：选用适宜的维生素添加剂原料。

维生素添加剂原料的品质对预混料的实际效用影响很大，品质中最重要的是各种维生素添加剂的活性成分含量，尤其是维生素 A 和维生素 C 等易因贮存过久、贮存不当而受损失。最好对添加剂的活性成分进行实际测定，将测定值作为确定配方中实际用量的依据。

同一种维生素有不同的原料可供选择，如维生素 B_1 有盐酸硫胺和硝酸硫胺可供选择，维生素 A 就有乙酸酯和棕榈酸酯可供选择，等等。此外，不同的动物对同一种维生素的不同原料的利用和使用效果是不同的，如猪对维生素 D_2 和维生素 D_3 的利用率是相同的，而家禽对维生素 D_2 的利用率仅是维生素 D_3 的 1/30 至 1/40。

因此，在维生素添加剂预混合饲料设计时，要根据不同的情况合理地选择适当的原料。

第五步：把维生素添加量换算成原料添加量。

维生素添加剂都有一个有效含量的问题，在设计时应将其换算成原料添加量。

维生素添加剂原料添加量＝维生素添加量÷原料中维生素的有效含量(%)

第六步：选择适宜的抗氧化剂和载体，并确定其用量。

维生素的稳定性较差，因此维生素预混合饲料产品中都必须加入一定的抗氧化剂，一般配合饲料中抗氧化剂添加量为100～150 g/t。

载体是维生素预混合饲料中承载微量成分的物质，其选择原则如上所述，载体用量计算公式为：

载体用量＝维生素预混料总量－各种维生素原料量之和－抗氧化剂用量

第七步：列出配方，并进行复核。

维生素添加剂预混料的配方可以用两种方法来表示：一是用百分比表示，即各种原料占维生素预混料总重的百分比；二是用每千克维生素预混料中各种原料所占的mg或IU数表示。

第八步：配方说明。

对设计的配方应注明其适用范围、功能、用法、用量等。

(六)复合预混料的配方设计

1. 设计复合饲料添加剂预混料配方应注意的问题

复合预混合饲料组分复杂，各种酸性、碱性、氧化剂、还原剂共存于一体，各种微量组分的稳定性尤其突出。因此，在复合预混合饲料设计时，要注意各组分的稳定性，尽量减少活性组分的损失。

(1)防止和减少有效成分损失，保证微量组分的稳定性和有效性。

①选择稳定性好的原料。大部分维生素的稳定性受pH、含水量、矿物质、药物存在等因素的影响，应选择经过稳定化处理的维生素原料，如选择经过稳定性处理的维生素K和微粒化的维生素A。在微量元素方面，如采用硫酸盐做原料，应尽量用低结晶水或无结晶水的盐类，也可在加工方法上减少其结晶水。例如可将$FeSO_4 \cdot 7H_2O$和$ZnSO_4 \cdot 7H_2O$烘干到含有1个结晶水，或选用微量元素的氧化物，也可以选择氨基酸螯合物。

②超量添加维生素。当维生素与微量元素在一起时很容易被氧化，在设计复合预混合饲料时，除要注意抗氧化剂的使用外，还要注意维生素的超量添加，一般制成的复合预混料贮藏3个月时，在预混料中维生素宜超量添加，建议超量添加比例，见表4-32。

③控制氯化胆碱的用量。可以采取增加载体或稀释剂比例的方法，把预混料中氯化胆碱用量控制在20%以内，或将氯化胆碱放在配合饲料生产过程中使用。

④加入抗氧化剂等保持剂。在预混料中选择较好的抗氧化剂、防结块剂和防霉剂等保质剂，一般抗氧化剂可按每吨配合饲料加入150 g，防霉剂等的用量按国家规定添加。

⑤增加载体和稀释剂的用量。载体和稀释剂的用量为使复合预混料占到全价配合饲料的1%、1.5%或2%。同时严格控制预混料的含水量，最好不超过5%。

表 4-32 复合预混料中维生素的超量添加比例

维生素	超量添加量/%	维生素	超量添加量/%
维生素 A	50～100	烟酸	5～10
维生素 D_3	40～60	泛酸钙	5～10
维生素 E	20	维生素 B_1	10～15
维生素 K_3	2～4 倍	维生素 B_6	10～15
维生素 B_2	5～10	维生素 B_1	10～15
叶酸	10～15	维生素 C	10～20

(2)氨基酸添加量的确定　添加氨基酸的目的是平衡饲料蛋白质中的氨基酸。因此，在确定氨基酸的添加量时，要考虑基础饲料中的氨基酸含量，根据饲养标准，本着缺什么补什么，缺多少补多少的原则添加。

①重点考虑补充第一和第二限制性氨基酸。以谷物和豆饼(粕)为主配制的猪饲料，赖氨酸是第一限制性氨基酸，蛋氨酸是第二限制性氨基酸。其他类型的日粮添加氨基酸的种类，要视具体情况而定。

②在确定氨基酸的添加量时，要考虑到氨基酸之间的互作关系。盲目地添加氨基酸添加剂会造成氨基酸新的不平衡。各种氨基酸的添加量要按照理想蛋白质原理，根据氨基酸平衡模式来准确计算。氨基酸添加量可参考表 4-33。

表 4-33 复合预混料中氨基酸添加量

预混料种类	赖氨酸		蛋氨酸	
	添加量/(kg/t)	相当于全价料中添加/%	添加量/(kg/t)	相当于全价料中添加/%
肉鸡料	80～150	0.08～0.015	40～80	0.04～0.08
蛋鸡料	0～40	0～0.04	80～120	0.08～0.12
仔猪料	100～150	0.1～0.15	30～50	0.03～0.05
生长肥育猪料	50～120	0.05～0.12		

(3)药物的使用和配合　由于抗生素及化学合成药物的不当使用，导致致病菌抗药性及动物体组织中药物残留等问题日益严重。因此，生产和使用加药的添加剂或预混料时要特别慎重，不得随意生产和使用。国家法律法规是药物性饲料添加剂使用必须遵循的总原则，如要使用《饲料添加剂品种目录(2013)》(中华人民共和国农业部公告第 2045 号)规定的添加剂和我国政府制订的《饲料和饲料添加剂管理条例》《兽药管理条例》等。

2. 复合饲料添加剂预混料配方设计方法和步骤

复合饲料添加剂预混料包括维生素、微量元素、抗生素等促生长物质，以及抗氧化剂、调味剂、酶制剂等。因此，从配方设计上考虑的因素更为复杂，而选择非营养性添加剂的种类及数量，则需要配方技术人员具有丰富的知识和经验，以及来自专家良好的建议。

利用单项原料直接生产复合预混料的设计方法和步骤与维生素预混料的设计过程相似，可以分为：

①确定标准及添加量，确定预混料的添加比例，常见比例有1%、1.5%、2%等。

②选择合适的原料，应考虑原料的有效成分、物理特征等。

③折算出原料在每千克全价料中对应的用量和对应有效成分在预混料中含量及原料用量、百分比。

④选择载体并计算其用量，依据其他各原料总和及添加量可计算出载体的用量及百分比。

3. 复合添加剂预混料设计和配方实例

利用单项原料直接生产复合预混料（以体重20～60 kg生长育肥猪为例）

第一步，确定复合添加剂预混料的组成。

该复合添加剂预混料拟包含微量元素、维生素、赖氨酸、土霉素、风味剂、抗氧化剂（BHT）和防霉剂（丙酸钙）等有效成分。

第二步，确定微量元素预混料的用量和配方。

设微量元素预混料在全价料中的用量为0.5%，则配方设计如表4-34。

表4-34　微量元素预混料配方设计

原料	每千克饲粮中添加量/mg a	原料纯度/% b	元素含量/% c	饲粮中原料的用量/(mg/kg) ($a \div b \div c$) d	在预混料中的百分比/% ($d \div 5\,000 \times 100$) e
$CuSO_4 \cdot 5H_2O$	6	98	25.5	24	0.48
$FeSO_4 \cdot 7H_2O$	100	98	20.1	507.7	10.15
$ZnSO_4 \cdot 7H_2O$	145	99	22.7	624.2	12.48
$MnSO_4 \cdot H_2O$	60	98	22.8	268.5	5.37
1%亚硒酸钠稀释粉/mg	0.3	45.65	1	65.7	1.31
1%碘稀释粉/mg	0.5	76.4	1	65.4	1.31
小计				1 555.5	31.1
载体（石粉）				8 444.5	68.9
合计					100.0

第三步，确定维生素预混料的用量和配方。设维生素预混料在全价料中的用量为0.1%，则配方设计，见表4-35。

表 4-35 维生素预混料配方设计

原料	添加量（每千克饲粮中） a	原料规格（每克含量） b	饲粮中原料用量/（g/kg）（$a \div b$） c	预混料配方/%（$c \times 100$） e
维生素 A/IU	5 000	500 000	0.01	1.00
维生素 D_3/IU	1 000	500 000	0.002	0.20
维生素 E/mg	10.00	500	0.02	2.00
维生素 K/mg	2.00	950	0.002 1	0.21
维生素 B_1/mg	1.00	980	0.001	0.10
维生素 B_2/mg	2.00	930	0.002 2	0.22
烟酸/mg	20.00	980	0.020 4	2.04
叶酸/mg	0.10	850	0.000 12	0.012
维生素 B_{12}/mg	0.01	900	0.000 011	0.001 1
小计			0.057 831	5.783 1
载体(麸皮)			0.942 169	94.216 9
合计			1.000 0	100.00

第四步，确定赖氨酸、土霉素、风味剂和抗氧化剂的添加量及原料用量，见表 4-36。

表 4-36 氨基酸等添加剂的用量换算

原料	在全价料中的添加量	原料规格（有效含量）	原料在全价料中的用量/%
赖氨酸	0.15%	78.0%	0.19
土霉素	50 mg/kg	10%	0.05
风味剂	200 mg/kg	100%	0.02
抗氧化剂(BHT)	0.01%	100%	0.01
防霉剂(丙酸钙)	1 000 mg/kg	100%	0.1
合计			0.37

第五步，确定复合添加剂预混料的用量，选择载体并计算其用量。

拟配复合预混料在全价料中的添加量为 2%，载体选用麸皮。

载体用量＝复合添加剂用量－(微量元素预混料用量＋维生素预混料用量＋氨基酸等添加剂用量)

＝2%－(0.5%＋0.1%＋0.37%)＝1.03%

第六步，整理出复合添加剂预混料配方，注明配方说明。配方计算及结果，见表 4-37。该配方适用于生长育肥猪(20～60 kg)；按 2%的比例将本配方产品添加到配合饲料中并混匀后使用；本配方的产品应保存在阴凉、避光、干燥之处，有效保质期两个月；一旦出现结块、变色或异味，则不能再做添加剂预混料使用。

表 4-37　复合添加剂预混料配方　　%

组分	在全价料中用量	预混料配方
微量元素预混料	0.5	25
复合维生素预混料	0.1	5
赖氨酸	0.19	9.5
土霉素	0.05	2.5
风味剂	0.02	1.0
抗氧化剂(BHT)	0.01	0.5
防霉剂(丙酸钙)	0.1	5.0
载体(麸皮)	1.03	51.5
合计	2.00	100

注:预混料配方(%)=各组分在全价料中的用量÷2×100。

(七)预混合饲料的利用技术

预混合饲料是全价配合饲料的核心部分,中小型饲料厂采用预混料做原料,配制全价配合饲料时应正确运用利用技术。

1. 贮藏条件与时间

一般要求预混料应贮藏在通风、封闭、低湿、阴凉、避光适宜的环境条件下,严防潮湿、雨淋,更不能暴露于空气中甚至放置时间过久。微量元素预混料贮藏期为1～4周,最长不宜超过6个月,而维生素预混料贮藏时间则稍短一些,一般为1～4周,最长不宜超过3个月。

2. 选择与使用期

除通用型预混料外,不同种类的畜禽所使用的预混料不同。因此,要根据使用对象、添加量、饲喂期,正确选择预混料。在配制全价配合饲料时,严格按照推荐配方选择原料和按照比例进行配制。开封后的预混料应尽快使用完,并严格要求在保存期内用完,若超过有效期则不能使用。

3. 混合均匀

添加剂预混料只是配合饲料厂生产的一种中间产品,不能直接饲喂畜禽,必须与基础饲料混合后才能饲喂动物。因此,要求预混料必须与基础饲料充分混合均匀,否则动物采食混合不均的饲料后可能会有部分出现缺乏症或中毒症。

4. 单独贮藏

由于复合预混料中维生素、微量元素、药物及载体间可能会互相影响而导致某些活性成分失活。因此,最好将维生素预混料、微量元素分别单独贮藏,在需要使用前再将其混合,以避免其活性成分的损失,延长成品的使用期。

5. 防止分级

在贮藏过程中尽量减少搬运,以防止出现分级现象。更不宜加入饮水使用。

技能训练

技能一 浓缩饲料配方设计

【目的】熟悉浓缩饲料配方设计原则及基本要求，在规定时间内设计出猪浓缩饲料配方。

【材料】猪饲养标准、常用饲料成分及营养价值表、计算器或计算机、饲料配方软件等。

【步骤】

(1)了解周边畜禽养殖的基本情况，如养殖品种、生长阶段等。

(2)了解本地区常用饲料原料种类。

(3)根据养殖场具体情况和本地区饲料资源情况，为猪设计浓缩饲料配方。

(4)评价饲料配方的合理性。

【考核标准】浓缩饲料配方设计考核标准，见表4-38。

表4-38 浓缩饲料配方设计考核标准

评价项目	评价标准	满分	评价结果	得分
饲养标准的选用	营养指标选择正确，营养水平设定合理	10		
饲料原料选择	原料选择合理，符合饲喂对象的消化生理特点	10		
配方设计方法步骤	方法正确，步骤完整	20		
配方结果	配方结果合理，符合要求	20		
配方价格	价格合理	10		
配方设计时间	在规定时间内完成	15		
实验报告	内容齐全，书写规范	15		
总分		100		

技能二 添加剂预混合饲料配方设计

【目的】熟悉添加剂预混合饲料配方设计的原则及基本要求，在规定时间内设计出添加剂预混合饲料配方。

【材料】猪饲养标准、常用饲料成分及营养价值表、计算器或计算机、饲料配方软件等。

【步骤】

(1)了解周边畜禽养殖的基本情况，如养殖品种、生长阶段等。

(2)了解本地区常用饲料原料种类。

(3)根据养殖场具体情况和本地区饲料资源情况，为动物设计添加剂预混合饲料配方。

(4)评价饲料配方的合理性。

【考核标准】添加剂预混合饲料配方设计考核标准，见表4-39。

表 4-39 添加剂预混合饲料配方设计考核标准

评价项目	评价标准	满分	评价结果	得分
饲养标准的选用	营养指标选择正确，营养水平设定合理	10		
饲料原料选择	原料选择合理，符合饲喂对象的消化生理特点	10		
配方设计方法步骤	方法正确，步骤完整	20		
配方结果	配方结果合理，符合要求	20		
配方价格	价格合理	10		
配方设计时间	在规定时间内完成	15		
实验报告	内容齐全，书写规范	15		
总分		100		

任务二 典型配方分析

表 4-40、表 4-41、表 4-42 和表 4-43 分别列出早期断奶仔猪、断奶仔猪、生长猪和母猪的饲料配方示例，这些配方示例引自《饲料工业手册》(李德发、范石军主编，中国农业大学出版社，2002 年)。

表 4-40 早期断奶仔猪饲料配方示例(KANSAS 州大学) %

成分	0～5 d	5～10 d	10～20 d	20～34 d
玉米	38.69	45.66	51.95	58.72
乳清粉	25.00	20.00	10.00	—
豆粕	12.18	21.30	28.50	34.39
喷雾干燥血浆蛋白粉	6.75	2.50	—	—
鱼粉	6.00	2.50	—	—
乳糖	5.00	—	—	—
大豆油	2.00	2.00	3.00	3.00
喷雾干燥血球蛋白粉	1.75	2.50	2.50	—
磷酸钙	0.70	1.27	1.60	1.48
石粉	0.51	0.77	1.00	0.97
玉米淀粉	0.50	0.50	0.50	0.50
食盐	0.25	0.30	0.30	0.35
维生素预混料	0.25	0.25	0.25	0.25
赖氨酸	0.15	0.15	0.15	0.15
微量元素预混料	0.15	0.15	0.15	0.15
蛋氨酸	0.12	0.15	0.10	0.04
合计	100.00	100.00	100.00	100.00

说明：本配方是为美国等国家集约化养猪采用的超早期隔离断奶(14 ～17 d)方式设计的典型配方。

表 4-41　断奶仔猪饲料配方示例 %

饲料组分	配方 1	配方 2	配方 3
玉米	63.10	60.08	57.23
豆粕	22.00	25.00	28.00
鱼粉	5.00	5.00	5.00
乳清粉	5.00	5.00	5.00
豆油	0.80	0.80	0.80
赖氨酸	0.30	0.21	0.12
蛋氨酸	0.13	0.06	0.05
苏氨酸	0.07	0.02	0.00
磷酸氢钙	1.80	1.75	1.70
石粉	0.80	0.78	0.80
食盐	0.30	0.30	0.30
预混料	1.00	1.00	1.00
合计	100.00	100.00	100.00
粗蛋白质	18.10	19.16	20.22
消化能/(MJ/kg)	13.92	13.51	13.46
赖氨酸	1.21	1.21	1.20
蛋氨酸	0.46	0.41	0.41
苏氨酸	0.83	0.83	0.86
钙	1.00	1.00	1.00
总磷	0.78	0.78	0.79

表 4-42　生长猪饲料配方示例 %

饲料组成	配方 1	配方 2	配方 3
玉米	69.20	58.50	50.00
豆粕	16.10	9.70	3.30
小麦麸	10.37	13.00	12.90
鱼粉	1.50	1.50	1.50
豌豆		15.00	30.30
磷酸氢钙	0.89	0.85	0.85
石粉	0.97	1.00	1.00
食盐	0.20	0.20	0.20
赖氨酸	0.07	0.02	—
蛋氨酸	—	0.03	0.07
预混料	0.20	0.20	0.20
合计	100.00	100.00	100.00

表 4-43　母猪饲料配方示例　%

饲料组成	怀孕母猪	泌乳母猪
玉米	62.30	65.50
小麦麸	20.00	9.00
豆粕	13.00	18.50
鱼粉	—	3.00
磷酸氢钙	1.90	1.80
石粉	1.30	0.80
食盐	0.40	0.24
赖氨酸	0.10	0.16
预混料	1.00	1.00
合计	100.00	100.00

辽宁省某养猪场地处朝阳市北票市上园镇，拥有五个万头规模的大型猪场，年生产饲料12万t，猪场猪群的饲料配方及应用效果如表4-44、表4-45、表4-46、表4-47、表4-48所示。

表 4-44　辽宁省某养猪场猪浓缩料配方Ⅰ　%

饲料组成	饲料				
	仔猪料	大猪料	后备母猪料	催情母猪料	妊娠母猪料
	003	004	201	202	203
豆粕	50	58	60	70	72
去皮豆粕	22	20	15		
鱼粉	10	4	3	4	2
小肽		2			
DDGS			6	6	10
豆油	2	2	1		3
碳酸氢钙	4	2.5	5		4
石粉	4	3.5	5		5
食盐	1.8	1.8	2		2
小苏打	0.4	0.6	0.4		0.4
98 赖氨酸	1	1			
65 赖氨酸	1.5	1.5	1		1
苏氨酸	0.2	0.2	0.2		0.2
预混料	2	2	1		1
植酸酶	1	0.10	0.4		0.2
香味剂	0.05	0.05			
健肌素		0.1			
多维		0.05	0.1		0.04
氯化胆碱		0.5			
强化味素		0.2			
芽孢杆菌		0.04			
羧酸吡啶铬		0.002			
种猪四方预混料				20	
合计	99.95	100.14	100.1	100	100.84

表 4-45 辽宁省某养猪场猪浓缩料配方Ⅱ %

饲料组成	饲料				
	哺乳母猪料 204	仔猪料 403	中、大猪料 404A	中大猪料 404	中大猪料 405
豆粕	67	48	59	59	75
去皮豆粕		30	20	20	
鱼粉	5	6	5	5	3
小肽					
DDGS	10				7
豆油	2	1	1.5	1.5	1
碳酸氢钙	4	3.5	3.5	3.5	3.5
石粉	5	4	4	4	4
食盐	2	2	2	2	2
小苏打	0.4	0.4	0.4	0.4	0.4
98 赖氨酸		1	1	1	1.8
65 赖氨酸	2.5	1.5	1	1.5	0.2
苏氨酸	0.4	0.4	0.2	0.2	2
预混料	1.5	2	2	2	0.2
植酸酶	0.2	0.2	0.2	0.2	0.02
香味剂		0.02	0.02	0.02	
健肌素		0.1	0.1	0.05	
多维	0.04				
氯化胆碱					
甜菜碱					
强化味素					
芽孢杆菌					
羧酸吡啶铬					
种猪四方预混料					
合计	100.04	100.12	99.92	100.37	100.12

表 4-46 辽宁省某养猪场猪浓缩料应用方法

代号	猪群类别	饲料种类	生产体重/kg	比例/%			备注
				本品	玉米	麸皮	
003	仔猪	浓缩饲料	15～50	25	70	5	
004	大猪	浓缩饲料	50～150	25	70	5	特色大猪料
403	仔猪	浓缩饲料	15～50	25	70	5	
404	中大猪	浓缩饲料	50～出栏	20	70	10	
404A	中大猪	浓缩饲料	50～出栏	20	70	10	鱼粉单包装
405	中大猪	浓缩饲料	50～出栏	20	70	10	

续表 4-46

代号	猪群类别	饲料种类	生产体重/kg	比例/%			备注
				本品	玉米	麸皮	
201	后备母猪	浓缩饲料	70～120	25	60	15	
202	催情母猪	浓缩饲料	催情阶段	30	70	—	
203	妊娠母猪	浓缩饲料	配种～分娩	20	55	25	另加油脂
204	哺乳母猪	浓缩饲料	分娩～断奶	25	70	5	

表 4-47　辽宁省某养猪场育肥猪全价饲料配方

饲料组分		生长体重/kg		
		10～20	15～40	40～出栏体重
饲料配合比例/%	微粉玉米(去皮)	34		
	膨化玉米	25		
	玉米		66	65
	麸皮		8	10
	膨化大豆	8		
	鱼粉(直火)	4		
	鱼粉		1	
	豆粕(细粉)	15		
	豆粕		20	20
	乳清粉	8		
	白砂糖	2		
	大豆油	1	1	1
	磷酸氢钙	1	1	1
	石粉	0.7	1	1
	食盐	0.3	0.4	0.4
	98 赖氨酸	0.6	1	1
	苏氨酸	0.1	0.2	0.2
	预混料	0.5	0.5	0.5
	小苏打	0.1		
	乳香素	0.01	0.01	0.01
	氯化胆碱	0.02		
	植酸酶	0.03	0.1	0.1
	强化味素	0.1		
	健肌素			0.015
营养成分	消化能/(MJ/kg)	14.32	13.62	13.54
	粗蛋白质/%	17.81	16.69	16.335
	钙/%	0.90	0.78	0.92
	总磷/%	0.67	0.62	0.37
	赖氨酸/%	1.55	1.88	1.83
	蛋氨酸/%	0.31	0.25	0.23

表 4-48 辽宁省某养猪场育肥猪全价饲料配方应用效果

测体重时间	平均每头体重/kg	料肉比	耗料量/kg
初生重	1.5		
28 d 断奶重	7.6		
42 d 体重	12.2	1.3∶1	
56 d 体重	20.2	1.65∶1	
70 d 体重	28	2∶1	
155 d 体重	105	3.0∶1	
出栏体重	110	2.65∶1	292.4

技能训练

技能三　猪饲料配方设计

【目的】熟悉猪的饲养标准和配方设计原则，会根据不同阶段猪的生理特点选择合理的原料，并在规定时间内设计出猪的全价饲料配方。

【材料】猪饲养标准、常用饲料成分及营养价值表、计算器或计算机、饲料配方软件等。

【步骤】

(1)了解周边猪场的基本情况，如养殖品种、生长阶段等。

(2)了解本地区常用饲料原料种类。

(3)根据养殖场具体情况和本地区饲料资源情况，为猪设计饲料配方。

(4)评价饲料配方的合理性。

【考核标准】猪饲料配方设计考核标准，见表 4-49。

表 4-49 猪饲料配方设计考核标准

评价项目	评价标准	满分	评价结果	得分
饲养标准的选用	营养指标选择正确，营养水平设定合理	10		
饲料原料选择	原料选择合理，符合饲喂对象的消化生理特点	10		
配方设计方法步骤	方法正确，步骤完整	20		
配方结果	配方结果合理，符合要求	20		
配方价格	价格合理	10		
配方设计时间	在规定时间内完成	15		
实验报告	内容齐全，书写规范	15		
总分		100		

》案例分析《

生长育肥猪不同阶段的饲料报酬分析

一、案例简介

广西柳州市某养猪场是一个年出栏 7 000 头生长育肥猪的规模化养猪场。据调查，该猪场将生长育肥猪的饲养阶段划分为哺乳、保育、小猪、中猪和大猪五个阶段，2010—2012 年的生产资料统计显示：生长育肥猪 28 日龄、49 日龄、79 日龄、119 日龄、160 日龄的期末平均体重分别为 7 kg、21 kg、30 kg、60 kg、90 kg，各阶段的日平均耗料量分别为 0.31 kg、0.55 kg、1.12 kg、1.94 kg、1.85 kg，整个育肥期的平均总耗料量为 207.3 kg。结果表明，生长育肥猪在 80～119 日龄阶段之前，耗料量随日龄的增加呈上升态势，之后呈下降态势。请结合模块四猪饲料配方与筛选相关知识和要求，认真分析案例资料，指出生长育肥猪各阶段的平均日增重、料肉比及耗料量变化规律。

二、案例分析

(一)猪的平均日增重、料肉比及耗料量分析

生长育肥猪各阶段的平均日增重、料肉比及耗料量分析，如表 4-50 所示。

表 4-50　生长育肥猪各阶段的平均日增重、料肉比及耗料量

日龄阶段	饲养日/d	期末平均体重/kg	平均日增重/g	平均日采食量/g	料肉比	阶段耗料量/kg	所占比例/%
1～28	28	7	250	313	1.25	8.7	4
29～49	21	14	333	546	1.64	11.5	6
50～79	30	30	533	1 125	2.11	33.8	16
80～119	40	60	750	1 935	2.58	77.4	37
120～160	41	90	732	1 851	2.53	75.9	37
合计						207.3	100

(二)猪的日采食量与耗料量的变化

通过分析表 4-50 可看出：生长育肥猪的日采食量、耗料量，随着日龄的增大而增加，其中哺乳仔猪、保育仔猪、小猪阶段的耗料量只占到总耗料量的 26%，而中猪、大猪阶段的耗料量占到总耗料量的 74%。由此可见，降低生长育肥猪的饲料成本，中猪和大猪阶段是关键。

(三)猪的平均日增重与料肉比的变化

通过分析表 4-50 可看出：生长育肥猪的平均日增重、料肉比随着日龄的增大而增大，并在 80～119 日龄阶段达到最高峰，但就单位体重的相对增重来看，日龄越小，相对增重越快，饲料报酬(料肉比)也越高。由此可见，在生产中降低生长育肥猪的饲料成本，虽然中猪和大猪阶段是关键，但哺乳阶段和保育阶段的充分饲养也至关重要。

生长育肥猪是猪场的主要产品，其生长发育的快慢、饲料报酬的高低和出栏时间的早晚与养猪场生产效益有着密切关系。生长育肥猪日龄小，耗料少，但相对生长快，饲料报酬高；生长育肥猪日龄大，耗料多，但绝对增重快，饲料报酬低。根据这一规律，在养猪生产实践中，应充分利用猪的耗料量、平均日增重和饲料报酬的变化规律，在不同的阶段采取科学的饲养方法，切实提高生长育肥猪的生产效益。

学习评价

一、名词解释

配合饲料　日粮　饲粮　全价配合饲料　浓缩饲料　添加剂预混合饲料　交叉法　试差法

二、简答题

1. 简述配合饲料的优越性。
2. 简述配合饲料设计的原则及设计配方的步骤。
3. 简述仔猪、育肥猪、种猪饲料配方设计的特点。
4. 比较预混合饲料中的有效成分的需要量与添加量的关系，并简述如何正确地确定预混合饲料中的有效成分的添加量？

三、讨论与思考

1. 图示各种配合饲料的相互关系。
2. 猪常用饲料原料配比范围如何？
3. 利用计算器，在 90 min 内，为 60～90 kg 的生长肥育猪设计出一个含 6 种以上饲料原料的全价饲料配方。

信息链接

1. GB/T 16764—2006 配合饲料企业卫生规范。
2. GB/T 5915—2020 仔猪、生长肥育猪配合饲料。
3. GB 14924.1—2001 实验动物 配合饲料通用质量标准。
4. GB 14924.2—2001 实验动物 配合饲料卫生标准。
5. GB 13078—2017 饲料卫生标准。
6. NY/T 1029—2006 仔猪、生长育肥猪维生素预混合料。
7. GB/T 23184—2008 饲料企业 HACCP 安全管理体系指南。
8.《中国饲料成分及营养价值表》(2020 年第 31 版，中国饲料数据库)。

二维码 4-1　饲料配方分类和成分

二维码 4-2　配合饲料国家标准信息链接

模块五

猪饲料加工与设备

学习目标

掌握饲料原料接收、清理、粉碎、配料、混合、制粒、成品处理等各阶段的意义，所用设备及生产工艺流程。

学习任务

配合饲料加工流程只是配合饲料厂基本的生产过程，实际上还会因机械设备及生产技术人员的操作不同，各加工工序的工艺也不同。全价配合饲料粉料加工主要包括原料接收、原料清理、原料粉碎、配料、混合、饲料包装与贮运等工序；若是颗粒全价配合饲料，混合工序之后，尚有制粒、冷却、破碎、筛分等工序。因此，必须完善各工序生产的加工工艺。

任务一　原料接收

原料进厂接收是饲料厂饲料生产的第一道工序，也是保证生产连续性和产品质量的重要工序。原料接收任务是将饲料厂所需的各种原料用一定的运输设备运送到厂，并经质量检验、称重计量、初清入库存放或直接投入使用。

原料接收能力必须满足饲料厂的生产需要，并采用适用、先进的工艺和设备，以便及时接收原料，减轻工人的劳动强度，节约能耗，降低生产成本，保护环境。

饲料厂原料接收和成品的输出工作量都很大，所以饲料厂接收设备的接收能力一般为饲料厂生产能力的3～5倍。此外，原料品种繁多，数量差异较大，包装形式各异，都加重了原料接收工作的复杂性。

一、接收饲料原料类型

(一)按原料及成品的加工特性分类

按原料及成品的加工特性，大致可分为以下几类：

1. 待粉碎组分

待粉碎组分主要有谷物、油料种籽、饼粕等。其多为颗粒状，占总量的70%～80%。

2. 各种谷物及动物加工副产品

如米糠、麸皮、蛋白粉、豆粉、血粉等，占总量的 20%～30%，其状态多为粉状。

3. 容重较大的无机盐类

如硫酸盐、磷酸盐、石粉、盐等，这类物质多有外包装。因盐类对金属有腐蚀作用，并易吸湿结块，所以贮藏时要注意其特性。

4. 液态原料

如糖蜜、油脂、某些液态氨基酸、维生素等。

5. 药物及微量组分

如一些抗生素、抗菌素、维生素、香味剂等。这些物料的特点是品种多、数量少、价格较高，有些品种对人有害，贮藏时要有独立的场所存放和专人管理，不可与其他物料混杂。

6. 生产的成品有粉料、粒料，有包装也有散装

从原料及成品的种类可知，饲料加工中除有少量的液体饲料外，大部分是颗粒状和粉状原料。颗粒体和粉状体统称为散粒体。

(二)按营养功效分类

主要有能量饲料、蛋白质饲料、粗饲料、矿物质饲料、饲料添加剂。

(三)按管理分类

主要有谷物原粮、松软性饲料原料、高密度饲料原料、液体饲料原料、微量组分和药物。

二、原料的几种接收工艺

(一)原料的陆路接收

散装接收工艺：散装汽车或火车入厂的原料，经汽车地中衡和火车轨衡称重后，自动卸入下料坑。然后将原料由水平输送设备、斗式提升机进行输送，再经清理、称量入库贮存或直接进入待粉碎仓或配料仓。其接收工艺一般采用如下方式，见图 5-1。包装接收时则由人工拆包并将料倒入接收料斗，输送进入工作塔。为了保证生产顺利进行，必须保证后道工序设备的处理能力大于前道工序能力的 10%～15%的原则。为使物料均匀地进入初清筛，保证初清筛流量稳定，在初清筛前要设置一缓冲仓。

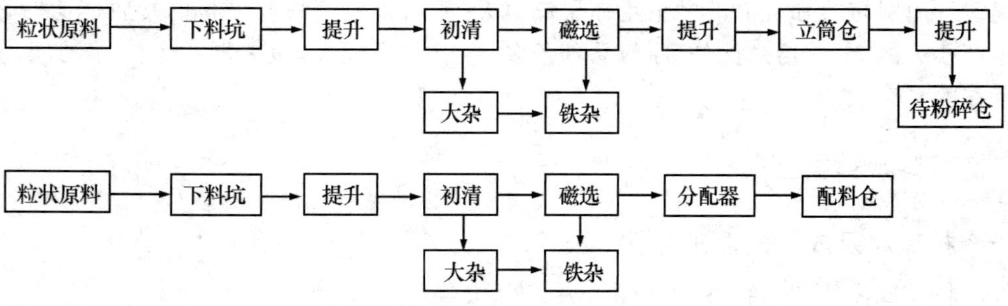

图 5-1 粒状原料接收工艺

饲料工厂中，一般将原料分为两大类，即主原料和副原料。主原料是指谷物类，副原料是

指谷物以外的其他原料，原料接收是指将生产所需原料送入库房、筒仓或液体罐（液态原料，如油脂等）进行贮存的过程。

对于小型的饲料厂，主原料和副原料共用一条接收线；中型饲料厂可设置主原料、副原料各一条接收线；对于大型饲料厂可设置三条接收线，分别用于玉米、粉状料和饼粕料。

汽车下料坑应配置栅栏，它既可保护人身安全，又可除去大的杂质，栅格间隙约为 40 mm。汽车下料坑有两种形式，即深坑和浅坑，由于坑的深度的差异，就有两种不同的除尘设计方法。对于大而深的坑在栅格下面吸尘有较好的效果；而浅坑则在栅格上面吸尘效果较好。对于深坑，原料倾倒时不会将物料堆得超过栅格高度，则在栅下吸风效果好。吸口应装设在坑内不会将物料吸入除尘系统的地方。安装一块固定的挡板，在卸料坑内建造出一个原料不能流动的区域就可减少将原料吸入除尘系统的可能性。对于浅坑，吸尘点应选在车道两面地平面处，或者在辅助卸料坑情况下，吸尘点应放在格栅后面。在不妨碍车辆通行的前提下，吸尘罩应尽可能地安置在接近格栅处。设计时要考虑封闭形式，吸尘罩离格栅的距离、格栅的面积以及车辆的卸料形式，确定最佳的吸风量。

（二）原料的水路接收

在我国南方地区有纵横交错的水网，有发达的水上运输体系，因其费用较低，在有条件的情况下是首选的运输形式，气力运输接收工艺适合于水路运输装卸粮食之用。它的吸管为软管，可适应水位的涨落，同时吸管可以前后左右移动，不受轮船的外形和大小限制，同时也保证了船舶内有良好的卫生条件和船体结构不被损坏。

气力输送装置由吸嘴、料管、卸料器、关风器、除尘器、风机等组成（图 5-2）。在风机风力作用下，吸料装置从船内将物料吸入卸料器，分离出的物料由关风器卸入后序的输送装置或贮料仓。气力输送装置可分为移动式和固定式两种。一般大型饲料厂宜采用固定式的气力输送装置，小型厂可采用移动式的。气力

二维码 5-1　气力输送原理

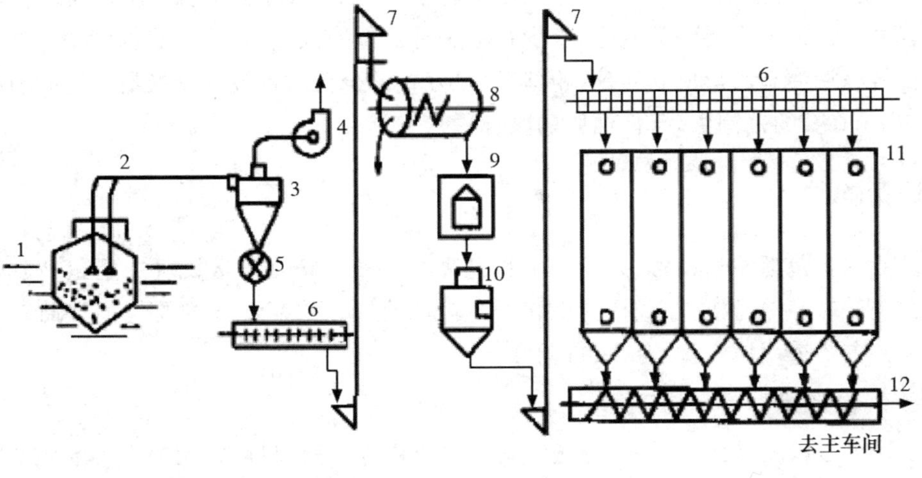

图 5-2　散装原料水路接收线（气力运输）

1. 货船　2. 吸料管　3. 卸料器　4. 风机　5. 关风器　6. 刮板输送机　7. 提升机
8. 初清筛　9. 永磁筒　10. 自动秤　11. 立筒仓　12. 螺旋输送机

输送装置的优点是吸料干净，粉尘少，结构简单，操作方便，劳动强度低，缺点是能耗较高。

(三)液体原料的接收

饲料厂接收最多的液体原料是糖蜜和油脂。液体原料接收时需进行检验，检验主要内容有颜色、气味、比重、浓度等。经检验合格的原料方可入库贮存。

液体原料(如糖蜜和油脂)的接收工艺，见图 5-3。

液料 → 运输罐车 → 接收泵 → 储存罐 → 输出泵 → 车间

图 5-3 液料接收工艺

糖蜜的酸度在 5.5 以上，对钢板几乎没有腐蚀性，但在有水汽凝结于贮罐内壁时则会对罐壁造成腐蚀。在罐顶端要放置大口径的通气管，对于容积小的贮罐至少要设口径 10.0 cm 的通气口两个。贮罐的底部应设置凹槽，吸出泵的吸管就置于凹槽的上面，以吸糖蜜。糖蜜的注入管也应伸到接近罐底，以减少注入时产生气泡。

寒冷地区，必须进行贮罐保温，加热糖蜜，以降低黏度，便于输送。糖蜜加热至 48 ℃即局部开始焦化，所以须使用温水或减压到表压低于 0.1 MPa 的蒸汽进行间接加热。糖蜜的输送可用螺旋泵。糖蜜罐进入厂内后，由厂内配置的泵送入贮罐，罐内有加热装置，使用时先加热，再用工作泵送到车间。

油脂的贮罐有斜底与锥底两种。斜底及锥底主要是为了集中沉积下来的砂杂和水分，使之从最低处排水口排出罐外。而油脂则由略高于底面的管子吸收，以除水污。油脂排出口对斜底罐应至少高于 15 cm，可能时最好为 30 cm；对于锥底罐则应设在高于圆锥部分。贮罐中一般都设置有加热蛇管，蛇管距罐底 15 cm 为宜，油脂排出口距罐底最好 25 cm，排水口在最低点。油脂中夹带水分从 0.5%增加到 3%时，油脂的氧化加速，质量下降，对罐壁的腐蚀力增强。贮罐一般由普通碳素钢制成，壁厚 3 mm 左右。

油脂接收路线与糖蜜基本相同。油脂接收后，使用前加热至 75～80 ℃，如用泵循环，可提高加热速度，使加热时间缩短一半。对于内设搅拌器的贮罐要间隙搅动。搅拌器的性能与贮罐的容积有关。正常工作要经常检查，至少每三个月清洗一次，以防止沉淀物沉积过多。为了避免混合物料添加油脂后形成脂肪球(粉球)。最好在混合机附近设置交换器，给油脂加热，使其保持在 60～90 ℃的范围内，降低油脂的黏性。

三、接收设备的种类

接收设备主要包括输送设备、贮存设备和附属的计量设备。输送设备主要包括胶带输送机、刮板输送机、螺旋输送机、斗式提升机和气力输送装置。贮存设备主要包括立筒仓和房式仓。计量设备主要采用地中衡、台秤、自动秤。

(一)胶带输送机

胶带输送机是以胶带作为承载、输送物料的主要构件，是饲料厂常用的水平或倾斜的装卸输送机械，可输送粉状、粒状、块状和袋装物料。优点：结构简单、工作平衡可靠、操作维护方便、噪声小、不操作被输送物料、物料残留量少，在整个长度上都可以装料，输送量大，能耗低。缺点：难以密封，输送粉料时易起粉尘。

主要组成部分：输送胶带、主动滚筒、托辊、加料与卸料装置、张紧装置和传动装置等，见图 5-4。

输送过程：物料由进料斗进入输送带上，被输送到机器的另一端，若需在输送带的中间部位卸料，需设置卸料小车。

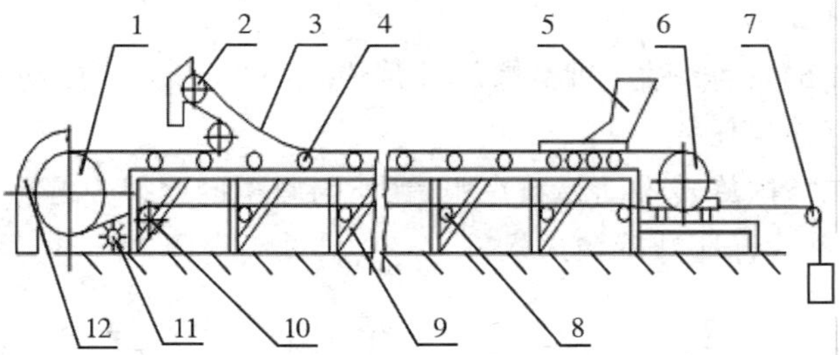

图 5-4　带式输送机结构

1. 驱动滚筒　2. 卸料小车　3. 输送带　4. 上托辊　5. 进料斗　6. 张紧滚筒　7. 张紧装置　8. 下托辊　9. 机架　10. 导向滚筒　11. 清扫装置　12. 卸料装置

(二)刮板输送机

刮板输送机(图 5-5)是利用装于牵引构件(链条或工程塑料)上的刮板沿着固定的料槽拖带物料前进并在开口处卸料的输送设备。

它主要由刮板链条、隔板、张紧装置、驱动轮、密封料槽和传动装置等组成。刮板输送机适合长距离输送大小均匀的块状、粒状和粉状物料。刮板输送有水平和倾斜两种基本输送形式。

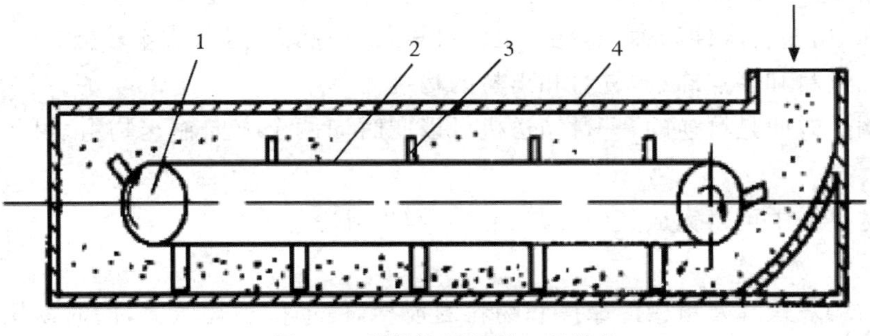

图 5-5　刮板输送机的一般结构

1. 牵引构件　2. 带轮(或链轮)　3. 刮板　4. 机槽

优点：

(1)同胶带输送机相比，它不需要众多的滚动轴承和昂贵的橡胶带，具有结构简单、体积小等优点，其制造、安装、使用和维护都很方便。

(2)由于料槽密闭，物料不会飞扬，因而物料损耗少，工人劳动条件好。

(3)与输送量相同的其他类型输送机相比，料槽截面积小，占地面积也少，既可多点加料，也可多点卸料(最好一个点卸料)。

(4)由于料槽是封闭的箱形，因此刚度大，不需要支承料槽的框架。当跨度大时，只需设置简易支承台即可。

(5)U 形刮板输送机因刮板和料槽为配合的弧形，且用抗磨性强的工程塑料制成，因此噪声低、残留物料极少，使用寿命长。

(6)与螺旋输送机，特别与气力输送装置相比，功耗小。

缺点：

颗粒料在输送过程中易被挤碎，为了安全生产，配置流量控制装置及出口处设置防堵料位器或行程开关。

(三)螺旋输送机

螺旋输送机(图 5-6)常称绞龙，利用螺旋叶片(或桨叶)的旋转推动物料沿着料槽移动而完成水平、倾斜和垂直输送任务。

工作原理：叶片在槽内旋转推动物料克服重力、与料槽的摩擦力等阻力而沿着料槽向前移动。螺旋转速较低的称为慢速螺旋输送机。

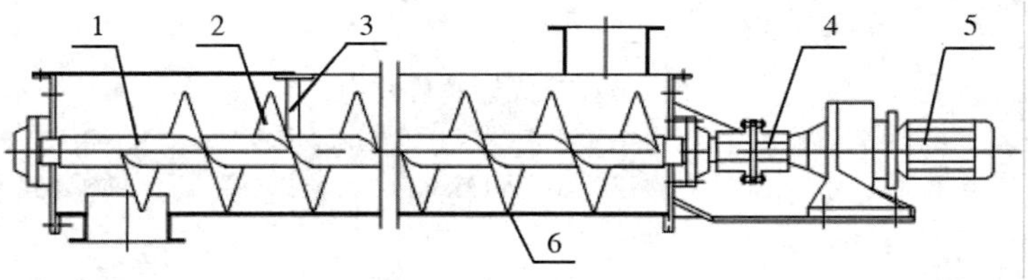

图 5-6 螺旋输送机

1.螺旋轴 2.螺旋叶片 3.悬挂轴承 4.联轴器 5.电机 6.机壳

优点：

(1)料槽是封闭的，适用于不易碎的颗粒料和各种粉料的输送。

(2)结构紧凑，可以挂在天花板上，也可放在地面上，占用位置小。

(3)构造简单，旋转构件和轴承较少，工作可靠，维护操作方便，成本较低。

(4)能多点进料和多点卸料，进料和出料的构件简单。

(5)物料输送方向是可逆的，一台输送机可以同时向两个方向输送物料(可集向中心或远离中心)。

(6)在输送过程中可以完成其他工艺(混合、搅拌或冷却等)。

缺点：

(1)由于物料对螺旋及料槽的摩擦和物料的搅拌，使单位功耗较大，同时易引起物料的破碎，一般不能用它来输送易碎的颗粒饲料。

(2)对叶片和料槽磨损较快，特别是在快速螺旋输送机中，机壳的维修和叶片的更换较为频繁。

(3)对超载较为敏感，进料不均，易造成堵塞现象。

(4)不宜输送含有纤维多的物料(带有较多秸秆、绳头的大杂物)，因这些杂物易在输送过程中缠在螺旋叶片上，使效率降低，甚至发生堵塞。

(5)由于螺旋的刚性要求，螺旋输送机不宜做长距离的输送，慢速螺旋输送机一般在 15 m 以下，它的造价相对来说是比较便宜的；若长度超过 15 m，就要考虑用刮板输送机取代。立式快速螺旋输送机的输送高度一般不超过 5 m，它的生产率也不宜过大，一般不超过 100 t/h。

(四)斗式提升机

斗式提升机(图 5-7)是在环绕驱动轮(头轮)和张紧轮上的环形牵引构件(畚斗带或钢链条)上，每隔一定距离安装一畚斗，通过机头(鼓轮、链轮)驱动而带动牵引构件在提升管中运行，完成物料提升的专用垂直输送设备。

1. 斗式提升机的分类

按其安装形式可分为移动式和固定式；以畚斗深浅可分为深斗型和浅斗型；按畚斗底有无又分为有底型和无底型；近期又出现圆形畚斗；以牵引构件不同可分为链式和带式；以提升管外形不同分为方形和圆形；按卸料方式的不同可分为离心式卸料、重力式卸料和混合式卸料。

2. 斗式提升机的特点

优点：占地很小；提升物料稳定，提升高和输送量大；不易扬尘；与气力输送相比，其优点是适应性强、省电，其能耗仅为气力输送的 1/10～1/5。

缺点：输送物料的种类受到限制，只适用于散粒物料和碎块物料；过载敏感性大，容易堵塞，必须均匀给料。

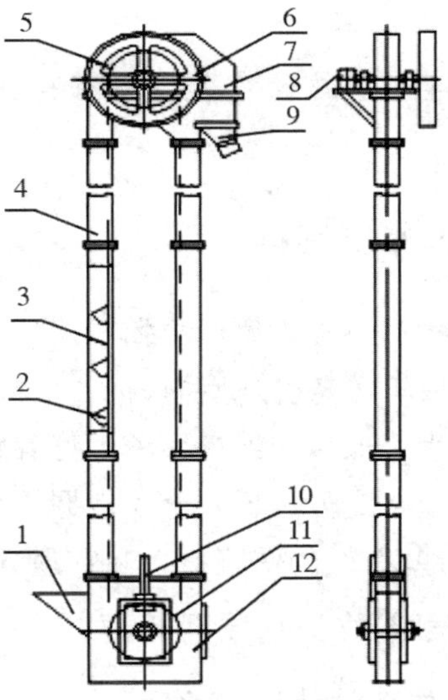

图 5-7　斗式提升机结构

1. 进料斗　2. 畚斗带　3. 畚斗　4. 机筒　5. 头轮　6. 传动机构　7. 机头　8. 止逆机构　9. 卸料管　10. 张紧机构　11. 底轮　12. 机座

3. 主要构件

斗式提升机主要构件有畚斗、牵引构件、提升管、机座和机头等。

四、自流、截流和导流构件及装置

利用物料的自重由上向下输送物料的装置。常见的有：溜槽（滑梯）、溜管（自流管）及分配器。

1. 溜槽和溜管

溜槽是用作袋装物料的降运。分平溜槽和螺旋溜槽两种。

(1)平溜槽　一般用 30～50 mm 木板做成凹形。在实际条件下，由于空间不允许倾斜角做得那样小，常常在溜槽内安上一些缓冲物，以增加袋包与溜槽的摩擦阻力，起到阻尼和缓冲的作用，来达到减速的目的。

(2)螺旋溜槽　用于袋包垂直下滑的装置。饲料原料在溜管中依靠原料自身重力作用流动。溜管的倾斜度必须保证原料能从静止状态自由流动，该倾斜度的大小是原料的滑动角（静止角）亦称溜管倾角。一般情况下，干谷物的溜管最小倾角为 35°。干、冷颗粒的为 45°，而干饲料组分或成品饲料的最小倾角为 60°。溜管一般用钢板制造，其他材料均不具备这种金属材料的固有优点。但是，采用钢材和其他材料输送某些原料时，应予以特殊考虑，如磨损性极强的原料在相对短的时间内就会将普通溜管磨穿。由一个活动溜管和若干个固定溜管组成多分配通道系统。在饲料原料的接收系统中，执行将原料输送导向各个目标料仓的功能。分配器出口溜管最小直径一般为 15 cm。为适应饲料厂扩大生产能力的需要，分配器应预留一些出口。

2. 分配器

有手动旋转分配器、电动旋转分配器和摆动式分配器三种。一般饲料厂采用电动旋转分配器。

五、饲料原料储藏

大批饲料谷物原料在饲料厂的储存期较长，当原料价格、原料运输、季节生产状况以及国家行业政策等条件适宜时，饲料厂应按生产物流计划大批采购饲料原料，以期获得较大的经济效益。为了保持和维护各种类型谷物饲料原料在储藏期间的品质和数量，饲料厂在生产和管理过程中要充分认识和全面掌握谷物原料长期储藏过程中可能出现的各种问题，并利用已有设施条件、有效的储藏技术和管理方法等及时处理各种损害谷物饲料原料品质的因素。

(一)谷物饲料原料储藏

1. 饲料原料储藏温度

谷物饲料原料是有生命活动的籽实，在储藏过程中其自身可以产生热、二氧化碳和水分等物质。谷物饲料原料的水分含量通常与其呼吸作用密切相关，干燥和清洁的谷物饲料原料呼吸速率较低，湿度大并且脏的谷物原料呼吸速率较高，而呼吸速率较低的谷物原料更有利原料的储藏，因为谷物饲料原料清洁度差、湿度高时容易产生大量的热量和水分，从而导致其腐败变质。此外，饲料谷物原料为颗粒状，热传导能力差，在进厂储藏过程中必须采取其他辅助降温措施才能达到降温的目的。

2. 饲料原料储藏湿度

饲料加工厂若想长期储藏谷物饲料原料则必须严格限制原料的较大湿度，如果进厂时原料的湿度过高，超过储藏允许的上限值，需通过自然干燥或人工干燥等方式进行处理，使谷物饲料原料的水分含量达到饲料加工厂的储藏要求。通常环境低湿的地区谷物原料已在田间自然干燥，而在高湿地区原料在自然条件下干燥很难达到进厂储藏时所要求的水分含量，在储藏前需采取有关措施去除水分，而且在高湿环境下要限定袋装或仓储原料的储藏时间，以避免高湿环境对原料的损害。此外，饲料厂在设计和建设金属仓时应采用绝缘材料仓顶，能有效消除仓顶内侧的冷凝现象，防止冷凝水滴下浸湿原料，导致原料变质。当谷物饲料原料的相对湿度维持15%以下，温度低于20 ℃时，原料的品质维护容易控制。

3. 昆虫与霉菌

饲料谷物原料在储藏期间，一旦有适宜的温度和湿度条件，感染原料的昆虫和霉菌将结束休眠开始生长繁衍，昆虫和霉菌的代谢活动会加速产热并产生一系列的相关问题，最终产生热破坏位点。当温度继续升高时，昆虫和霉菌本身会被高温灭绝，但在这种高温条件下，如果不采取有效的措施加以干预，饲料谷物本身的作用会使温度不断升高的同时增加自身的损害程度，并可能导致饲料原料自燃或燃烧。谷物原料在运输和储藏过程中可采用烟雾熏蒸剂做防虫处理，使昆虫的数量控制在危害水平以下，值得注意的是烟熏剂碘甲烷和氧硫化碳防虫效果虽然较好，但操作技术要求严格，在应用时必须由专业人员操作。昆虫受热死亡的温度为40～45 ℃，霉菌相应为60～70 ℃。

4. 异物杂质

仓储谷物饲料原料中含有一定量的异物杂质，这些杂质包括谷壳、草籽和玉米芯碎屑等，它们在储藏过程中趋于集中，更易发热。通常谷物原料中的异物杂质比谷物颗粒小，容易填充谷物颗粒间的空间和间隙，因而经常阻塞谷物原料自然通风和机械通风的路径，影响原料通风散热的效果，使得谷物原料容易发生腐败变质。此外，异物杂质的水分含量一般高于谷物原料的水分含量，这有利于昆虫和霉菌的生长繁衍并引发谷物原料受热损害现象，因此饲料加工厂欲长期储藏谷物饲料原料，必须在储藏前清除谷物中的异物杂质，以避免这些物质诱发的原料储藏损失。

5. 储藏设施防雨

饲料原料储藏环境湿度的变化受多种因素的影响，除了饲料原料本身的水分含量外，雨水渗漏是造成饲料加工厂储藏原料受潮的另一个重要原因。设计安全实用的储藏设施造型和提高设施的安装技术，有利于改善饲料厂雨水渗漏的问题。除此之外，原料储藏设施的类型必须与当地气候条件和地理位置相适应，这样才能起到有效的防护作用。

6. 饲料原料破损

受到机械破坏和损伤的谷物原料更容易导致原料储藏过程中因潮湿、昆虫和霉菌引发的原料变质，而原料的机械破损程度受原料湿度和转运过程的影响。原料储藏过程中不适宜的设备选型、不合要求的机械转运操作是导致原料破损的因素，在一般情况下，比较干燥的饲料更利于储藏，但容易被转运机械破损。饲料厂在储藏谷物原料时，经常使用带式、斗式或螺旋式原料输送设备，这些设备的输送量和输送速度直接影响所输送原料的破损程度，而就所有原料储藏过程的输送设备而言，只要这些设备以满负荷状态运转，原料受到的破损程度就很小，半量运输过程的破损程度比满载时大得多。

7. 饲料原料降温处理措施

饲料厂一旦发现仓储原料升温，应立即采取有效的降温措施把温度降至允许范围。通常用于仓储饲料原料降温的处理措施有两种，即原料转存和原料通风。原料转存散热是把受热的原料从原来的储藏仓转移存放到另一个储藏仓，通过转存使原料的热量得以充分散失，使原料温度降至允许的储藏温度范围。而原料通风降温是把定向的自然风或冷风送入并穿过饲料加工厂里受热的饲料原料，从而实现原料散热降温的一种方式。

8. 饲料原料的特殊储藏方式

①密封储藏：谷物本身是有生命活动的作物籽实颗粒，可以有效利用 O_2 并产生 CO_2。含水量 22%的谷物，经过几天的密封仓储便可耗尽环境中的氧气。

②可控环境储藏：在密闭的仓储条件下，清除仓内 O_2 并用惰性气体取而代之。可控环境储藏所用的惰性气体多为氮气。

③冷藏储藏：饲料谷物温度的低温状态可有效地控制已感染昆虫和霉菌的生长发育。一般仓储谷物适宜的冷藏温度为 17 ℃。

9. 饲料原料储藏时间

饲料原料在厂内的储藏时间一般为 10～20 d，且这一存储时间受原料资源、运输时间、气候条件和储藏容量等多重因素的影响，工作人员应确保较早储藏的原料被较先使用，即遵循先进先出的原则。此外，饲料原料的正确储藏操作亦非常重要，倘若储藏方式不当，其原料品质将大幅下降，因此饲料厂的仓储管理人员必须针对当地地理及气候条件明确所储藏原料的储藏指标，制定并执行保持这些参数的规定和措施，以确保饲料原料的储藏质量。

(二)料仓的选择与仓容量的确定

料仓的功能：原料的接收、贮存、平衡生产，保证生产连续进行、节省人力，并有卸出、倒仓、料位指示等。

1. 料仓的选择

按用途分类：原料仓、中间仓(缓冲仓)和成品仓。按结构分类：立筒仓和房式仓。饲料厂的立筒仓多采用圆形方式，而车间内的配料仓常采用矩形方式。圆形仓与矩形仓相比，在仓容、高度和仓斗倾角相同的情况下，仓壁面积较小；仓斗不存在棱角，有利于排料；仓体结构刚性好。圆形配料仓的缺点是仓群空间利用程度差，仓壁不能互相借用。

(1)立筒仓　优点：便于进行机械化，操作管理方便，占地面积小。缺点：造价高，施工技术要求高。按建筑材料不同可以分为：钢板仓、钢筋混凝土仓、砖砌筒仓。

钢板仓：建造安装速度快，价格低。仓的直径为 4～9 m。高度可达 10～25 m。防火和防虫害性能好。但其易受大气湿度的影响，容易发生腐蚀现象。维修费用较高，隔热性能不好，仓内料温随外界变化较大，多用于工作仓。

钢筋混凝土仓：优点是防火和隔热性能较好，能制成各种尺寸和形状，坚固耐用，维修费用低。缺点是自重大，有吸湿性，密闭性不如钢板仓，建设周期较长，一次性投资大，适用于大规模、长期贮藏物料。

砖砌筒仓：优点是节省材料，造价较低，隔热性能也较好。缺点是自重大，施工周期长。

(2)房式仓　造价低，利于贮存包装物料，但其占地面积大，进料和出料难以实现机械化，并且不利于长时间贮存物料。房式仓大多为平房，有散装和包装之分，在形式上没有很大的区别，只是散装仓壁具有抵抗粮食侧压力的能力。

2. 仓容量的确定

(1)原料仓容量的确定　欧美饲料厂谷物原料贮存量一般为 7～10 d，日本为 1 个月。我国仓容不应超过 1 个月的储备量。

(2)粉碎机上贮存仓　年班产 5 000 t 饲料厂应为粉碎机 1～2 h 的产量。年班产 1 万 t 以上的饲料厂应为粉碎机 3～4 h 的产量。每台粉碎机最好有两个同样仓容的待粉碎仓。

(3)配料仓　仓容量一般是以物料在仓内停留时间不大于 8 h 为宜。大中型饲料厂可按工作 6～8 h 的贮存量计，小型饲料厂则按工作 4 h 的贮存量计算。配料仓个数依配料品种多少而定，并增加一些备用仓。年班产 5 000 t 饲料厂一般是 8～10 个配料仓，年班产 1 万 t 饲料厂一般是 10～12 个配料仓，年班产 2 万 t 饲料厂为 12～16 个配料仓，年班产 4 万 t 饲料厂为 20～24 个配料仓等。

(4)混合机下料仓　容量一般应与混合机的容积相等。

(5)制粒机上料仓　仓容按压粒机 1～2 h 的产量计。为使更换颗粒饲料配方时压粒机不中断工作，可使用两个相同仓容的待制粒仓。

(6)成品打包仓　按打包机 1 h 的生产量计算。

(7)散装成品仓　应保证可同时向 4 个车厢(散装运输车或汽车)发放饲料成品。其总仓容为 1～3 d 的储量。

任务二　原料清理

进入饲料厂的原料，可分为植物性原料、动物性原料、矿物性原料和其他小品种的添加剂。其中动物性原料（如鱼粉、肉骨粉）、矿物性原料（如石粉、磷酸氢钙）、维生素、药物等的清理已在原料生产过程中完成，一般不再清理。饲料厂需清理的主要是谷物性原料及其加工副产品。糖蜜、油脂等液体原料的清理则在管道上放置过滤器等进行清理。

饲料谷物中常夹杂着一些沙土、皮屑、秸秆等杂质。少量杂质的存在对饲料成品的质量影响大。由于成品饲料对含杂的限量较宽，所以饲料原料清理除杂的目的，不单是为了保证成品的含杂不要过量，而是为了保证加工设备的安全生产，减少设备损耗以及改善加工时的环境卫生。饲料厂常用的清理方法有两种。筛选法：用以筛除大于及小于饲料的泥沙、秸秆等大杂质和小杂质。磁选法：用以分除各种磁性杂质。此外，在筛选以及其他加工过程中常辅以吸风除尘，以改善车间的环境卫生。

一、筛选

（一）筛面的结构

筛选即根据饲料原料颗粒与杂质在宽度上或厚度上的不同，利用筛孔分离杂质或将物料分级。小于筛孔的物料穿过筛孔称为筛下物，而大于筛孔的物料由筛上排除称为筛上物。一般情况下，饲料厂清理的是大杂质，即筛上物。

1．栅筛

栅筛由角钢、圆钢、方钢或扁钢做成的栅条平行且以一定的间距排列而成。设在投（下）料口处的栅筛是清理原料的第一道防线，其主要作用是初步清理原料中的大杂物，保护后序设备和工人安全。栅筛的间隙是根据物料几何尺寸而定。玉米等谷物原料应为 30 mm 左右，油饼粕应为 40 mm 左右。同时应保证栅筛有一定强度，通常用厚 3 mm，宽 2 cm 的扁钢或直径 10 mm 的圆钢焊成。应将其固定在投（下）料口上，并保证有 8°～10°的倾角，以便于袋中物料倾出，减少工人的劳动强度。汽车卸料的栅筛由厚 4 mm，宽 5 cm 钢板制作而成。

2．冲孔筛面

冲孔筛面又称筛板，通常是在薄钢板（黑铁皮）或镀锌铁板（白铁皮）上用冲模冲出筛孔制成。是在薄钢板上冲压有一定大小和形状，并以一定规律排成的筛孔而成。筛孔的形状有圆形、圆头长形、三角形等数种。筛面的厚度一般取决于筛孔的大小，筛孔小的筛面其厚度较薄，筛孔大的或受磨损剧烈的筛面应适当加厚，以使筛面有足够的强度。过厚的筛面，筛理时筛孔易于堵塞，过薄则强度不够，一般筛面的厚度为 0.5～1.5 mm。

3．编织筛面

编织筛面可由金属丝（如钢丝、镀锌铁丝等）、化学合成丝编织而成。编织筛面的筛孔有长方形、方形两种。编织筛面所用金属丝的粗细，根据筛孔大小而定，一般直径为 0.5～1.5 mm，粉料、粒料均可使用。振动分级筛通常采用此种筛面。

(二)筛分原理

采用筛理机械可清除饲料中的杂质,也可进行饲料的分级筛理。筛理是根据物料粒子的粒形、宽、厚等方面的差别,使它们一部分通过筛面成为筛下物,另一部分留于筛面上成为筛上物,从而使饲料与杂质分离,达到去除杂质的目的,或使不同大小、不同形状的饲料分开,以进行分级处理。

采用圆孔筛或方孔筛,可按颗粒宽度不同进行分离。饲料颗粒或杂质的宽度小于筛孔直径,在筛面上滑动时,宽度小的物料到达孔中时颗粒树立,顶端向孔下而穿过筛孔,成为筛下物;宽度大于筛孔直径的物料成为筛上物。选用长孔筛,可按颗粒厚度不同进行分离。厚度小于筛孔厚度的粒料或杂质,在筛面上滑动时,倾斜翻转而穿过筛孔,成为筛下物;厚度大于筛孔厚度者不能穿过筛孔成为筛上物。对于一些特别长的绳头、秸草等柔性杂质在筛理时会挂在筛孔上,一般要由人工及时除去。

从物料过筛状况的分析中可得出筛理的必要条件是:颗粒在筛面上要有相对滑动;应过筛的颗粒要有机会接触到筛孔;如按宽度分离,则必须使欲过筛的颗粒直立起来进入筛孔;如按厚度分离,则必须使欲过筛的颗粒顺延筛孔长度,侧过身来进入筛孔。

将以上筛理必要条件归结为筛理三要素:①物料和筛面有相对运动;②需过筛物和筛面接触;③有合适的孔形和尺寸。

(三)常用的筛选设备

1. 圆筒初清筛

圆筒初清筛(图 5-8)是国内目前使用较为普遍的是 TCQY 系列圆筒初清筛。其广泛应用于饲料厂、粮食加工厂、粮食立筒库及其他行业的原料接受清理。主要用于清除大的杂质如稻草、麦秆、麻绳、纸片、土块、玉米叶、玉米棒等杂物,以改善车间环境,保护机械设备,减少故障或损坏。该系列根据圆筒直径大小不同有 5 个产品,生产能力为 10～80 t/h。TCQY 系列圆筒初清筛具有产能高、动力消耗少、结构简单、占地面积小、易于安装维修、调换筛筒方便等特点。

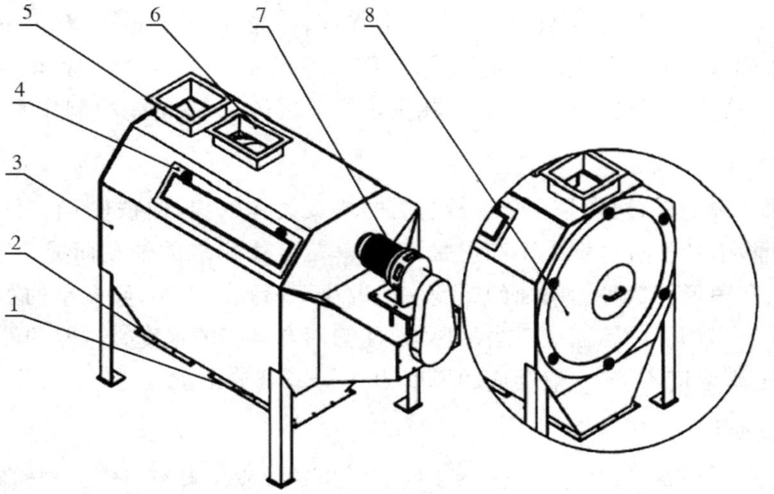

图 5-8 圆筒清理筛

1. 出料口 2. 大杂出口 3. 机壳 4. 观察窗 5. 进料口 6. 吸风口 7. 电机 8. 端盖

该系列初清筛主要由冲孔圆形筛筒、清理刷、传动装置、机架和吸风口等部分组成。工作时原料由进料口经进料管进入筛筒内部，筛筒旋转时，穿过筛筒的筛下物从出口流出，通不过筛筒的大杂质在圆筒筛内部的导向螺带作用下，被引至位于进口通道下方的大杂口排出机外。导向螺带不仅有助于排出大杂废弃物，并且起到阻止物料同筛上物流出的作用。上设吸风口可与中央吸风系统连接，防止尘土飞扬，清理刷可以清理筛筒，防止筛孔堵塞。冲孔圆形筛筒是主要工作部件，由主轴呈悬臂状支撑。整个筛筒分前后两段，靠近轴端的半段多用 20 mm×20 mm 方形筛孔，可使粒料较快地过筛；而靠近出杂口的半段常用 13 mm×13 mm 的较小方形筛孔，以防止较大杂质穿过这段筛孔而混入谷物中去。

2. 圆锥粉料清理筛

圆锥粉料清理筛（图 5-9）主要用于饲料厂粉状原料如米糠、麸皮、鱼粉等原料的清理，可有效地分离混杂于粉状原料中的秸秆、石块、纸片、结团的大杂物，以使物料能顺利地通过其他设备，有效地保证后段加工设备及输送设备的正常工作。该机还可用于混合后的物料的筛理，打碎和清除团状物料，以保证配合饲料的质量。国内生产的圆锥粉料清理筛为 SCQZ 系列。

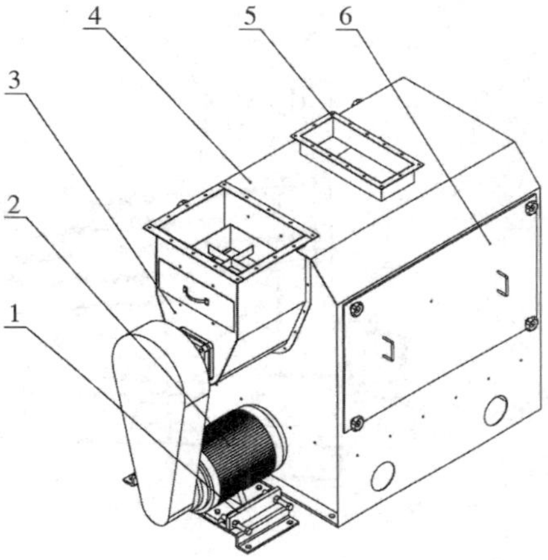

图 5-9　圆锥粉料清理筛的总体结构

1. 电机底座　2. 电机　3. 进料斗
4. 箱体　5. 吸风口　6. 检修门

圆锥粉料清理筛由筛体、转子、筛筒和传动装置等部件构成。筛体包括进料斗、筛箱、操作门、出料口和端盖等组成。转子是主要工作部件，它是由打板、刷子、托架、主轴及喂料螺旋等组成。主轴上装有托架，托架的顶端有打板和清理刷。打板与主轴以一定倾斜角安装。打板和刷子与筛筒内表面的间隙可通过调节螺栓予以调节。主轴顶端安装喂料螺旋，将来料强制推入筛筒内。筛筒由两片曲成半圆的冲孔筛板组成，由压条和螺栓连接成圆锥体筛筒并固定在箱体内的固定圈上。

圆锥粉料清理筛是连续工作的，当喂料螺旋将需清理的粉料强制推入筛筒后，粉料受到螺旋打板的冲击作用使粉料中的结团物料打碎，同时，粉料在打板的推动下与打板一起绕筛筒内表面做圆周运动。在打板的压力和物料离心力的作用下，小于筛孔尺寸的粉料迅速穿过筛孔，从出料口排出，杂质则成为筛上物在倾斜打板的作用下向大杂出料口方向移动，最后由排杂口排出。SCQZ 型圆锥粉料清理筛，其打板倾角一般为 5°～8°。机型较大的取大值，小的取小值。转子以转速 300～400 r/min 运转，机型大时转速小。圆锥粉料清理筛运转平稳，占地面积小，能有效地将粉料中含有的石块、纸片、秸秆等清理出去，但原料中含有的绳头、叶片等长形柔性杂质易缠绕在进料螺旋中心轴上，工作中应及时去除，见图 5-10。

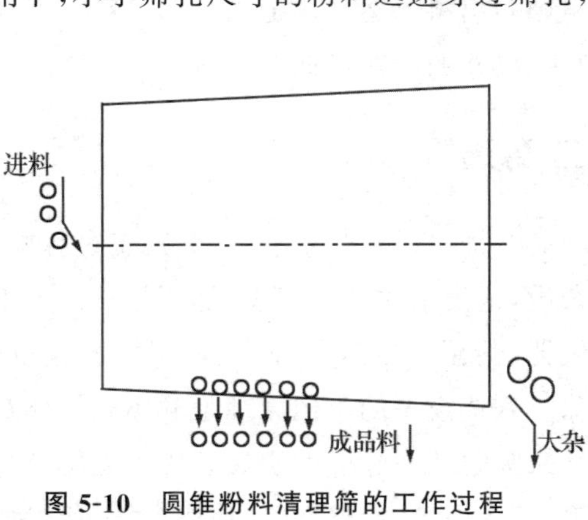

图 5-10　圆锥粉料清理筛的工作过程

3. 回转振动分级筛

回转振动分级筛(图 5-11)主要用于饲料厂的粉状物料或颗粒饲料的筛选和分级,也可用于饲料厂原料的初清,以及大、中型饲料厂二次粉碎后中间产品的分级。该机采用偏重平衡法,使筛体运动过程中水平方向的惯性力得到完全平衡,因而振动小,噪声低。由于该机综合了圆运动、椭圆运动和往复直线运动的优点,并设有筛面清理装置,因而该机具有产量大、筛分效率高、能耗小、操作简单等特点。回转振动分级筛主要由机架、驱动装置、筛箱、尾部支撑机构等部件构成。

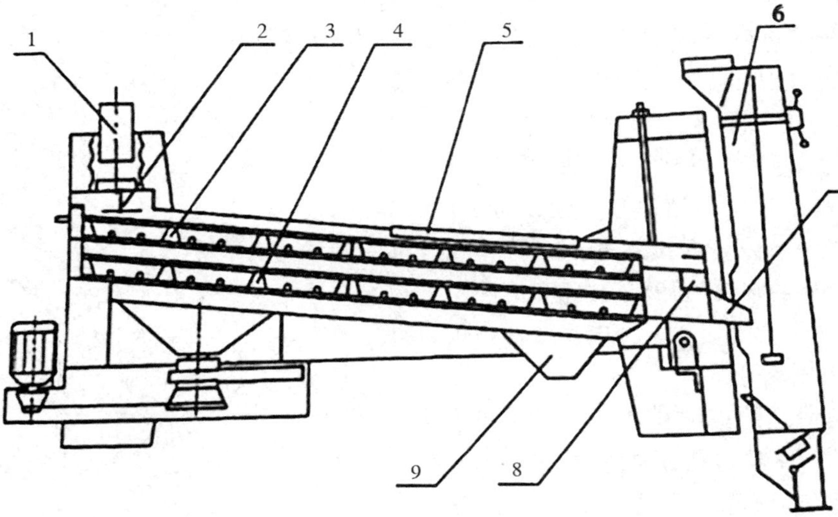

图 5-11 回转振动分级筛

1. 物料进口 2. 可调分流淌板 3. 上层筛格 4. 下层筛格 5. 观察窗 6. 垂直吸风器 7. 净料出口 8. 大杂质出口 9. 小杂质出口

物料从进料口集中进入筛体,在进口筛体圆周运动的作用下,使物料迅速分布在整个筛面上,并产生自动分级,物料在进料端运动轨迹为横向椭圆(椭圆长轴沿筛宽方向);随着物料的运动,其运动轨迹逐渐由横向椭圆变为圆、纵向椭圆,最后在出料口物料作近似往复直线运动。物料在运动过程中产生自动分级,使料层下面粒度较小的物料迅速过筛,而上面粒度较大的物料则向出料端运动。随物料向出料口移动,筛体由圆周运动向往复直线运动转化,从而使大于筛孔尺寸的颗粒迅速向出料口方向移动,直到排出机外,完成物料的整个筛分。

二、磁选

在饲料原料收获、储运和加工过程中,难免混入铁钉、螺母、垫圈、钢珠和铁块等磁性金属杂质,这类杂质如不清理,随原料进入加工设备中,不但会造成设备的加速磨损,而且容易损坏机器,甚至造成设备和人身事故,而且也会影响饲料成品的质量。因此必须在清理时将其清除。磁选设备的工作原理是利用磁性体对磁性金属杂物(钢、铸铁、镍、锰、钴及其合金)的吸附性来吸附并清除磁性金属杂质。磁体有电磁体和永磁体两大类,由于新型稀土永磁材料磁性强、不易退磁、价格便宜、使用方便,所以现在饲料行业几乎全部使用永磁体制作的磁选设备。

（一）基本原理

磁选是利用磁场的吸引力分离磁性杂质的方法。磁性金属杂质具有极易被磁化的性质，而饲料原料为非导磁物质，混入饲料中的磁性金属杂质被磁化后，与磁场的异性磁极相互吸引而与饲料分离。磁铁通常采用永久磁铁。

（二）常用的磁选设备

1. 简易磁选器

简易磁选器有磁板、篦式磁选器。它们一般安装在溜管外侧或进料口处管道中。在有些设备的喂料器上也带有磁板（如粉碎机的叶轮喂料器上和制粒的螺旋喂料器后）。

2. 永磁筒

永磁筒由外筒、内筒（磁芯）、外筒门三部分组成，见图 5-12，外筒通过上、下法兰与输料溜管连接。磁芯是由永久磁铁和导磁板组装而成的圆柱体（顶部装有锥形帽），并用托板固定在外筒操作门上。生产时，物料流经永磁筒，料中的磁性金属杂质被磁芯吸住，净化后的物料由下口排出，进入下一道工序。

永磁筒的优点是结构简单，价格低廉，安装方便，无须动力，除铁效率高，磁芯采用稀土永磁材料制成，磁场强度在 3 000 高斯以上，除铁效率大于 99%，是饲料厂、粮油加工厂和粮库中物料除铁的理想设备。缺点是每班生产结束时，须进行人工清理（打开外筒操作门，将磁芯转到筒外，清理被磁芯吸附的磁性金属杂质后复位）。

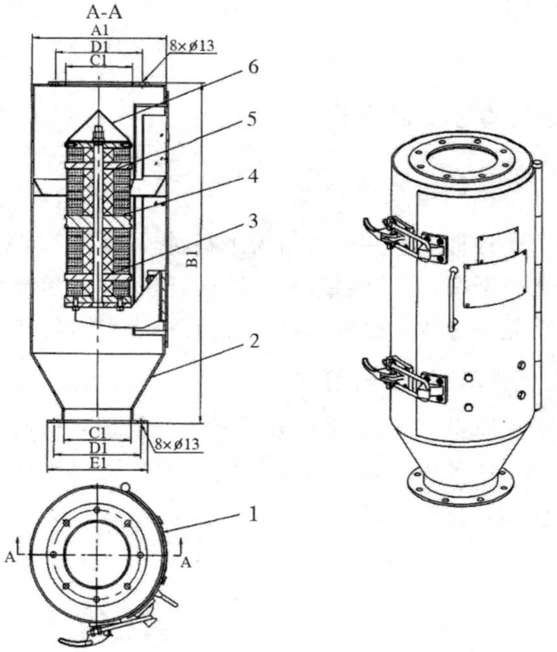

图 5-12　永磁筒

1. 门　2. 外筒体　3. 极板 A　4. 极板 B　5. 永磁体　6. 顶罩

3. 永磁滚筒

永磁滚筒（图 5-13）主要由进料口、流量调节门、旋转不锈钢筒、永久磁铁滚筒驱动装置、机壳、出料和铁杂出口等部分组成。

生产时，物料经流量调节门沿进料淌板流经滚筒时，铁杂被磁铁芯组所对应的滚筒外表面吸住，并随滚筒转动而被带到无磁区。由于该区的磁力消失，铁杂自动落下后从铁杂出口排出，而被清理的物料则从出料口排出。

它的优点是能自动清理铁杂，但缺点是结构比较复杂、需要动力、价格较贵、由于物料和铁杂质不直接接触磁性体所以除铁效率偏低，现在已基本不用。

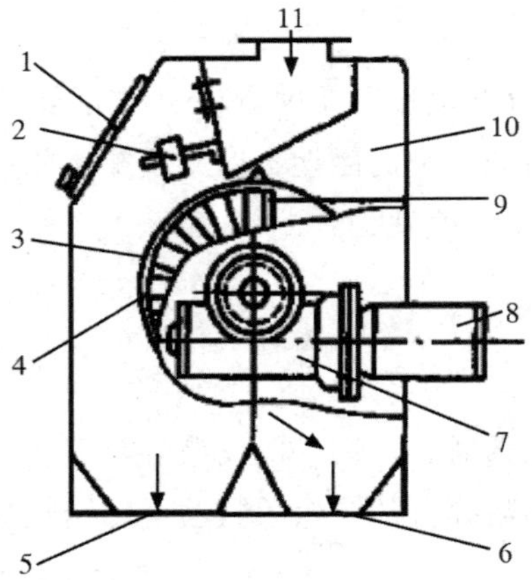

图 5-13　永磁滚筒磁选机

1.观察孔　2.压力门　3.滚筒　4.拨齿　5.出料　6.铁杂出口

7.减速　8.电动机　9.磁铁　10.机壳　11.进料口

三、清理工艺流程

(一)进仓前清理

这种工艺一般为白天进料,提升设备和清理设备配备功率较大,进入仓内的原料杂质少,比较干净,流动性好,利于贮藏,但若除杂后计量,不利于工厂产量和成本核算。原料进厂后,首先经过斗式提升机提升,经筛分、磁选,再经斗提机提升入料仓。

(二)进仓后清理

原料进厂后,首先经斗式提升机送入料仓,生产时,原料经输送进入初清、磁选和下一道工序。这种工艺清理设备可以和主车间结合起来,用不着配备那么大,但该工艺使毛粮进入筒仓,不利于贮藏。

任务三　饲料粉碎

一、粉碎的定义与作用

粉碎是通过撞击、剪切、研磨或其他方法使饲料颗粒变小的过程。它是利用机械的方法克服固体内部的凝聚力将物料大块破碎成小块,其变化一般是几何形状的变化。粉碎工序的动力消耗占全厂动力消耗的 30%～50%。

微粉碎是将物料粉碎至全部通过 0.42 mm 筛孔(40 目筛)的粉碎。主要用于加工水产饲料和饲料添加剂。

超微粉碎是将物料粉碎至 95%通过 0.15 mm 筛孔(100 目筛)的粉碎。主要用于加工特殊水产饲料和饲料添加剂。何谓“目”:网目是表示标准筛的筛孔尺寸的大小。在泰勒标准筛中,所谓网目就是 2.54 cm(1 in)长度中的筛孔数目,并简称为目。所以目数越大,孔就越小。

二、粉碎的目的

1. 养殖的需要

增大原料表面积，有利于动物消化吸收。动物营养学试验表明，粉碎了的谷粒增大了它与动物消化液的接触面积从而提高了消化率，节约了饲料，但并非越细越好。对不同的畜禽有不同的合适的粒度范围，可参照对应的国家标准，如猪吃的饲料粒度较细。

2. 便于混合均匀

为了生产出营养合理的全价配合饲料，各种原料要求混合均匀，粒度差异大的物料是难以混合均匀的。未经粉碎的大颗粒会在加工过程及以后的输送、搬运、喂养时产生自动分级与离析，严重影响饲料产品质量和喂养效果。对于微量元素及一些小组分物料，只有粉碎到一定的细度，保证其有足够的粒数，才能满足其混合均匀度要求。

3. 便于压制成颗粒

饲料粉碎后，有利于进行水热处理，使饲料软化，容易压制成型。不粉碎的大颗粒原料无法进入压模进行制粒。

三、粉碎的方法

粉碎是依靠机械力将物料由大粒破碎成小粒的一种工艺，粉碎分支承粉碎和无支承粉碎两大类，粉碎谷物和豆粕等饲料原料，常用的粉碎方法有击碎、磨碎、压碎、锯切碎等，见图 5-14，或以某种粉碎方法为主，其他方法为辅。

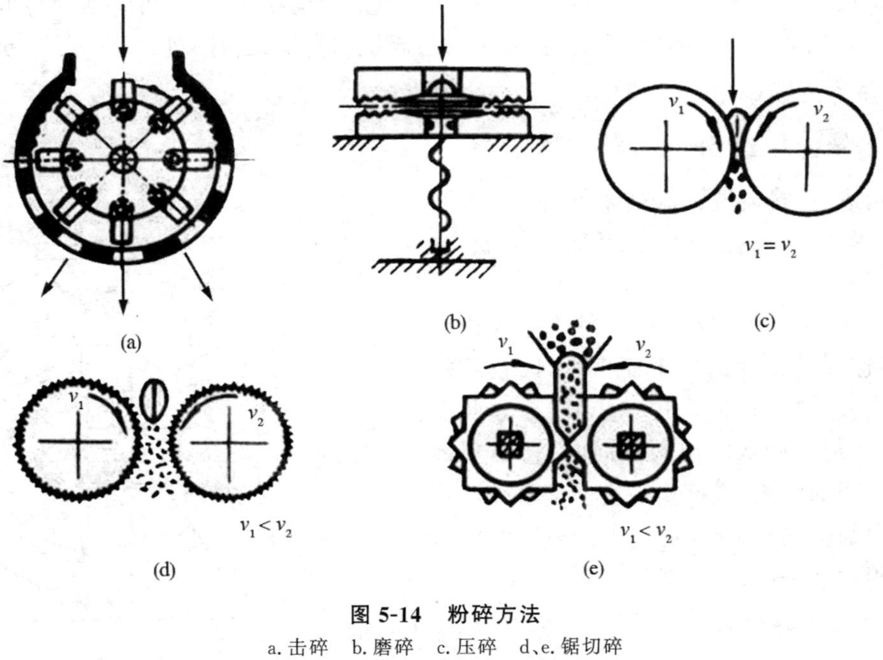

图 5-14　粉碎方法

a. 击碎　b. 磨碎　c. 压碎　d、e. 锯切碎

1. 击碎

击碎是利用安装在粉碎室内许多高速回转的工作部件（如锤片）对饲料粒撞击而使其破碎

的方法。锤片末端线速度为 60～120 m/s，具有很大的动能。此方法的优点是生产效率高，对不同的物料不同的粒度适应性强（除了潮湿的物料外），可以一次达到粉碎的粒度要求；缺点是能耗较高（因为它是无支承粉碎）。利用此原理工作的锤片式粉碎机在饲料厂粉碎工段中应用最广。

2. 磨碎

磨碎是利用两个有齿而坚硬的磨盘，对物料进行挤压、切削和摩擦。利用磨盘的压力和相对运动来破碎饲料，磨盘可以用石头做成（石磨），现在大多采用的是金属制成的钢磨。工作部件可以呈圆盘形或圆锥形。其中一个磨盘可以是固定的，另一个磨盘转动，或者两个磨盘都转动，而转向相反。磨碎可以通过调节两个磨盘之间的间隙加工出不同粒度的成品，但会含有大量粉末，料温也较高，而且成品中含铁量较高。优点是价格低、能耗较小。目前在配合饲料中应用较少。

3. 压碎

颗粒在两辊的压力下被压碎，脆性物料容易被压碎，但韧性物料不容易被压碎，只能被压扁。

4. 锯切碎

利用两个表面带有齿槽的压辊以不同的转速相对转动，将物料颗粒进行锯切而使其破碎。面粉加工用的磨粉机和饲料厂的颗粒饲料碎粒机就是用的这一原理工作的。有锐利切削角的磨辊，可以获得各种不同要求的成品粒度（与两辊齿形及间距有关）。其优点是能耗低，缺点是不能一次就达到成品粒度要求；也不能用来加工含油或含水量大的物料，这会使齿槽堵塞。

四、常用的粉碎设备

粉碎机的种类很多，分类方法也很多。按粉碎机的结构特征不同，可将其分为锤片式粉碎机、爪式粉碎机、磨盘式粉碎机、压扁机、对辊式粉碎机和齿辊式粉碎机。

（一）锤片式粉碎机

1. 一般构造与工作过程

一般构造：供料装置、机体、转子、齿板、筛片（板）、排料装置以及控制系统等部分构成，见图 5-15。

工作过程：工作时，原料从喂料斗进入粉碎室，受到高速回转锤片的打击而破裂，以较高的速度飞向齿板，与齿板撞击进一步破碎，如此反复打击，使物料粉碎成小碎粒。同时，还受到锤片端部与筛面的摩擦、搓擦作用进一步粉碎。较细的颗粒由筛孔漏出，留在筛面上的较大颗粒再次受到粉碎，直到从筛孔中漏出。

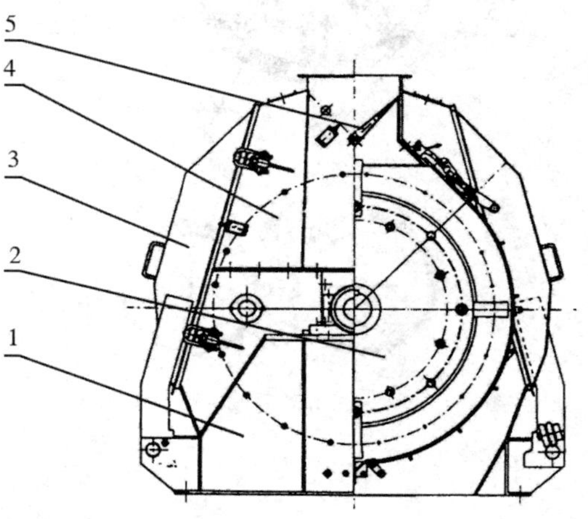

图 5-15 锤片式粉碎机结构示意图

1. 机座 2. 转子 3. 操作门
4. 上机壳 5. 进料导向机构

2. 锤片式粉碎机的分类

锤片式粉碎机按进料方向可以分为切向喂入式粉碎机、轴向喂入式粉碎机、径向喂入式粉碎机三种，见图 5-16。

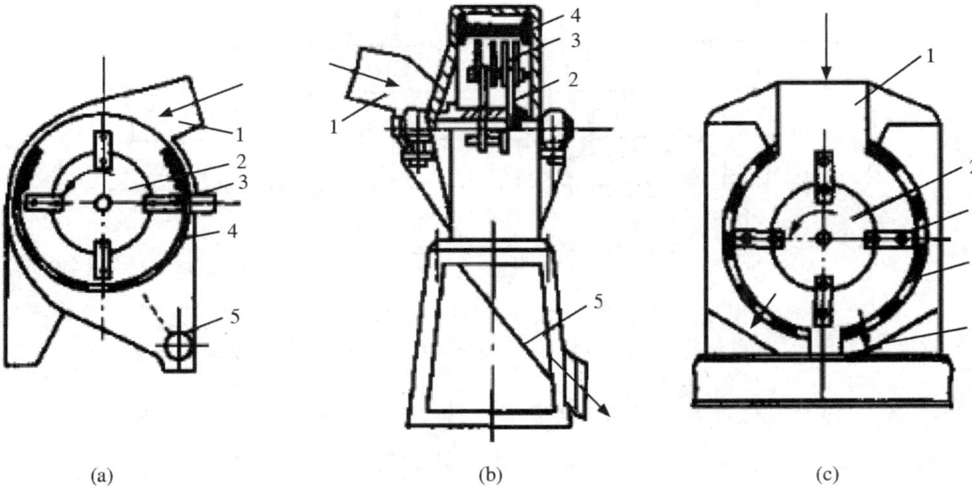

图 5-16　锤片式粉碎机的类型

a. 切向式　b. 轴向式　c. 径向式

1. 进料门　2. 转子　3. 锤片　4. 筛片　5. 出料口

切向喂入式粉碎机：由切线方向喂入饲料，在上机体安有齿板，故筛板包角一般为 180°，可以粉碎谷粒、油饼粕、秸秆等各种饲料。常附有卸料筒和风机，广泛用于农村和小型加工企业。

轴向喂入式粉碎机：多为自吸喂入式。筛片包角为 360°，可以用于加工秸秆饲料。

径向喂入式粉碎机：整个机体左右对称，转子可正反转工作。筛片包角较大，可达 300°，利于出料。进出料口可与外界隔绝，便于自动控制。多用于大、中型配合饲料厂。

按某些部位的变异，又有两种特殊类型：水滴式粉碎机、无筛粉碎机。

3. 主要构件及其要求

①供料装置：有重力进料和强制进料两种方式，强制进料又分为人工进料、负压进料和机械进料。

重力进料：在粉碎机上方安置一定容量的料斗，底部闸门通过手动控制进料量。虽然其结构简单但难以准确及时调节，多为小型粉碎机采用。

人工进料：粉碎机进口处设置一倾斜槽，借助人手喂入饲料。虽然进料量可人为调节，但存在喂料不均匀的缺点。

负压进料：粉碎机自带风机或配有专用风机，使机内和送风管道内形成足够负压，向粉碎机供料。其功耗有所增加，大中小型粉碎机均可采用。

机械进料：常用的进料机械有螺旋供料器、自动控制给料器和电磁振动供料器。

②锤片（图 5-17）：是粉碎机最主要的易损部件。

矩形锤片：形状简单，容易制造，使用寿命较长，得到了最广泛的应用。它有两个销孔，可轮换四个角来工作。在角边堆焊碳化钨或特殊的耐磨合金，可延长使用寿命 2～3 倍，但制造成本较高。

阶梯形锤片：耐磨性差，粉碎效果好。

尖角形锤片：适用于粉碎牧草等纤维状物料，耐磨性差。多角形锤片与尖角形锤片相似。

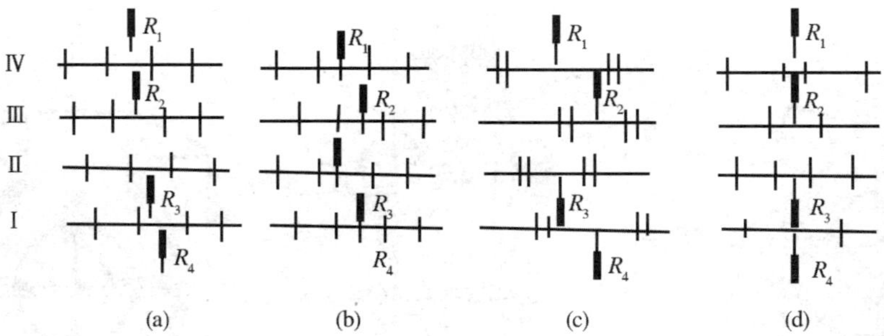

图 5-17 锤片排列方式

a. 螺旋线排列 b. 对称排列 c. 交错平衡排列 d. 对称交错排列

环形锤片：工作中自动变换工作角，磨损均匀，使用寿命较长，但制造复杂。

复合钢矩形锤片：制造简单，使用寿命长，但需特殊材料。

③齿板：可以阻止饲料环流层的运动，降低饲料在粉碎室内的运动速度，增加对物料的碰撞、搓擦作用，特别是纤维含量多，韧性大，温度高的物料作用更明显。

④筛板：有圆柱形孔、圆锥形孔和鱼鳞孔筛。按筛板的配置形式又将其分为：底筛、环筛和侧筛。根据筛孔孔径将其分为四个等级：小孔 1～2 mm，中孔 3～4 mm，粗孔 5～6 mm，大孔 6 mm以上。猪饲料加工一般使用 3～4 mm 孔径的筛孔。

国家标准中筛板号表示筛孔直径毫米数乘以 10。

⑤排料装置：排料装置必须及时把已粉碎的物料排出并输送走，保证连续作业和高效率生产，使粉碎室产生一定负压。粉碎机排料方式有三种：自重落料、气力输送出料和机械输送出料。

自重落料：结构简单，造价低廉。但粉碎物料的排风、分离、输送不好解决。多用于小型粉碎机单机，饲料厂不宜采用。

气力输送(负压吸送)出料：优点是可吸走物料中的水分、冷却、提高筛片的筛落能力。缺点是能耗大、成本高。

机械输送(加吸风)出料：可控制粉尘外逸，降温去水，防止过度粉碎，提高产量，降低能耗。应用的最广泛。

4. 锤片式粉碎机的特点

锤片式粉碎机结构简单，通用性好，适应性强，生产率高，使用安全，可一机多用，价格便宜，维修技术要求不高。因此大中小型饲料厂普遍采用。

(二)爪式粉碎机

1. 构造

爪式粉碎机(图 5-18)是利用固定在转子上的齿爪粉碎物料的。它主要由进料斗、动齿盘、定齿盘、包角 360°的环筛和排料口等组成。定齿盘上有两圈齿爪，齿的断面呈扁矩形，动齿盘上安装有三圈齿爪，其横截面呈圆形或扁矩形。

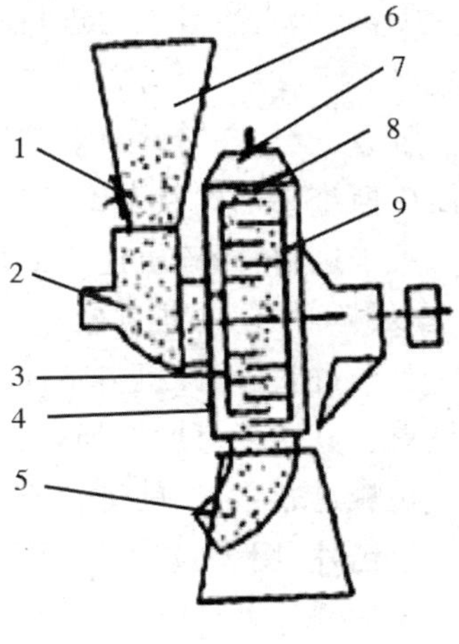

图 5-18 爪式粉碎机结构

1. 流量调节板 2. 进料管 3. 定齿盘 4. 侧盖 5. 排料口 6. 进料斗 7. 机体 8. 筛板 9. 动齿盘

2. 工作过程及特点

工作过程：工作时，料斗的物料借自重和负压吸力而进入粉碎室的中央，受离心力和气流作用自内圈向外圈运动，同时受到动、定齿爪和筛片的冲击、剪切和搓擦、摩擦作用而粉碎，合格的粉料通过筛孔而排出机外；粗粒继续受到打击，直到通过筛孔为止。

特点：爪式粉碎机体积小、重量轻，可以进行微粉碎。但其功耗大，爪齿易磨损，工作可靠性差，工作时噪声大。适用于加工玉米、高粱、大豆饼粕等以及经预先切碎的茎秆和藤蔓饲料，也可用于粉碎矿物盐，但其对纤维性物料适应性差。

(三)对辊式粉碎机

结构：铸铁机架、喂入辊、喂入机构、上下磨辊、清洁刷及其调节机构、传动机构，见图 5-19。

工作过程：原料连续地从喂入斗进入喂入辊形成薄层导向辊的工作间隙，原料在一对成反向回转的辊筒表面作用下进行粉碎，粉碎后的物料落入机器下方被排出机外。

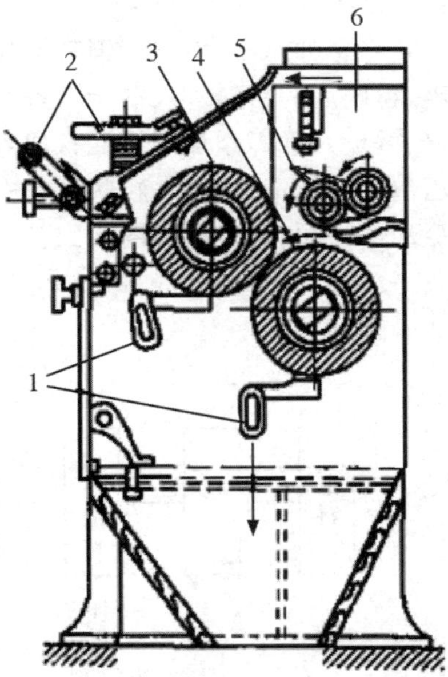

图 5-19　对辊式粉碎机

1. 清洁刷　2. 清洁刷的调节机构　3. 上磨辊　4. 下磨辊　5. 喂刀辊　6. 喂入门

五、粉碎工艺流程

(一)根据粉碎和配料的组合形式分类

1. 先粉碎后配料工艺

需要粉碎的原料通过粉碎设备逐一粉碎成单一品种的粉状饲料原料后，分别进入各自的配料仓，按照饲料配方的配比，对这些粉状的原料(包括饲料添加剂)逐一计量后，进入混合设备进行充分的混合，即成粉状配合饲料。如需要压粒就进入压粒系统加工成颗粒饲料，见图 5-20。

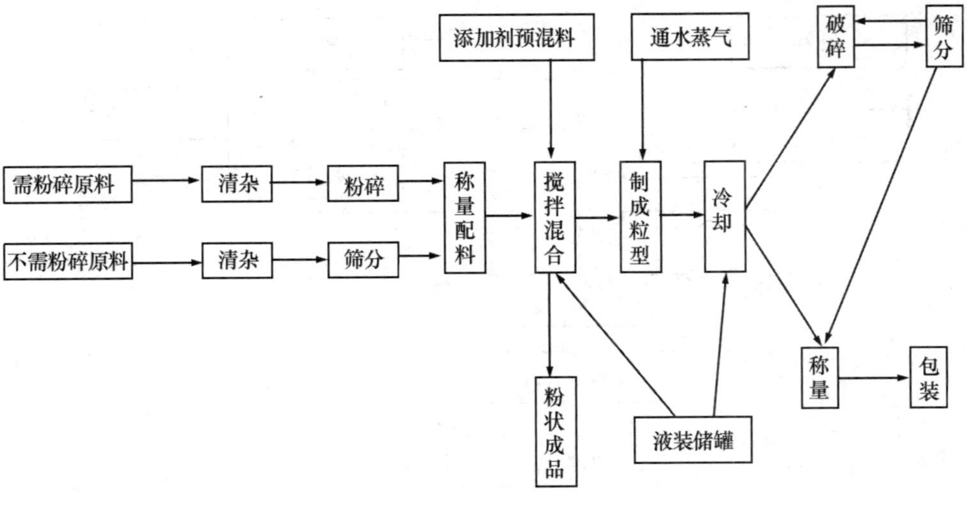

图 5-20　先粉碎后配合加工工艺

2. 先配料后粉碎工艺

先将各种原料(不包括饲料添加剂)按照饲料配方的配比,进行计量配合在一起,然后进行粉碎,粉碎后的粉料进入混合设备进行分批混合或连续混合,并在开始混合时,将稀释好的维生素、微量元素等添加剂预混料加入,混合均匀后即为粉状配合饲料。如果需要将粉状配合饲料压制成颗粒饲料,则在粉状饲料中通入水蒸气,加热使之熟化后,进入压粒机进行压粒,然后再冷却即为颗粒饲料,见图 5-21。

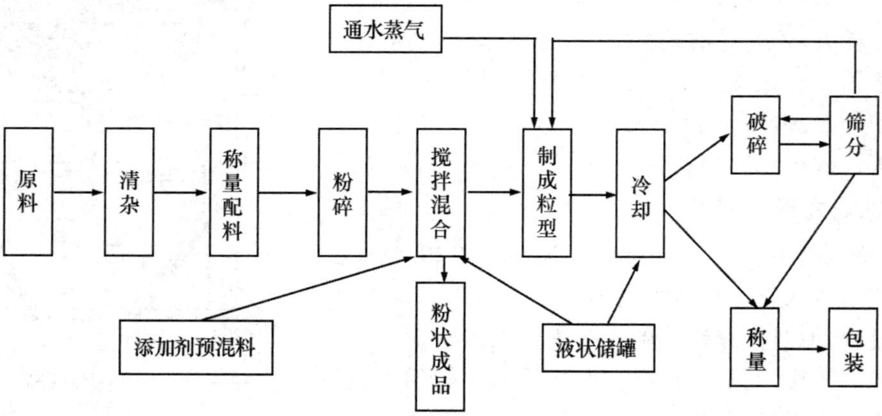

图 5-21 先配合后粉碎加工工艺

3. 先配合后粉碎二次配合加工工艺

将需要粉碎的主要原料和不需要粉碎的副原料分别配合,需要粉碎的主要原料配合后进入粉碎机粉碎,不需要粉碎的副原料配合后直接进入混合机混合,见图 5-22,这种加工工艺称为改进型先配合后粉碎加工工艺,即先配合后粉碎二次配合加工工艺。这种加工工艺具有可以节省部分动力和原料仓,以及操作简单等特点,适合于小型饲料加工厂。

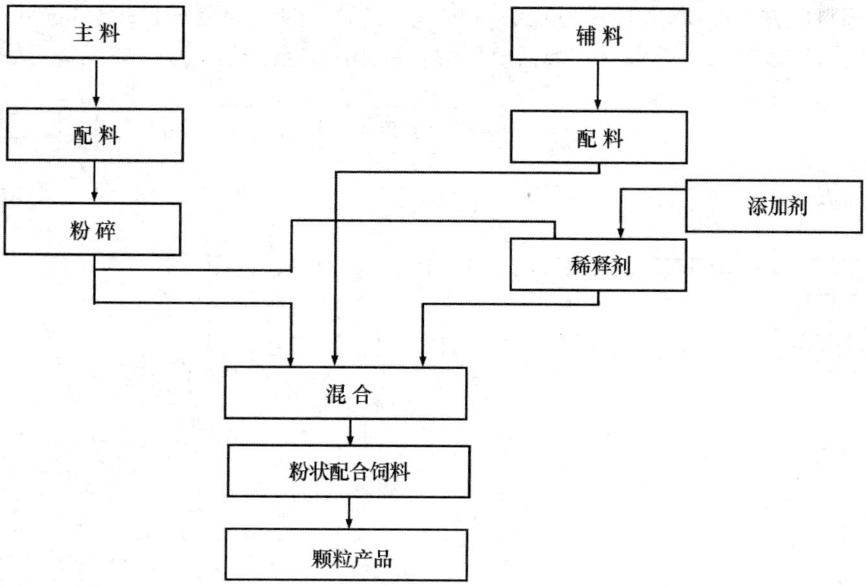

图 5-22 改进型先配合后粉碎加工工艺

(二)根据物料的粉碎次数分类

1.一次粉碎工艺

一次粉碎工艺是最简单、最常用、最原始的一种粉碎工艺,无论是单一原料、混合原料,均经一次粉碎后即可,按使用粉碎机的台数可分为单机粉碎和并列粉碎,小型饲料加工厂大多采用单机粉碎,中型饲料加工厂有用两台或两台以上粉碎机并列使用,缺点是粒度不均匀,电耗较高。

2.二次粉碎工艺

二次粉碎工艺有三种工艺形式,即单一循环粉碎工艺、阶段粉碎工艺和组织粉碎工艺。①单一循环二次粉碎工艺。用一台粉碎机将物料粉碎后进行筛分,筛上物再回流到原来的粉碎机再次进行粉碎。②阶段二次粉碎工艺。该工艺的基本设置是采用两台筛片不同的粉碎机,两台粉碎机上各设一道分级筛,将物料先经第一道筛筛理,符合粒度要求的筛下物直接进行混合机,筛上物进入第一台粉碎机,粉碎的物料再进入分级筛进行筛理。符合粒度要求的物料进入混合机,其余的筛上物进入第二台粉碎机粉碎,粉碎后进入混合机。③组合二次粉碎工艺。该工艺是在两次粉碎中采用不同类型的粉碎机,第一次采用对辊式粉碎机,经分级筛筛理后,筛下物进入混合机,筛上物进入锤片式粉碎机进行第二次粉碎。

二维码 5-2　超微粉碎机、混合机、破碎机

二维码 5-3　锤式万能粉碎机

二维码 5-4　风冷式粉碎机

二维码 5-5　万能粉碎机(一)

二维码 5-6　万能粉碎机(二)

任务四　饲料配料

一、配料的定义与作用

配料就是根据饲料配方规定的配比,将多种饲料原料计量配合在一起的过程。也就是采用特定的计量装置,按照畜禽饲料配方的要求对不同物料进行准确称量。

二、配料的类型

(一)按照计量原理

1. 重量式配料

按称重方式进行配料的工艺。

2. 容积式配料

用体积计算方式进行配料的工艺。即按照物料容积的比例大小进行配料的工艺。其受物料物理性质影响较大,但造价低廉。

(二)按照配料连续性

1. 间歇式配料(分批配料)

配料过程为周期性作业的配料方式。配料时,各种原料同时或分别进入一台或多台配料秤,配完后送往混合机,然后再进行第二次配料。

2. 连续配料

配料过程为连续作业,即进行配料时,各种原料按照配方规定的比例不间断地送往混合机。

三、配料设备的要求

(1)配料计量装置在其性能上要求具有准确性、灵敏性、稳定性和不变性。

①准确性:称量值与被称量真实值之间的一致程度。

精度为称量设备在满负荷时的相对误差。静态计量精度为静止状态时的计量误差,表示配料秤这单一设备的计量性能要求达±1/1 000 以下。动态计量精度为运动状态时的计量误差,常指配料秤的自动称量时的准确度。其除了秤的静态精度之外还要加上称量系统中的机械、电器等的误差及它们之间配合时所产生的误差,要求达 1/300 以下。只有配料秤的静态精度高,其动态精度才有可能高。在任何情况下,配料秤的动态精度都不可能高于静态精度。

②灵敏性:计量装置上平衡指示器的线位移与引起位移的被测量值变动量的比值。衡量读数装置对负载质量变化的反应能力。

③稳定性:计量装置的示值部分的静止平衡位置被破坏之后,能否迅速恢复至平衡状态的性能。

④不变性:指对某一重物连续重复地称重,各次所得结果的一致性。

(2)应当结构简单,使用可靠,操作维修方便。

(3)应当具有较好的适应性。一方面,要能适应分批配料和不同重量的物料;另一方面,还要能适应不同饲料品种的称量,具有较高的抗干扰性。

(4)饲料厂中,配料秤的计量能力要与混合机的生产能力相适应,并具有相应的连锁机构。每批配料量要与每批混合量相等。

四、常用的配料设备

(一)容积式配料设备

容积式配料设备是按容积比例大小进行连续配料的设备。

(二)重量式计量设备

1. 台秤

台秤是一种通用的称量设备,主要由承重装置、读数装置、杠杆系统和安装部件四部分组成。被多数小型饲料厂所采用。

2. 字盘秤

字盘秤最主要的缺点是其杠杆传力系统的刀口与刀承易磨损而导致称量准确度的稳定性差。以前中小型饲料厂用得较多。

3. 机电秤

在杠杆系统的末级连杆上串接一只拉式电阻应变片传感器,重量信号转换成电信号输出,由称重显示仪表进行数字显示,因而具有电子秤的部分优点。但其缺点仍是传感器前级的杠杆系统易磨损。

4. 电子配料秤

电子配料秤结构(图 5-23):给料器、秤斗、称重传感器、测量显示仪表、卸料机构等构成。

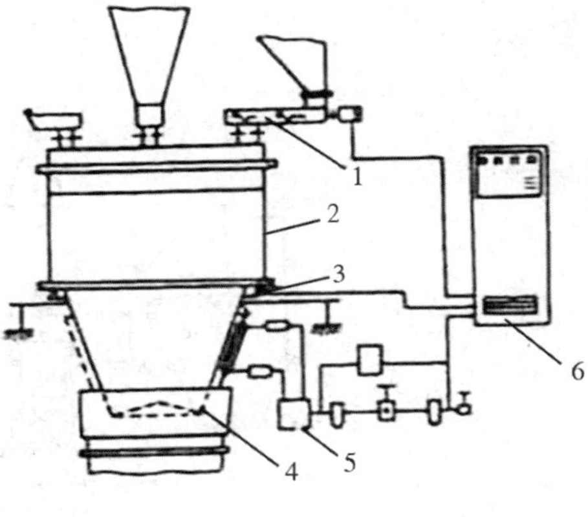

图 5-23　ZP8-500 型电子配料秤

1.螺旋给料器　2.秤斗　3.称重传感器
4.卸料门机构　5.气控系统　6.控制柜

秤斗是用来承受待称物料重量并将其传递给传感器的箱型部件,有秤体和秤门组成。

称重传感器是一种将非电的物料量(如温度、重量)转换成电量(电压、电流、电阻或电容)的转换元件,有电阻应变片式、电容式、压磁式和谐振式等几种,其中,以电阻应变片式称重传感器应用最广。

测量显示仪表是将称重传感器的称重结果用模拟形式或数字形式显示出来。

称重传感器和测量显示仪是电子配料秤的核心部分。传感器应在其量程内使用。

在同一台饲料配料电子秤上,不允许使用额定载荷不同的传感器。配料时,传感器将重量信号转为电信号(电压)并将信号经滤波和放大环节,再经过模/数(A/D)转换后送入微机,微机对 A/D 定时采样,且进行比较、判断、检查预先存入微机中的称重值是否达到一定比例。“否”,则仍快速加料;“是”,则进行减速加料。待达到预定值后,微机通知停止加料。当到最后一料仓加完料后,打开卸料门卸料,完成一个称量周期。

五、给料器

给料器是重量式计量装置在配料过程中一个不可分割的组成部分。其对配料时计量的准确性有着直接的影响。

常用的给料器有螺旋给料器、叶轮给料器、电磁振动给料器。当接近配比重量时，对给料器的控制应能够实现慢给料，以保证配料精度。

1. 螺旋给料器

螺旋给料器（图 5-24）在实际生产中广泛应用，因为其结构简单、工作可靠、维修方便。螺旋给料器主要由机壳、螺旋体、传动部件、进出料口等组成。螺旋给料器的螺旋叶片大多使用变直径变螺距。

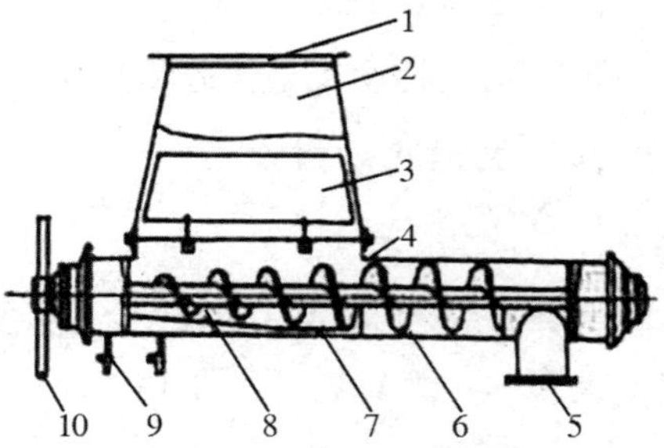

图 5-24 螺旋给料器结构

1. 进料口 2. 变形管 3. 减压板 4. 机壳 5. 出料口 6. 螺旋体 7. 检查口 8. 衬板 9. 电机机座 10. 皮带轮

2. 叶轮给料器

根据国内饲料生产实际，当配料仓在配料秤的上方或偏上方时可优先选用叶轮给料器。叶轮给料器主要用于料仓出口与配料秤入口水平中心距较小的场合。它具有体积小、质量轻、便于悬挂吊装、操作简便等特点。它主要由机体、叶轮、控制机构、传动机构等组成，见图 5-25。

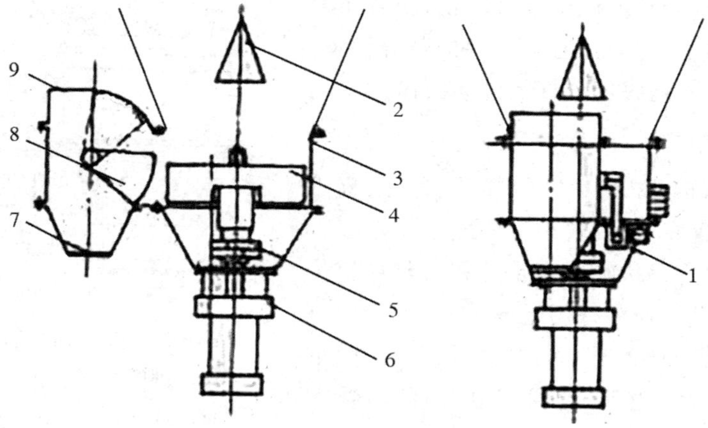

图 5-25 叶轮给料器结构

1. 给料调节机构 2. 匀料锥 3. 机壳 4. 叶轮 5. 联轴器 6. 电动机 7. 出料口 8. 扇形料门 9. 观察孔孔盖

3. 电磁振动给料器

电磁振动给料器主要由料槽、电磁振动器、减振器、吊架、吊钩、法兰盘等组成。电磁振动供料器的给料过程是利用电磁振动器驱动料槽沿倾斜方向（与槽体底平面成一定角度的方向）做周期性的往复振动来实现。

六、配料工艺流程

目前，最常见的配料工艺流程有多仓数秤（2～4 个配料秤）、多仓一秤和一仓一秤等几种形式。

（一）一仓一秤重量分批配料

一仓一秤重量分批配料（图 5-26）是各种物料分别存入各自的配料仓内，每一配料仓的下部都安有一台相应的计量秤。在8～10个配料仓的小型饲料加工机组中，每个配料仓下配置一台重量式台秤。各台秤的称量可以不同。作业时各台秤独立完成进料称量和卸料的配料周期动作。计量秤的形式及称量范围可根据不同情况来选定。特点：

(1)物料的配料误差只受单料因素的影响，不同物料的配料误差不受其他组分的影响。因此，配料误差小。

(2)一仓一秤比较容易实现大称量用大秤，小称量用小秤，可提高配料精度。

(3)一仓一秤配料工艺占地面积大，机械设备操作点多，操作故障多，更换配方更为麻烦。

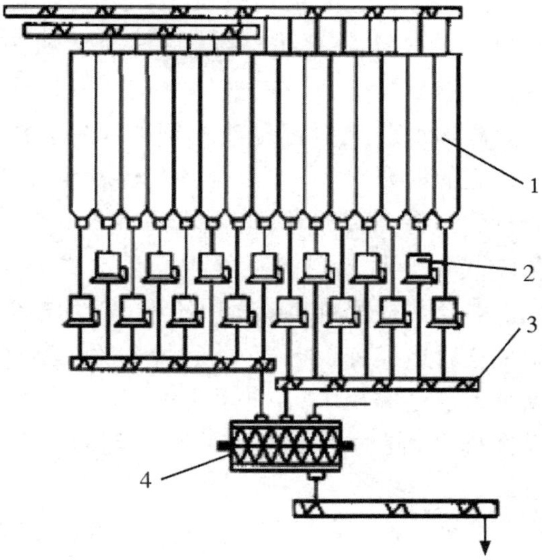

图 5-26　一仓一秤配料工艺流程

1.配料仓　2.配料秤　3.螺旋输送机　4.混合机

(二)多仓一秤配料工艺(图 5-27)

在6～10个配料仓的小型饲料加工厂中，全部配料仓下仅配置一台电子配料秤。各配料仓依次称量配料，配料周期相对较长，配料仓多了就有配料周期比混合周期长因而降低生产效率的问题；更重要的是小配比(5%～20%)的原料称量时的误差很大，会降低产品的质量和增加生产成本。特点：

(1)不同批次的物料不易混杂，较易防止物料间的交叉污染。

(2)配料设备较少，操作管理比较集中，更换配方容易，便于自动化控制。

(3)适用于原料品种多的大中型饲料厂。

(4)多仓数秤实际上是多仓一秤，可提高配料精度。

(5)工艺流程简单，设备占地面积小。

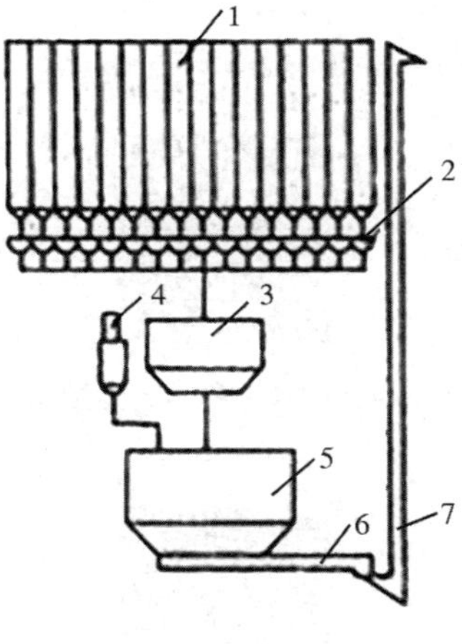

图 5-27　多仓一秤配料工艺流程

1.配料仓　2.给料器　3.秤斗
4.添加剂加入设备　5.混合机
6.刮板输送机　7.斗式提升机

(三)多仓数秤配料工艺(图 5-28)

多仓数秤配料工艺是应用较多的配料工艺流程。多仓三秤是在多仓双秤的基础上增加一台预混合载体的定量秤，其余工艺相同。

在图5-28中，各种饲料原料经仓顶输送设备和分配器分配进入相应各配料仓中存贮。配料时由给料器分别将原料送至秤斗中。大配比(≥20%)的原料送至大秤斗；小配比(5%～20%)的原料则被送至小秤斗称量。每种料的定量由配料控制器控制给料器的给料，即给料器的开关依设定的顺序与时间实现。

当全部料仓的物料按设定配方要求称量配料完毕，秤斗门打开将秤斗内物料放入混合机中进行搅拌混合。混合机往往设有液体添加装置以便在混合时定量添加油脂或糖蜜等液体饲料原料。混合机在达到预定的混合时间，即混合均匀度达到要求时，打开卸料门卸料至缓冲仓，落入成品刮板式输送机，再送至斗式提升机入口升运至混合料仓贮存，至下一工序。多仓数秤配料工艺适用于有12～16个配料仓的中型饲料厂或有16～24个配料仓的大型饲料厂。优点是大称量的用大秤、小称量的用小秤，故可提高配料准确度；同时也增加了可直接配料的原料品种和数量。

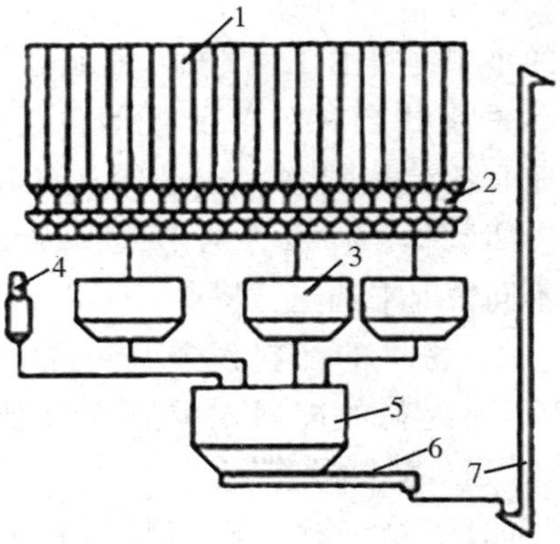

图5-28 多仓三秤配料工艺流程

1.配料仓 2.给料器 3.秤斗 4.添加剂加入设备 5.混合机 6.刮板输送机 7.斗式提升机

此外，大小秤同时配料，可缩短配料周期；有的配料系统不仅可同时向大小数个秤同时给料，亦可有两个给料器同时向一个秤斗给料(如主原料玉米可双仓或多仓给料)，均可缩短配料周期。

现代饲料厂的配料周期已可由过去的5 min左右缩短至3 min左右，适应了发展高速高效混合机(如双轴桨叶式混合机)的要求，成倍地提高了饲料生产效率与设备利用率。

二维码5-7 称重计量配料

二维码5-8 称重配料

二维码5-9 给料器

二维码5-10 称重计量配料机工作原理

任务五 饲料混合

一、混合的定义与作用

混合就是将两种或两种以上的物料搅拌均匀的过程。也就是在外力的作用下，将各种物料相互掺和，使之在任何容积里每种组分的微粒均匀分布的过程。

混合的作用是确保配合饲料质量和提高饲料利用率的重要环节；同时，一个饲料厂中，混合机的生产率决定了整个工厂的生产规模。

饲料厂中，一般有两道工序需要混合。

1. 预混合

将各种添加剂如氨基酸、维生素、微量元素、抗生素及其他微量成分与载体和稀释剂在掺入主原料之前经过的混合过程。

2. 最终阶段的混合

各种饲料组分按照饲料配方的要求，由配料秤配料后，送入混合机，混合成畜禽所需的全价配合饲料。

二、混合方式

1. 剪切混合

混合过程中，粒子间相互滑动、旋转以及冲撞等产生的局部移动，物料彼此形成剪切面，使物料发生混合作用。

2. 对流混合

又称体积混合，许多成团的物料颗粒从混合机的一处移向另一处作相对流动。其决定了混合速度。

3. 扩散混合

混合物料的颗粒以单个粒子为单元向四周移动、扩散，类似气体、液体中分子的扩散过程。其决定了物料的混合精度。

4. 冲击混合

在物料与混合机壁壳碰击的作用下，造成单个物料颗粒分散，这种混合叫冲击混合。

5. 粉碎混合

物料颗粒之间相互作用，形成变形或搓碎的结果。

三、常用的混合设备

（一）卧式螺带式混合机

卧式螺带式混合机也叫卧式叶带式混合机，是饲料厂中应用最广泛的一种混合设备。分批卧式混合机的结构：有单室式和双室式两种。包括机体、螺旋轴、传动部分和控制部分。

机体：截面形状有 O 型、U 型和 W 型。O 型适用于小型饲料厂；U 型用得最普遍；W 型用于大型饲料厂，为双轴混合机（图 5-29）。机体容积大小取决于每批混合量的大小，同时还要考虑物料的容重及充满系数。现有混合机每批容量最少为 50 kg，最大可达 6 000 kg。进料口在机体顶部，分圆形和矩形两种，圆形进料口数目 1～4 个，矩形的进料口多为机体全长的进料口，多为大型混合机所采用。

螺旋轴：安装在机体内部，单室式混合机有一根螺旋轴，双室式有两根。螺旋轴由轴、支撑杆和带状叶片组成。小型混合机多采用单层螺旋，多数混合机采用双层螺旋。转速一般为 25～60 r/min，也有高达 100～200 r/min 的。

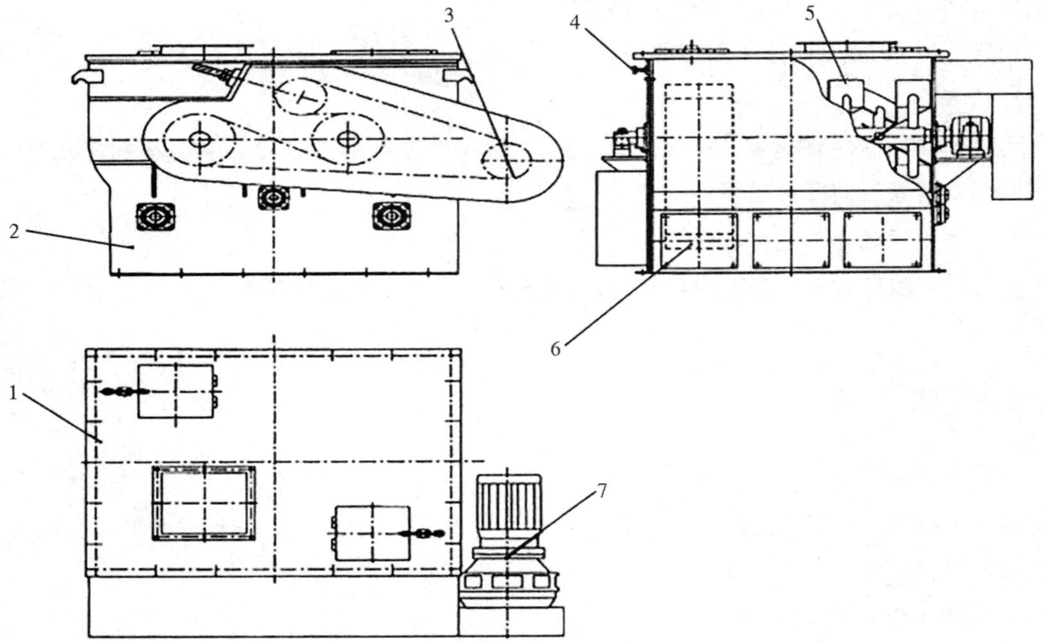

图 5-29　牧羊双轴混合机

1.上盖　2.机体　3.传动装置　4.油脂添加装置　5.转子　6.回风管道　7.减速电机

出料口:在机体下部,小型混合机的出料活门多用手动控制,大型混合机多用机械和气动控制。出料口应当宽阔,以便物料从混合机中迅速卸空。

油脂添加系统:喷嘴管道安装在混合机上,喷嘴有 3～4 个,均匀分布在主轴侧上方,向着主轴旋转方向安装。喷油时间是在进料后再喷油,喷油结束后,再混合 1～1.5 min。

混合过程:各种成分的物料按配方比例经过精确计量后,进入混合机,物料在螺旋叶片的推动下按逆流原理进行充分混合,外圈螺旋叶片使物料沿螺旋轴向一个方向流动,内圈螺旋叶片使物料向相反的方向流动,使物料不断地翻滚、对流,从而很快就能达到均匀地混合。

卧式螺带式混合机的特点:混合效果好;残留少;占地面积大;配套动力大。

(二)分批立式混合机

分批立式混合机又称垂直绞龙式混合机,立式绞龙式混合机(图 5-30)。用于中小型饲料厂和一些加工机组。结构:喂料斗、垂直绞龙、绞龙外壳、机壳、卸料活门、支架、电机及其传动部分等构成。

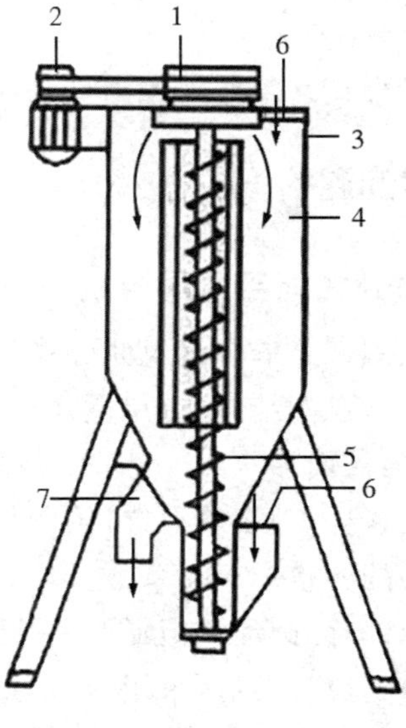

图 5-30　立式绞龙式混合机

1.传动装置　2.电机　3.机壳　4.绞龙套筒　5.绞龙　6.进料口　7.出料门

立式绞龙式混合机的结构:喂料斗常位于混合机下端,卸料活门常位于上端。机壳由上下两部分组成,上部分为圆柱部分,主要用来容纳物料，下部分为圆锥部分主要用来集中物料。机壳正中安有垂直绞龙，用于在绞龙外壳内连续地提升物料，绞龙形状有圆柱形和圆锥形两种，为了制造方便常采用等直径螺旋。传动装置设在机壳圆柱部分的顶部。

工作过程：配好料后，各种粉料依次进入喂料斗，由垂直绞龙将粉料垂直向上运送，到绞龙端部的敞开口排出，这样经过反复多次循环，使物料搅拌均匀，然后卸料活门打开，将混合料排出。

立式绞龙式混合机特点：动力消耗小，占地面积小；混合时间长，生产率低，卸料后圆筒底部常有残留，易交叉污染；混合均匀度低。

（三）立式圆锥形行星混合机

立式圆锥形行星混合机又称圆锥绞龙形混合机结构（图 5-31）：圆锥形壳体、螺旋、曲柄、公转与自转电机、变速器。螺旋轴的顶端连接在一个曲柄上，曲柄带动螺旋轴使其在围绕壳体转动的同时又进行自转。

工作过程：螺旋轴既有围绕壳体的公转又有自转，使壳体内的物料既有上下混合，又有水平方向的混合，即作三维的对流、剪切和扩散混合。

立式圆锥形行星混合机的特点：混合作用强，混合时间短，短时间内达到理想的混合效果；物料特性及其装填程度都不会对其正常工作有明显影响；残留小；适用于生产预混料。

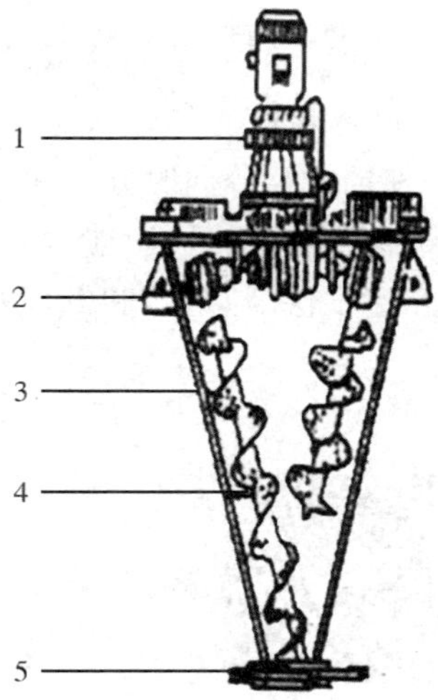

图 5-31　立式圆锥形行星混合机
1. 减速器　2. 传动系统　3. 锥体
4. 非对称悬臂双螺旋绞龙套筒　5. 出料阀门

（四）双轴桨叶式混合机

双轴桨叶式混合机是混合精度较高的新型混合设备。主要结构有传动机构、卧式筒体、双搅拌轴、液体添加装置、出料门及控制装置等六部分组成。

工作原理：电机通过减速器、链条带动两根主轴以一定的速度作等速反向转动，以一定角度安装在主轴上的桨叶将一部分物料抛洒在整个容器空间，在一定的圆周速度下，物料在失重的状态下，形成流动层混合，物料被桨叶沿轴向和径向运动，从而在容器内形成复合循环。因此，在极短的时间可以达到均匀混合。双轴桨叶式混合机的主要混合原理是无重力混合。

特点：可进行粉体和粉体混合、固-液（粉体和液体）混合，液体添加量最高可达 20%。物料在机内受机械作用而处于瞬间失重状态，产生对流、扩散混合，达到均匀混合。对被混合的物料适用范围广，尤其对比重、粒度等物理特性差异较大的物料混合时不产生偏析，而获得十分均匀的混合物。

混合均匀度高，变异系数 $CV \leqslant 5\%$。混合速度快，一般粉体的混合只需 0.5～2.5 min。混合过程温和，不破坏物料的原始状态。充满系数可变范围大，为 0.1～0.8。能耗低，比普通卧式螺带式混合机约低 60%。可密闭操作，运转平稳可靠，维修方便。

四、混合工艺

(一)分批混合工艺

将各种混合组分根据配方的比例配合在一起,并将它们送入周期性工作的“批量混合机”分批地进行混合。混合一个周期,即生产出一个批次混合好的饲料。一个混合周期包括配料(称重)、混合机装载、混合、混合机卸载及空转时间。特点:

(1)所用设备为分批混合机。

(2)混合具有周期性,与配料联系较好。

(3)混合均匀度高。

(4)大中型饲料厂采用较多。

(二)连续混合工艺

将各种饲料组分同时分别地连续计量,并按比例配合成一股含有各种组分的料流,当这股料流进入连续混合机后,则连续混合而成一股均匀的料流,这就是连续混合工艺。优点:连续进行,生产速度快,与粉碎和制粒衔接较好。缺点:配方更换时流料调节不好,批次间交叉污染多。

二维码 5-11　螺带混合机　　二维码 5-12　双锥体混合机　　二维码 5-13　方锥体混合机

任务六　饲料制粒

一、制粒的定义及作用

制粒是将粉状饲料压实、挤出模孔、制成颗粒饲料的过程。首先将粉状配合饲料加蒸汽或水进行调质,再用制粒机压制成柱状或其他形状的颗粒,经冷却、筛选从而得到合格的颗粒饲料成品的工艺过程。颗粒饲料就是用压模将粉状饲料挤压而成的粒状饲料。

制粒的作用:通过制粒,饲料报酬有所提高,饲养成本有所下降,并提高动物产品的生产率。此外,颗粒饲料在方便饲养、运输、贮藏上也有较大的优点。但是,需要注意的是,并非颗粒饲料对所有动物都有以上的效果和作用。

二、颗粒饲料的优点

颗粒饲料是畜牧生产上普遍采用的一种料型，在西方国家已有50多年的历史。在美国、日本、德国，颗粒饲料占生产的全部配合饲料的60%～70%，我国沿海养殖业发达地区颗粒饲料占配合饲料70%左右。

(1)饲料报酬高　在制粒过程中，水分、温度和压力三者综合作用使营养成分的利用率提高了。制粒过程破坏了植物的细胞壁，从而提高了饲料的消化率。制粒过程中，碳水化合物会发生部分裂解作用，引起淀粉的糊化，从而提高饲料能量的利用率。制粒可以破坏饲料中的一些有毒有害因子，提高饲料中营养成分的有效性。

(2)可避免动物挑食　用颗粒饲料喂养畜禽，畜禽对各种饲料成分不能挑食，采食一粒颗粒饲料就包含各种营养成分，保证每日供给饲料的全价性。

(3)减少畜禽采食活动的营养消耗　畜禽对粒料的采食速度往往高于粉料，其采食时间仅为粉料的1/3。

(4)饲喂方便，节省劳动力，减少畜禽采食过程的饲料浪费　由于饲槽不合理，往往浪费十分可观，颗粒饲料可减少饲料浪费8%～10%。

(5)贮藏运输更为经济　颗粒饲料体积小，一般颗粒饲料比相同重量的粉料体积缩小1/2～2/3，散装密度增加40%～100%，便于贮藏、包装和运输。同时可节省料仓容量，不会产生自动分级，特别是对保持饲料中微量成分的均匀性具有重要作用。不易受潮，利于机械化的饲养。

(6)颗粒饲料不易飞散，除可减少自然损耗，可改善环境卫生。

(7)经高温、蒸汽杀菌，饲料不易霉变生虫，有利于贮藏。

三、颗粒饲料生产的技术要求

颗粒饲料产品，要求大小均匀，表面光洁，没有裂纹，结构紧密，手感较硬，技术指标应符合以下要求：

(1)颗粒直径　颗粒直径应为3～20 mm，不同畜禽的颗粒饲料直径要求也不一样。猪用颗粒饲料直径：乳猪料2.5～3.0 mm，仔猪料3～3.5 mm，生长猪料4～6 mm。

(2)长度为直径的1.5～2倍。

(3)颗粒水分　颗粒水分一般要求在12.5%以下，贮藏时间越长，水分含量应越低。北方气候干燥地区水分可略高，只要求在13.5%以下即可。

(4)颗粒密度　颗粒饲料的密度应能满足其在运输过程中耐受冲击振动而不破碎，否则大量粉末的产生会降低饲料的商品价值。但是，若颗粒饲料过度紧密坚硬，不仅会使制粒机产量下降，动耗增加，还会使动物咀嚼费力。据资料介绍，颗粒饲料密度以1.2～1.3 g/cm^3为宜，容重以0.6～0.75 g/cm^3为宜。

(5)颗粒饲料的粉化率(含粉率)　颗粒饲料成品中粉末质量占试样总质量百分比。畜禽料的粉化率≤10%。

(6)粒化系数　成型颗粒重量与进入制粒机粉料重量之比。表示制粒机制粒性能，一般要求制粒机的粒化系数不低于97%。

四、成型机械分类

按成型原理制粒设备分为型压式、挤压式和冲压式。

型压式是靠一对回转方向相反、转速相等而带型孔(穴)的压辊之间对物料的压缩作用而成型的。

挤压式是靠具有通孔的模板，压辊(或螺杆)将调质好的物料挤出模孔，靠模孔的摩擦阻力形成颗粒。

冲压式是利用往复直线运动的活塞将在周围密闭的长槽内的物料撞压成型。

五、常用的制粒设备

(一)按成型部件的结构分类

(1)辊式制粒机(双辊式制粒机)　该种机型压缩时间短，颗粒强度小，生产率低，因此在实际中很少应用。

(2)螺杆式制粒机　主要工作部件是圆柱形的或圆锥形的螺杆、配套的机筒以及带孔的模板。多用其压制软颗粒饲料。

(3)环模制粒机　该种机型靠环型压模和压辊挤压成型，是国内外使用最多的机型。

(4)平模制粒机　主要工作部件是平面压模和压辊，我国小型机多见。

(5)活塞式制块机　供料器向一定容器加料后，通过活塞的往复运动，将物料压缩成型，多压制以草粉为主的混合料。

(二)按产品种类分类

硬颗粒机：是压制硬度和密度较大的产品。调质后的粉料经压模和压辊的挤压，通过模孔成型。硬颗粒产品以圆柱形为主，水分一般低于13%，相对密度为1.2～1.3 g/cm^3，硬粒较硬，适用于多种动物，是目前应用最多的料型。

软颗粒机：是压制含水率较高的软颗粒产品。软颗粒饲料是含水量高的饲料原料经螺旋推进或压模和压辊挤压形成的。软颗粒饲料水分含量大于20%，以圆柱形较多，一般自行生产，即作即用。

膨化制粒机：粉料经调质后，高温、高压下挤出模孔，因出孔后突然减压，使其内部多孔，密度低于1，用于鱼类、幼畜、宠物等。

六、常用的制粒设备

(一)软颗粒制粒机

指用于压制含水量较高的(20%～30%)软的且具有一定可塑性、凝集性和流动性的原料的机械。常见的有螺杆式、叶轮式和辊压式三种，以螺杆式制粒机最多。

结构：螺杆、机筒、模板、切刀、传动部分和机架。

工作过程：工作时，动力驱动装置驱动螺杆转动，从供料斗进入的物料被推送挤压向前，随着推送物料螺旋数的增加，物料所受压力随之增加，在螺杆末端压力最大，最后从模孔挤出，并由切刀切断成圆柱状颗粒，也可任其自然形成条状颗粒。

（二）平模制粒机

结构：料斗、螺旋供料器、搅拌器、压粒器、电动机，见图 5-32。

工作过程：工作时，电机带动压粒器与搅拌器工作，粉料进入搅拌器内与蒸汽充分搅拌、调质，然后送入压粒器，压粒器的平模转动（218 r/min），而压辊不公转，仅能沿压辊心轴自转，物料在压粒器内腔的均匀分配器的作用下，均匀地平铺在平模表面，由于平模转动，物料被带进平模之间且被压入平模孔，并从孔下方挤出成圆柱状，然后经切刀切割，落入机外。

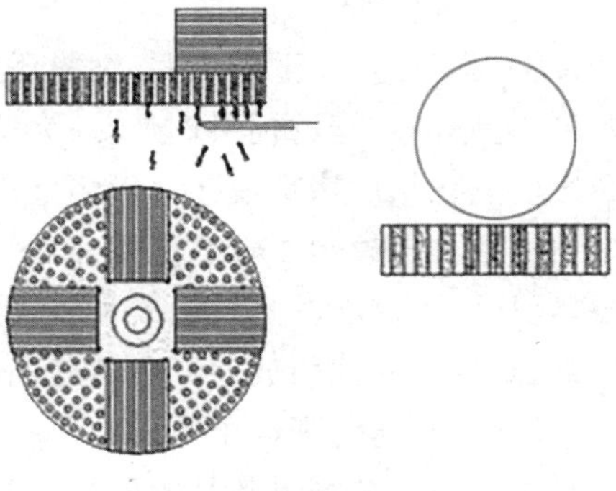

图 5-32　平模制粒机

（三）环模制粒机

结构：料斗、螺旋供料器、搅拌器、压粒器、电动机，见图 5-33 和图 5-34。

工作过程：工作时，粉料先进入螺旋供料器，送入调质器，粉料被搅拌均匀并在搅拌过程中加入蒸汽或水等进行调质，然后被送入压粒室压制成颗粒。环模由电机带动回转，安装于环模内的 2～3 个压辊不公转，但因与转动着的压模摩擦而自转，进入压粒室被调质好的物料被撒料器均匀分布于压辊之间，被压辊钳入、挤压并通过模孔连续地挤压成型，形成柱状饲料并随压模圈回转，再被固定在压模圈外面的切刀切成颗粒状饲料。

图 5-33　环模制粒机（两压辊）

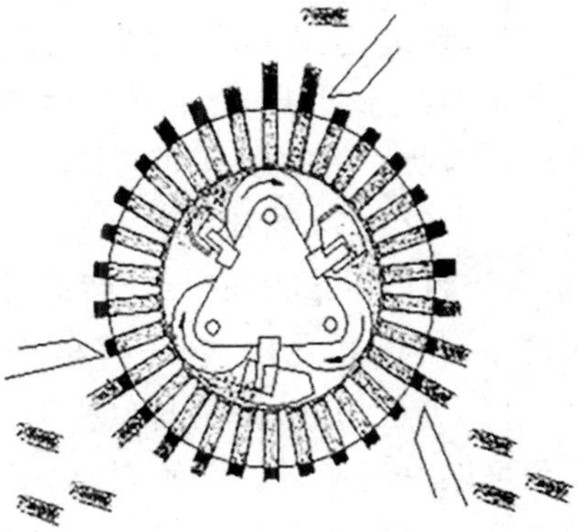

图 5-34　环模制粒机（三压辊）

七、制粒工艺

制粒工艺通常包括制粒、冷却、碎粒和分级四道工序。

（一）制粒

制粒是颗粒饲料生产中最关键、最复杂的中心环节，直接影响到颗粒饲料的产量和质量。通常情况下，制粒工序主要包括调质和颗粒压制等环节。

1. 调质

调质是在混合粉料中添加蒸汽，并将粉料与蒸汽进行搅拌混合，从而使之加温加湿的过程。调质时蒸汽被加入粉料中，粉料的温度和湿度升高，粉料中的淀粉随之糊化，粉料变成“可塑”性好的黏状物，因而在制粒时就容易黏结形成颗粒，从而改善制粒状况，有效地提高制粒机的产量，并使饲料成品颗粒变得更加结实光滑。同时，由于温度升高，可以杀死饲料原料内的部分有害细菌。

蒸汽调质的作用：

①提高产量　试验表明，饲料添加蒸汽后，制粒机产量可提高 1 倍以上。但是含有尿素、奶粉、乳制品和糖的饲料例外，因为这些物质受热处理后黏性增加，特别当温度达 60 ℃以上时会发生焦化从而堵塞模孔而影响生产。

②延长压模和压辊的使用寿命　适当地添加水蒸气能够降低电耗，减少压制颗粒时的摩擦热，从而也就能够延长压模和压辊的使用寿命。由于蒸汽能使饲料软化，且能够分裂含油脂的细胞组织，使油脂成游离态而起到润滑作用。

③降低动耗，降低生产成本　一般经添加蒸汽后，制粒机动耗可降低 20%左右。

④提高颗粒饲料制品的质量和营养价值。

蒸汽处理一方面可提高颗粒饲料成品的粒化系数，降低粉化率；另一方面由于糊化作用，饲料的消化率有所提高。蒸汽供给必须充足，可以按产量的 5%来确定所需的蒸汽量。保持稳定的蒸汽压力，一般为 0.2～0.4 MPa。采用干饱和蒸汽，避免产生冷凝水，因此，应使锅炉尽量接近制粒机，而且应保证安全。

2. 制粒

制粒是制粒工艺的核心，制粒设备的结构和特性，直接关系到制粒工序的效能及颗粒质量。对制粒机的基本要求为：通用性好，可以加工不同的物料，能得到不同尺寸的产品，生产率高，台时产量稳定，工作可靠，颗粒硬度、成型率等符合要求；工作部件耐用，便于更换，生产每吨颗粒饲料的电耗低、成本低，单位生产率的金属消耗量低。

我国目前所使用的颗粒机主要是环模制粒机，其主要工作构件为环形的压模及压辊。压辊一般有 2 个或 3 个，与压模装在同一个平面，压模同减速箱轴相连，绕轴旋转，压辊轴没有传动，它依靠物料的摩擦力，在压模转动时，被带动自转，物料在压辊和压模间隙喂入，经压模和压辊的挤压，由模孔挤出，颗粒挤出后同压模运动，经过切刀被切断，由出料口排出，调节切刀的位置可以得到不同长度的颗粒(图 5-35)。其优点是：可以选择和更换不同孔径的环模与压辊，得到不同直径的颗粒；切刀调整方便；环模与压辊上各处线速度相等，压辊和压模磨损较少，使用寿命长。但其缺点是：制造复杂，使用技术要求较高，制粒时产生的热量过多，易破坏某些热敏性原料的活性。

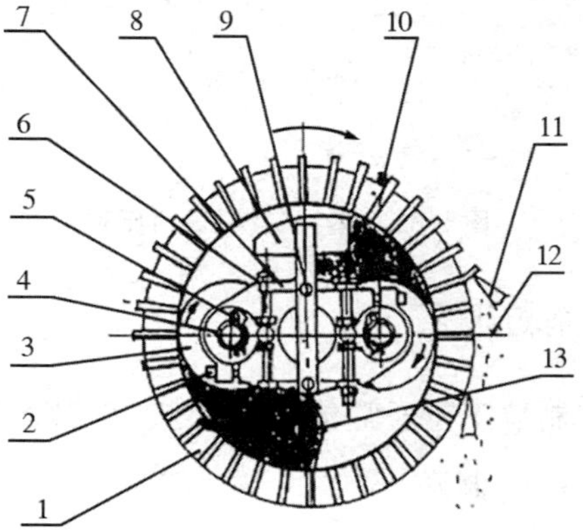

图 5-35　压制室工作原理

1. 环模　2. 锁紧螺丝　3. 压辊　4. 压辊轴　5. 挡销　6. 止退螺母　7. 调节螺钉　8. 喂料刮刀　9. 刮刀螺钉　10. 调隙轮　11. 切刀　12. 颗粒料　13. 饲料压制区

(二)冷却

制粒过程中由于通入了高温、高湿的蒸汽，同时物料在挤压过程中也产生大量的热，所以，颗粒饲料刚从制粒机出来时，含水量较高，达 16%左右，温度也高达 60～70 ℃，使用蒸汽时，温度达 80 ～90 ℃，在这种情况下，颗粒饲料容易破碎，储藏时也容易产生黏结和霉变，所以必须进行冷却，使其含水量降到 14%以下，温度降到比气温高 8 ℃以下。当干燥的冷空气吹过湿热的物料时，会产生冷却效应；当湿热空气通过干燥物料时，会产生加热效应。在制粒工序，制粒原料采用蒸汽调质时，产生的是加热效应；在冷却工序，所利用的则是冷却效应。

1. 冷却设备

(1) 立式冷却器　又叫垂直式冷却器(图 5-36)。立式冷却器结构简单，维修费用少，动力消耗低，适合于小直径颗粒制品的冷却。但是，其要求厂房高度高，实际生产中较多见。

(2)SKLN 系列逆流式冷却器　冷却后的颗粒温度不高于室温 3～5 ℃。具有停机自动排料的独特功效，避免饲料间的交叉污染；采用独特的排料框强制排料；排料框柔性滑动，运转平稳可靠；适用于各种颗粒物料的冷却。

(3)卧式冷却器　分单层和双层两种，也叫输送带式冷却器。卧式冷却器对物料破碎率低，但占地面积大，通风量也大，冷却效果较好，而且其要求厂房高度低。适合于易碎粒料制品及块状颗粒饲料制品的冷却。

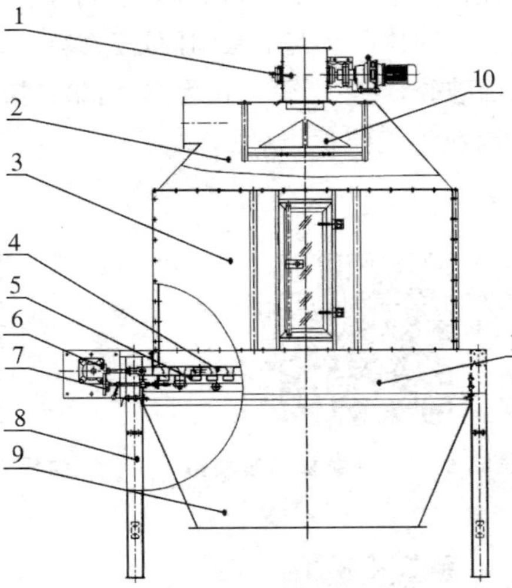

图 5-36　冷却器

1. 关风器　2. 上机壳　3. 中间仓　4. 排料栅栏　5. 流量调节栅栏　6. 排料传动装置　7. 流量调节装置　8. 底座　9. 卸料仓　10. 锥形散料机构　11. 限位指示板

2. 冷却时间与冷却风量

(1)冷却时间　颗粒饲料制品的冷却过程，伴随着水分内部的扩散和表面汽化，其所需的时间就是完成冷却过程所需要的时间。物料不同，冷却时间也就不一样。

(2)冷却风量　其与冷却速度密切相关，冷却风量过小，就不可能造成适宜的水分表面汽化条件，从而也不能顺利地进行湿热交换，以至于达不到预期的冷却效果。冷却风量过大，并不能增大冷却效果，相反，还可能造成压粒制品处于内潮及表面断裂等不良后果。同时，应根据不同地区条件进行调整，若某地相对湿度较大，应加大空气量；在非常干燥的地区，则应减少空气量。

(三)碎粒

碎粒是指将大颗粒饲料破碎成小颗粒。为了提高制粒机生产效率，当需要制造较小直径的颗粒时，若畜禽对颗粒形状要求不严，可将饲料先制成大直径的颗粒，然后用碎粒机破碎成一种粗屑饲料来饲喂。这种方法可以提高制粒机的产量，同时可降低单位重量产品的电耗。据研究，用 4.5～6.0 mm 直径的颗粒破碎成小颗粒可节约动耗 5%～10%。

破碎机实际上是一种辊式磨。它主要由转速不同、齿形不同、向内反向旋转的两个轧辊构成，颗粒受到轧辊的剪切和挤压作用而破碎，通过调节两个轧辊的间距可控制颗粒的大小。破碎机必须有旁路装置，不需要破碎时，颗粒即从轧辊的外侧流过，进入筛理分级。

(四)分级

颗粒分级是利用筛孔将成型颗粒饲料中过大颗粒和细粉筛出,其中细粉重新返回制粒机再制粒,大颗粒经破碎后制成合格颗粒。颗粒大小不均且有一定细粉,而且如果采用碎粒工序又会产生一些细粉,分级可以保证合适粒度的颗粒饲料用于畜牧生产。

分级筛与一般的振动筛结构基本相同,机构比较简单,由机架和吊挂在机架上的筛船,以及驱动筛船产生往复振动的自衡振动器组成。筛体内装有 2 层筛面,把物料分成三个部分,第一层筛上物送回破碎,第二层筛上物为成品,第二层筛下物送回重新制粒。

制粒工艺流程,见图 5-37。

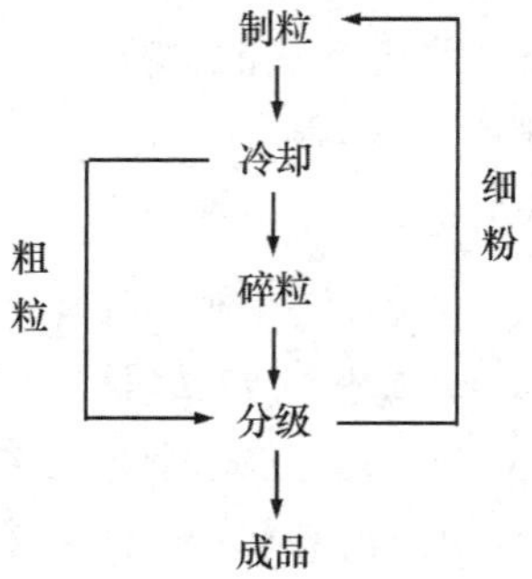

图 5-37 制粒工艺流程

二维码 5-14 制粒机组装模型

二维码 5-15 制粒机工作原理

二维码 5-16 动物饲料制粒工艺

二维码 5-17 干法制粒机

二维码 5-18 饲料制粒现场

二维码 5-19 筛分机

二维码 5-20 制粒机

任务七 饲料包装与贮运

一、成品打包

(一)各类产品对包装的要求

成品打包被用于各类配合饲料产品,根据产品性质的不同,所用的包装袋的规格、大小及材料有所不同。一般来说，预混合饲料、浓缩饲料宜采用小包装，而普通配合饲料可采用较大些的包装。打包时，成品的称量误差一般应控制在0.3%以下。

（二）打包工艺

打包工艺分人工打包、半机械自动打包和全自动打包三种，见图5-38。

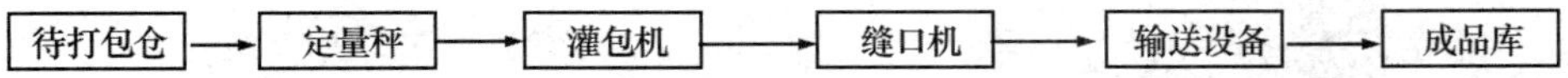

图5-38　包装工艺

1. 人工打包

由人工套袋、控制流量、称重、人工缝袋口或人工送袋用缝口机缝口。此种方法工人劳动强度大，包装质量在较大程度上取决于工人的责任心。称重设备多用普通台秤。

2. 半自动打包

由机械秤自动计量，每次计量的量为一袋成品量，人工套袋，放料，机械自动缝包。此种工艺中还设有检重设备，以复检每袋的重量是否满足要求。

3. 自动打包

成品的称重、套袋、灌包、缝口等作业全部由机械完成，打包机结构原理，见图5-39。

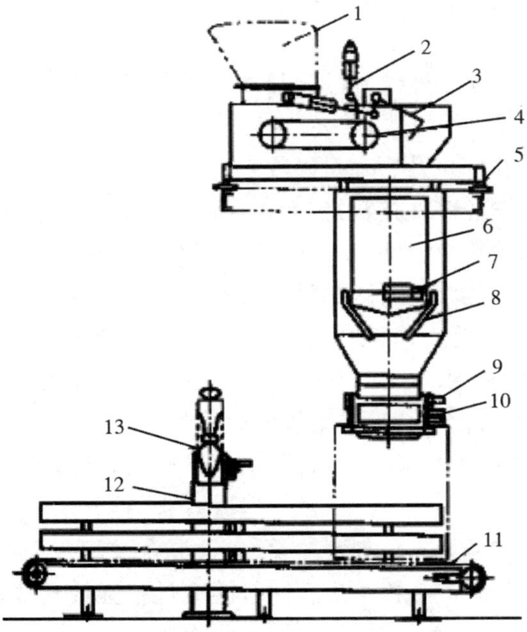

图5-39　打包机结构原理

1.成品仓　2.微加料闸门　3.断料斗　4.双速皮带供料机　5.避震器　6.计量斗　7.排料门气缸　8.排料门　9.计数器　10.夹袋机构　11.送包机　12.可升降缝包机架　13.缝口机

二、成品的散装发放

成品的散装发放主要用于全价饲料和部分浓缩饲料。其运输成本比袋装降低60%以上。

日本饲料总量65%以上用散装运输车运送，散装工艺见图5-40。

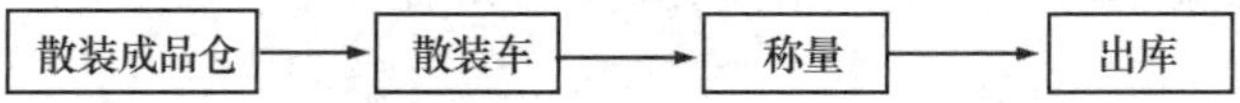

图 5-40 散装工艺

二维码 5-21 自动化包装码垛

二维码 5-22 饲料营销

》技能训练《

技能一 常见饲料加工机具及使用方法

【目的】 通过实训，了解常用饲料的加工机具型号、规格及使用方法。

【材料】 各种饲料原料；饲料粉碎机、饲料混合机、饲料制粒机等；模型、挂图及幻灯片、教学录像片；常用饲草料加工机具的维修和保养工具。

【步骤】

(1)教师根据所能收集到的实物、模型、挂图及幻灯片，逐一介绍。其中，需要重点讲授的有：

①饲料粉碎机　饲料粉碎机是用来粉碎牧草、茎秆、谷壳、玉米、高粱、秕谷及矿物质等饲料。好的饲料粉碎机应能粉碎多种饲料，包括含水量高达18%～20%的饲料，粉碎颗粒不同，大小均匀，不产生高热，结构简单，功效高，安全可靠，维修方便。一般饲料粉碎机有3种形式。

a)锤片式粉碎机：可加工潮湿茎秆类饲料，粉碎效果好，功率高，比较安全。锤片式饲料粉碎机依据其进料方式，又可分为切向、轴向、径向喂入锤片式粉碎机。

b)爪式粉碎机：结构紧凑，体积小，重量轻，效率高，一机多用。除能粉碎外，经改装后还可以进行麦麸制粉及小麦、玉米、大豆、高粱等的脱粒。

c)对辊式粉碎机：主要用于加工杂粮和精饲料，粉碎物较细，但不适用于粉碎长茎秆和藤蔓类饲料。

②饲料混合机　用于微量元素添加剂的稀释、预混合及配合饲料的均匀调制。饲料混合机分立式和卧式两大类。立式混合机不适合混合凝聚性很强或易成团的物料；卧式混合机混合速度快而均匀，能用于混合散落性差、粘附性大的物料。

③饲料制粒机　可分为环模式和平盘式两大类。

(2)结合教学录像片的放映，示范操作，以及组织学生参加饲料加工生产实践活动，使学生学会主要加工机具的使用方法。

【作业】

(1)写实训报告。

(2)组织学生深入饲料加工厂、猪场及养殖专业户跟班实践，以调查加工机具的名称、规格、型号、性能、生产厂家及其优缺点，并写出调查报告。

(3)在学会主要加工机具使用方法的基础上，组织学生交流各类机具的操作步骤及使用中应注意的事项。

【考核标准】

(1)实训学分比例：实训纪律占 15 分；实训练习占 60 分；实训报告占 25 分。

(2)考核方法与标准：

优秀(50～60 分)	能正确、熟练地识别常见饲草料加工机具，并能正确使用工具。
良好(40～50 分)	能比较正确、熟练地识别常见饲草料加工机具，并能正确使用工具。
及格(30 分以上)	能基本正确地识别常见饲草料加工机具，并能正确使用工具。
不及格(30 分以下)	识别常见饲草料加工机具有错误，在教师指导下基本能使用工具。

技能二　参观饲料厂

【目的】通过参观饲料厂，了解配合饲料生产所用到的机械设备和工艺流程。

【材料】各类原料、原料接收设备、料斗、台秤、圆筒初清筛、圆锥初清筛、磁选器、粉碎机、电子配料秤、混合机、制粒机、膨化机、冷却器、打包机、胶带式输送机、斗式提升机、振动分级筛；笔、笔记本。

【步骤】

(1)请饲料厂有关负责人介绍建厂简况、生产规模、生产任务、设备及饲料的加工工艺等。见图 5-41。

图 5-41　参观饲料加工厂

(2)参观项目。①参观配合饲料厂厂址选择、建设规模、生产量。②参观厂房布局及面积。③参观饲料加工工艺流程和生产设备配套情况。④参观加工机组、粉碎机、料斗、计量设备、输送设备、提升设备、搅拌机及卸料装置等。⑤了解各种原料的贮备情况。⑥了解投资及生产成本等。⑦了解该饲料厂的办厂经验、教训、存在问题及拟采取的措施。

【作业】

(1)写出参观心得体会。

(2)列举并识别主要的设备。

【考核标准】

(1)实训学分比例:实训纪律占15分;实训练习占60分;实训报告占25分。

(2)考核方法与标准:

优秀(50～60分)	能正确、熟练地说出三种常见饲料生产的工艺流程。
良好(40～50分)	能正确、熟练地说出两种常见饲料生产的工艺流程。
及格(30分以上)	基本上能正确、熟练地说出两种常见饲料生产的工艺流程。
不及格(30分以下)	不能说出一种常见饲料生产的工艺流程。

二维码 5-23 饲料厂

二维码 5-24 复合饲料工厂

典型案例

配合饲料生产工艺流程,见图5-42。

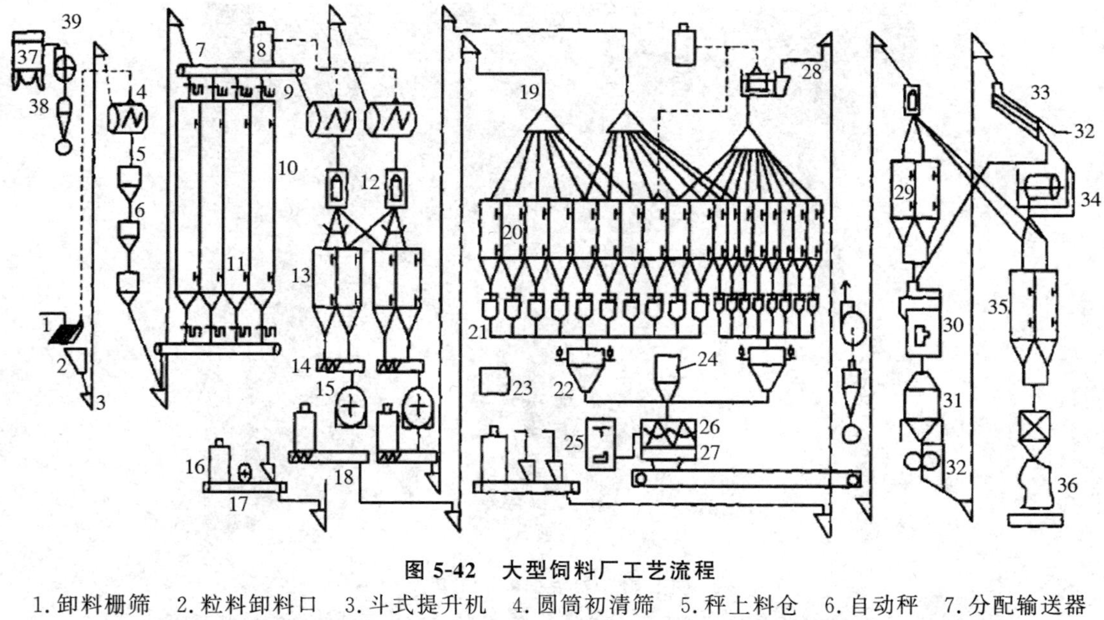

图 5-42 大型饲料厂工艺流程

1.卸料栅筛 2.粒料卸料口 3.斗式提升机 4.圆筒初清筛 5.秤上料仓 6.自动秤 7.分配输送器 8.袋式除尘器 9.料阀 10.立筒仓 11.料位器 12.永磁筒 13.粉碎仓 14.给料器 15.锤片粉碎机 16.袋式除尘器 17.破饼机 18.粉料进料口 19.分配器 20.配料仓 21.给料器 22.配料秤 23.预混合机 24.人工投料口 25.预混合料进料口 26.混合机 27.刮板输送机 28.粉料筛 29.制粒仓 30.制粒机 31.冷却机 32.破碎机 33.分级筛 34.外涂机 35.成品仓 36.打包机 37.脉冲除尘器 38.离心除尘器 39.风机

学习评价

一、名词解释

原料接收　　清理　　粉碎　　配料　　混合　　制粒　　打包

二、简答题

1. 简述粉碎工艺、配料计量、混合工艺、制粒工艺、打包工艺。
2. 常用的磁选设备有哪些？
3. 饲料原料经过清理后应该达到哪些指标？
4. 影响筛理效果的因素主要有哪些？常用的初清设备有哪些？
5. 粉碎对混合和制粒有何影响？
6. 简述常用混合机的机型特点及适用范围。
7. 随着混合时间的不断延长，混合均匀度会如何变化？为什么？
8. 简述影响混合质量的因素。
9. 对颗粒饲料生产的要求有哪些？
10. 简述制粒前调质的作用。
11. 简述颗粒饲料的优越性。

信息链接

1. 中国饲料工业信息网　http://www.chinafeed.org.cn/。
2. 中国饲料在线网　http://www.chinafeedonline.com/。

二维码 5-25　饲料加工工艺

二维码 5-26　饲料加工工艺流程动态演示(一)

二维码 5-27　饲料加工工艺流程动态演示(二)

二维码 5-28　配合饲料加工工艺

模块六

猪饲料供应与管理

学习目标

1. 掌握饲料供应计划的制定。
2. 熟悉配合饲料的质量标准。
3. 熟悉配合饲料的相关法规。
4. 能对配合饲料原料及成品进行正确的质量判定。
5. 能从原料采购、配方设计、饲料生产、饲料贮藏、饲料运输等环节进行质量控制以保证配合饲料的品质。

学习任务

任务一　饲料供应

一、饲料供应计划的制定

饲料供应计划是养猪场生产计划中最重要的内容之一，主要是饲料生产与供应计划，它是养猪场正常生产经营的保证。现以某猪场的饲料供应计划为例，说明其制定编制方法。

(一)确定养猪场各类猪群的存栏数

甘肃省嘉峪关市某规模化养猪场常年的存栏数及日粮定额，如表6-1所示。

表6-1　某规模化养猪场常年存栏数及日粮定额

猪群	日粮定额/kg	常年存栏猪群头数/头
空怀母猪群	2.0	67
妊娠母猪群	2.32	145.2
泌乳母猪群	5.0～6.0	69
哺乳仔猪群	0.18	575

续表 6-1

猪群	日粮定额/kg	常年存栏猪群头数/头
保育仔猪群	0.8	517.5
生长肥育猪群	2.1	1 277.9
后备母猪群	2.3～2.5	28.8
种公猪群	2.5～3.0	11.2
后备公猪群	2.3～2.5	3.7
总存栏数		2 695.3

(二)计算各类猪群的饲料需要量

根据公式,饲料需要量＝猪群头数×日粮定额×饲养天数,按表 6-1 提供的数据计算,各类猪群每天、每周、每季(计 13 周)及全年(计 52 周)的饲料需要量,如表 6-2 所示。

表 6-2　某规模化养猪场饲料需要量计算结果　　kg

猪群	饲料需要量(取下限)			
	每天	每周	每季	全年
空怀母猪				
妊娠母猪				
后备母猪				
后备公猪				
种公猪				
哺乳母猪				
哺乳仔猪(0～28 日龄)				
断奶仔猪(29～70 日龄)				
育肥猪(71～170 日龄)				
总计				

(三)计算各类猪群的饲料供应量

饲料损耗率按 0.5%计算,猪场各种配合饲料季度供应量,如表 6-3 所示。

表 6-3　某规模化养猪场季度饲料损耗量与供应量　　kg

饲料名称	日均用量	季需要量	损耗量	季供应量
空怀母猪				
妊娠母猪				
后备母猪				
后备公猪				
种公猪				
哺乳母猪				
哺乳仔猪(0～28 日龄)				
断奶仔猪(29～70 日龄)				
育肥猪(71～170 日龄)				
总计				

(四)填写年度饲料供应计划

调查各种饲料的规格与单价，填写某规模化养猪场的年度饲料供应计划，如表 6-4 所示。

表 6-4 年度饲料供应计划

序号	饲料名称	计量单位/kg	日均用量/kg	单价/(元/kg)	金额/(元/d)	每季供应量/kg				备注
						一季度	二季度	三季度	四季度	
1	玉米									
2	大麦									
3	麸皮									
⋮	⋮									

二、饲料原料采购的基本程序

饲料原料采购的责任是确保原料营养的质量和其价格优化，保证饲料原料准时运到饲料加工厂，并且考虑到饲料机械对原料加工过程以及饲料成品的安全性影响，因此应该遵行采购的基本程序包括：

(1)提出原料采购的具体规格计划，对原料的种类进行分别精选。

(2)对将要合作或者已经合作的原料供应商的信誉可靠性、原料的产品质量以及自身加工厂的质量控制方案等进行综合评估，当然不排除对饲料加工设备进行周密检查。

(3)进一步确认原料供应商能否充分满足原料规格的要求。

(4)在采购原料的过程中，饲料加工厂需要考虑到现有的加工饲料设备与所用原料是不是相符合。

三、选购配合饲料的注意事项

1. 根据饲养水平确定选购什么档次的饲料

对养殖户而言，选购什么档次的配合饲料，或者添加剂、浓缩饲料，一要考虑价格，二要考虑质量，三要考虑饲养水平。如浓缩饲料有蛋白质含量为 38%、42%、45%的，蛋白质含量不同，价格不同。乳猪、仔猪对营养要求较高，采用养分浓度高的优质日粮对养殖户是有利的。

2. 选购饲料应考虑饲料的安全性

随着人们生活水平的提高，消费者对畜产品品质的要求越来越高。饲料安全直接关系到畜产品的安全。凡质量合格、使用可靠的饲料，应具备以下要素：

(1)合格证 包装袋内应有合格证，合格证加盖有检验人员的印章、检验日期、批次等。

(2)饲料标签标示完整、正确 完整的饲料标签应具有以下内容：

品名：饲料产品名称应与产品标准一致，不得在产品名称前随意加修饰语。浓缩饲料不得称为“超级浓缩饲料”或“蛋白精”；饲料使用对象、饲料名称需指明使用对象和使用阶段。“仔猪配合饲料、生长猪配合饲料”，不得统称为“猪配合饲料”。猪是使用对象，使用阶段则是指仔猪、生长猪等。

使用的主要原料：配合饲料、浓缩饲料、预混料应列出饲料中决定饲料品质的原料和起主要作用的添加剂原料产品成分分析保证值。分析保证值只标示范围值，不标示分析允许误差。如粗蛋白质保证值的正确标示应为粗蛋白质不低于20.0%，而标示为粗蛋白质20.0%±0.8%就是错误的。预混料、浓缩饲料不能直接饲喂，应给出相应配套的推荐配方、使用说明；有生产日期、保质期、厂名、厂址、电话；应标有"本产品符合饲料卫生标准"字样；应标有生产该产品所执行的标准编号；有注册商标。

合格证、标签完整无缺的饲料品才是安全可靠的，可以购买及使用。

3. 采用全价配合饲料饲喂畜禽

全价配合饲料能全面而又经济地满足畜禽在不同生长发育阶段的营养需要(除水分外)，既缩短了饲养周期，又提高了饲料报酬，有效地发挥了饲料养分之间的协同作用和互补作用。全价配合饲料利用率高，可直接饲喂畜禽，不需再添加其他饲料。全价配合饲料是配合饲料的最终产品，有条件的养殖户应尽可能地根据自身经济条件和知识水平，选购全价配合饲料以追求最大养殖效益。

4. 根据畜禽的品种、生产性能、生长发育阶段选购相应的饲料产品

畜禽品种不同，生产性能迥异，需要的营养水平相差也较大。同一品种不同的生长发育阶段，需要的营养水平也有差异。不同畜禽品种间，即使是同一品种处于不同的生长发育阶段它们的饲料都不可混用。

5. 饲料的物理性状选择

饲料的性状可以影响畜禽的采食量、养分的吸收率。饲料的外观形状，常见的有粉状饲料、颗粒饲料、块状饲料等。乳猪、仔猪的全价配合饲料一般选用颗粒饲料；生长猪、肥育猪一般选用粉状饲料。

6. 从感官上鉴别饲料质量的优劣

优质饲料从外观上看色泽鲜艳一致，无发霉、发酵、结块现象，颗粒饲料碎粒和粉末少；口尝为乳香味或鱼香味，无苦味、涩味、哈味；通过嗅觉感觉无焦煳味、酸败味。

7. 饲料厂家的选择

一般而言，养殖户选择饲料，一要注重产品质量，大型企业、名牌企业一般能严格按照饲养标准生产，并建有强大的销售网络和售后服务网络，如正大、希望、通威、大北农等，应是首选；二要考虑到地区差异，我国地区间的饲用作物因品种、肥力、收获时间的不同养分含量有差异，土壤中的矿物质在地区间也存在差异，因此养殖户在选购饲料时应尽量挑选与本地区的气候、土质、种植条件相差较小的地区厂家生产的饲料为佳。

四、全价配合饲料的应用

全价配合饲料是饲料厂根据动物的营养需要量和消化生理特点，将多种饲料原料和添加成分按照规定的加工工艺配制加工而成的均匀一致、营养价值完全的饲料产品，所含营养成分的种类(除水分外)和数量均能满足动物的生长和达到预期生产水平的营养需要。产品的形态通常有粉状和颗粒状两种。全价配合饲料常为养殖场和农户所使用。

(一)全价配合饲料使用方法

优质的全价配合饲料营养全面、适口性好，一般都直接饲喂，无须再加工。但饲喂方式则随动物种类和配合饲料特点的不同而异，通常有3种饲喂方式。

1. 充分饲喂

对生长育肥动物，全价配合饲料的营养浓度是以自由采食为基础设计的。因此，对这类配合饲料，只有充分供料，让动物自由采食才能满足其最佳生长性能的营养需要。实现自由采食的方法依养殖户的条件而异，对配备有自动采食箱的养殖场，可将饲料投入采食箱，保持箱内饲料不断，动物可随时采食以满足自身需要。对没有采食箱的养殖户，可通过人工定时充分投料来实现动物自由采食。每天喂料次数与动物种类、年龄、生产水平和管理方式有关。增加每天喂料次数有利于保证群体中的弱小个体获得充足的饲料，提高动物总采食量和生产水平，但同时也要增加人工投入，提高管理成本。一般对大多数动物而言，每天喂料 3～5 次即可保证动物充分采食。每次供料量以保证所有动物吃饱、饲槽中稍有余料为度。

为达到充分饲喂的目的，部分养殖场将饲料通过撒料机或人工撒在地面。这种方式可以避免因饲槽小、动物采食空间不够对弱小个体的影响，但容易造成饲料损失和污染，并增加动物的采食时间，增加动物的采食量降低饲料利用效率。

充分饲喂的优点是可以充分发挥动物的生产潜力，提高生长速度，缩短育肥时间；缺点是降低饲料转化效率，增加动物体脂肪含量。对种用动物不适宜采用充分饲喂。

2. 限制饲喂

对后备期和妊娠期种畜以及育肥后期肉畜，采用限制饲喂有利于提高种畜繁殖成绩或肉畜胴体品质。对这些动物，配合饲料的使用方式取决于饲料的营养浓度。若配合饲料的营养浓度是按自由采食为基础设计的，则必须限制饲料供给量或限制动物采食时间才能达到限制饲喂的目的；若配合饲料的营养浓度是按限制饲喂为基础设计的，则供料量可以不受限制，让动物自由采食。一般情况下，种畜所用全价配合饲料营养浓度较低，但仍需限制喂量才能避免因摄食过度而造成体况偏肥，从而影响其繁殖性能以及种用价值。

3. 更换饲料

生产实际中，因动物年龄、生理状态、生产水平或管理方式以及饲料质量的变化往往需要更换饲料。更换饲料要循序渐进，一般需要 3～7 d 过渡期。突然换料会降低动物的采食量，有时还会影响动物健康和生产性能，对仔猪的影响最大。

(二)使用全价配合饲料应注意的问题

1. 饲料产品的选择

选择全价配合饲料既要注意感官品质，更要注重原料组成和营养价值，价格也是一个重要因素。实际应用中要避免只注重饲料颜色和气味、饲料品牌或只购低价饲料的做法。

2. 使用对象

动物种类、年龄、生理状态和生产水平不同，其营养需要也不同。一种全价配合饲料产品只适用于某一特定的动物及特定用途，饲料产品标签上具有明确的说明。生产中不能将全价配合饲料跨种类、跨阶段、跨生产水平使用，否则将明显影响动物生产性能和饲料利用效率，甚至导致营养缺乏或中毒症。

3. 使用方法

全价配合饲料营养平衡，只有直接饲喂或经过不改变营养平衡性的简单加工后饲喂才能满足动物的营养需要，防止养分浪费。全价配合饲料与任何饲料原料混合都将破坏饲料的全价性，降低饲料利用效率和动物生产水平，增加生产成本。

4. 合理利用青绿饲料

优质青绿饲料适口性好、营养比较平衡，在农村资源丰富，成本低廉，但水分含量高、容积大，必须合理使用才能发挥青绿饲料的优点。在使用全价配合饲料时，应根据青绿饲料种类和喂量估计青绿饲料所提供的养分数量，从而计算所能替代的全价配合饲料比例。一般来说，合理利用青绿饲料可以降低全价配合饲料用量的10%～20%。青绿饲料供给太多将降低全价配合饲料采食量，导致动物养分摄入不足。在饲喂方法上，可以先喂全价配合饲料再喂青绿饲料，也可将青绿饲料切碎或打浆后与全价配合饲料混合，再喂给动物。一般不宜先喂青绿饲料再喂全价配合饲料，这样可能会影响全价配合饲料的采食量。此外，搭配使用青绿饲料时，应考虑寄生虫的问题。

5. 正确认识动物生产中的问题与全价配合饲料的关系

在动物生产过程中，动物采食量下降、生产水平或产品质量降低、健康不良或患病甚至死亡等现象经常发生。产生这些问题的原因可能是多方面的，与饲料、饲养管理、防疫及环境等因素有关。必须对具体问题进行客观分析，找准原因，采取相应措施来解决问题。那种不加分析，将出现的问题全部归因于全价配合饲料，从而立即更换饲料或要求索赔的做法是不科学的。

五、浓缩饲料的应用

浓缩饲料是指由蛋白质饲料、常量矿物质饲料和添加剂预混合饲料按一定比例配制而成的均匀混合物。浓缩饲料不可直接用于饲喂动物，必须与能量饲料合理搭配形成全价配合饲料后才能饲喂。因此，应用浓缩饲料的关键就是确定与能量饲料的配合比例或具体用量。一般而言，浓缩饲料在全价配合饲料中的比例为20%～40%，以30%最为普遍，但具体比例取决于浓缩饲料的营养水平和与之搭配的能量饲料的种类。浓缩饲料的用户主要是养殖户和小型养殖场，部分小型饲料厂也以浓缩饲料为原料生产全价配合饲料。

(一)浓缩饲料的选择

1. 浓缩饲料的选择

浓缩饲料的品种和品牌繁多，质量差异很大。合格的浓缩饲料必须具备以下几个条件：

(1)要有注册商标，并应标注在产品标签说明书或外包装上。

(2)必须有产品合格证，并加盖检验人员印章和检验日期。

(3)要有产品标签，标签内容包括产品名称、饲用对象、产品登记号或批准文号、主要饲料原料类别、营养成分分析保证值、用法与用量、净重、生产日期、厂名、厂址、电话等。

(4)要有产品说明书，内容包括推荐饲喂方法、预计饲养效果、保存方法和注意事项等。

2. 应注意浓缩饲料配方

浓缩饲料配方应包括原料组成、养分含量、氨基酸平衡程度、添加剂的种类和添加水平、使用对象、用法与用量、预期使用效果以及质量价格比。

(二)浓缩饲料的应用

(1)通常情况下浓缩饲料产品说明书中推荐了与常用能量饲料的混合比例，可以参照使用。

(2)当所推荐的能量饲料种类和品种与养殖户现有的饲料品种不一致时，应根据饲料的营养价值计算浓缩饲料和能量饲料的应用比例。

(三)浓缩饲料使用注意事项

1. 浓缩饲料不可直接饲喂动物

浓缩饲料需配制成全价配合饲料后才能直接饲喂动物,其用法与全价配合饲料相同。若采用液体饲喂法,则只需将浓缩饲料和各能量饲料原料称量后加入水中拌匀,无须先配成固体全价配合饲料。

2. 浓缩饲料使用时不建议跨阶段、跨动物使用

由于浓缩饲料主要提供蛋白质、矿物元素和维生素等,必须与能量饲料配合后才能饲喂动物。因此,浓缩饲料本身对适用动物的专一性没有全价配合饲料强。浓缩饲料能否跨阶段、跨动物使用,关键在于使用饲料的种类和配制成的全价配合饲料的营养水平。部分浓缩饲料的推荐用量只有10%～15%,使用时不但要与能量饲料配合,而且还要加入蛋白质饲料,这种浓缩饲料仅仅是一种用矿物元素和维生素强化了的蛋白质饲料。因此,使用浓缩饲料时,必须根据动物的种类、生长阶段、生产水平进行配方设计,准确计算所需饲料的种类和配比,并考虑矿物元素和维生素的盈缺状况。浓缩饲料跨阶段、跨动物使用时,要特别注意所含生长促进剂在新阶段和新动物中应用的有效性、安全性和合法性。从营养成分和成本两个方面考虑,一般不应跨阶段、跨动物使用浓缩饲料。

3. 浓缩饲料使用效果受能量饲料因素影响较大

使用浓缩饲料时,要保证与之相配的能量饲料原料的质量和粉碎粒度。质量差的能量饲料必然影响浓缩饲料的使用效果;粉碎粒度与浓缩饲料不一致将影响全价配合饲料的混合均匀度。不能将浓缩饲料和能量饲料分开使用。为了保证浓缩饲料的使用效果,有条件的使用者,应配置相应的饲料混合机等设备。

六、饲料添加剂预混合饲料的应用

饲料添加剂预混合饲料是指由一种或多种饲料添加剂与载体或稀释剂按一定比例配制而成的均匀混合物,包括两大类型,即单项预混合饲料和复合预混合饲料。前者是由各单类组分与载体或稀释剂按一定比例配制的均匀混合物,如微量元素预混合饲料、维生素预混合饲料等;后者由微量元素、维生素、氨基酸及非营养性的添加剂中的任何两类或两类以上的组分,与载体或稀释剂按一定比例配制而成的均匀混合物。饲料添加剂预混合饲料不可直接饲用,但可作为独立商品销售。使用饲料添加剂预混合饲料的用户包括饲料生产厂、养殖场和养殖户。

(一)饲料添加剂预混合饲料的选择

饲料添加剂预混合饲料的品种繁多、质量和价格悬殊。选购预混料除了要考察生产厂家、品牌、生产日期、价格等因素外,重点注意预混料的有效成分种类和含量。预混料的使用效果与基础饲粮的组成及营养水平、动物的养殖环境、饲养规模、饲养方式和动物生产水平等因素密切相关。用户应根据这些因素的实际状况来确定预混料应具备的有效成分种类和含量,从而决定选择何种预混料。如农户使用大量青绿饲料时就不需购买维生素预混合饲料;某些地区缺乏某种矿物元素时,就要求在销往这个地区的微量元素预混合饲料中添加足够的这种元素,而另一地区的某种元素过量时,则预混料中应不含这种元素;对集约化饲养、高生产性能的动物,要求预混料中微量养分种类齐全、含量高;对生产水平较低、饲养方式粗放的动物,使用预混料效果可能会很不一致。

(二)饲料添加剂预混合饲料的应用

1. 微量元素预混合饲料

微量元素预混合饲料的有效成分一般是铁、铜、锰、锌、硒和碘等营养元素,含量随动物种类、生理阶段、生产状况和预混合饲料的用量而异。微量元素预混合饲料可用于配制浓缩饲料,也可直接用于生产全价配合饲料,但不能直接饲喂动物。微量元素预混合饲料在浓缩饲料中用量为1%～2%,在全价配合饲料中的用量通常为0.2%～0.5%。由于用量小,使用时要逐级混合均匀。

微量元素预混合饲料容易分级,也易吸湿,使用过程中要尽量减少搬动,用后要严密封好,并贮藏在干燥环境中。已吸湿结块的微量元素预混合饲料不能使用。

2. 维生素预混合饲料

维生素预混合饲料也称复合维生素或多维,由多种脂溶性和水溶性维生素按动物需要量复合并添加载体和稀释剂配制而成。维生素预混合饲料主要用于配制全价配合饲料和浓缩饲料,在全价配合饲料中的用量通常为0.02%～0.05%,在浓缩饲料中用量为0.1%～0.2%。维生素预混合饲料必须经过至少1倍稀释后才能向全价配合饲料和浓缩饲料中添加。在配制高产动物配合饲料时,维生素预混合饲料产品中的某些维生素的含量可能偏低,如维生素A、维生素E、烟酸、泛酸、叶酸等,此时要补充这些维生素单体。由于维生素效价随贮藏时间的延长而逐渐下降,在使用过期的维生素预混合饲料产品时,应重新计算或测定有效成分含量,视贮藏期长短,添加量应提高10%～100%。饲料制粒会破坏部分维生素,因而需制粒的配合饲料中应超量添加维生素预混合饲料。

维生素预混合饲料也可直接加入饮水中使用,但要注意控制维生素的浓度和饮服量,防止中毒。大部分维生素对光、热及氧不稳定,维生素预混合饲料应在低温、干燥和避光环境中保管贮藏。同时,注意密封保存。

3. 复合预混合饲料

复合预混合饲料的有效成分、种类及含量随产品的规格而异。目前的产品规格主要有1%、2%和4%,即在全价配合饲料中的用量为1%、2%或4%,以1%和4%的产品最为普遍。如果要求预混合饲料产品所包含的有效成分种类多、含量高,则产品的设计用量应高,否则其有效成分的稳定性就差。

复合预混合饲料只能用于配制全价配合饲料或浓缩饲料,不能直接饲喂动物。由于不同规格的复合预混合饲料产品的有效成分及含量不同,使用不同产品时基础饲粮或浓缩饲料的配方设计就不同,所设计的配方必须与复合预混合饲料的组成特点相吻合才能充分发挥复合预混合饲料的使用效果。

复合预混合饲料也容易吸湿结块、发霉变质,必须贮藏在干燥、凉爽和避光环境中。开封后尽快使用,未用完部分封口保存。复合预混合饲料中各种组分容易互相影响,特别是对维生素的影响更明显,应注意尽早使用,不宜久存。

使用预混合饲料时,必须充分认识基础饲粮的作用,不能夸大添加剂的功效。当动物所需的能量、蛋白质、氨基酸等主要养分得不到满足,添加剂的作用将会受到影响。

七、使用配合饲料时应注意的问题

随着养殖规模化的发展,越来越多的养殖户需要购买配合饲料,以便解决自有饲料的不足。那么怎样到市场上去选购合适的配合饲料呢？

首先，要问清饲料的种类。市场上的猪用配合饲料种类很多，可分为浓缩饲料、添加剂预混料和全价配合饲料，而全价配合饲料又根据不同的生长阶段分为多种类型，不同的配合饲料的营养成分和饲喂方法也不一样。因此，购买饲料前，就要先问清饲料的种类，然后再根据自己的需要进行购买。如玉米充足，可选购浓缩饲料；如有玉米、豆饼、麸皮等主要原料，可购买添加剂预混料；如为了省事，则可购买全价配合饲料。即使这样，也要问清是哪个阶段的配合饲料。

其次，问清营养成分。配合饲料是根据一定的配方，将多种原料经过一定的工艺流程制成的。因此，选购饲料时要问清营养水平，即饲料中的蛋白质、钙、磷、维生素及微量元素等的含量多少，以便决定还需要补充哪些营养成分。另外，配合饲料的营养成分含量与饲料的贮藏时间有关，配合饲料从加工到喂完不应超过两个月，如果贮藏时间过长，配合饲料不仅容易结块、霉烂，而且营养成分大为降低。

最后，看饲喂的效果。判断一种配合饲料的好坏，最终是看饲喂的效果；而要了解饲喂效果，可将一批畜禽随机平分成几个小群，喂给不同的配合饲料，对比其增重和单位产品的耗料量等便清楚了。

那么如何合理使用配合饲料呢？可按以下的几条要求进行：

(1)忌掺和其他饲料　不少养殖户为减少饲料开支，将配合饲料当作浓缩料或添加剂预混料掺和到糠麸类饲料和青粗饲料中喂畜禽，这样全价配合饲料便失去了应有效果。

(2)忌煮熟饲喂　冬春两季，有的养殖户习惯将配合饲料煮熟饲喂，认为这样可以提高畜禽的食欲，殊不知。高温会破坏配合饲料中的蛋白质、维生素等营养成分和生物活性酶，造成饲喂效果降低。

(3)忌掺水稀喂　配合饲料加水稀喂，会使畜禽吃得快、饱得快、食后排泄快、饿得也快。如此，畜禽从所采食的日粮中得不到充足的营养物质。此外，有的养殖户将配合饲料拌水发酵后再饲喂畜禽，这样也会破坏其中的营养成分。因此，配合饲料喂畜禽应与饮水分开，以干喂为主，并定时定量饲喂。

(4)忌添加药物和添加剂　配合饲料在生产过程中，厂家已配足畜禽生长发育所需的添加剂和保健药物，若再添加这类物质，不仅会造成浪费，还会因药物过量而引起畜禽中毒。

(5)忌随意混用　有的养殖户错误地把配合饲料当作“万能”饲料，不分畜禽种类和畜禽的生长阶段而随意混喂，这样不仅降低了配合饲料的利用率，若同时长期混喂还会导致畜禽发生某些营养性疾病。

(6)忌忽然更换配合饲料　突然更换配合饲料，会使畜禽一时难以适应而影响食欲，造成生长发育受阻，饲喂效果不好。如果一定要更换配合饲料，应在逐渐增加新饲料比例的前提下，逐渐减少原配合饲料的用量，需用 7～10 d 来完成更换新的饲料。

(7)使用浓缩饲料时，必须严格按照产品说明中补充能量饲料的种类和比例，使用前各种原料必须混合均匀。

(8)贮藏浓缩饲料时，要注意通风、阴凉，避光，严防潮湿、雨淋和曝晒；超过保质期的浓缩饲料要慎用。

除以上所述外，配合饲料还不宜久存，最好每次购进的饲料储存时间不超过 15 d，同时应存放在干爽、阴凉的地方，并防虫、鼠危害。

任务二　饲料管理

一、饲料配方设计过程的质量控制

饲料配方设计过程包括产品设计、加工工艺设计、产品试制、使用验证与鉴定等环节，是饲料产品正式投产前的全部技术准备过程。饲料配方既是生产配合饲料的依据，又是饲养标准的体现。设计饲料配方时必须满足饲养标准，符合畜禽生理消化特点，适口性好；充分利用当地资源，避免资源浪费；既要考虑营养价值，又要考虑经济效益；同时考虑卫生质量与安全性。因此，配方设计过程的质量控制主要涉及以下几方面。

1. 合理规定产品的质量目标

饲料产品的质量目标是在遵循饲料配方设计原则的基础上，通过市场调查研究，系统地收集生产部及用户实际使用效果等信息，根据用户要求、科技信息与企业的经营目标，对其营养特性、加工工艺流程进行设计，提出对新产品或原产品改进的质量要求。因此，设计过程中主要依赖四个方面的标准：

(1)产品营养标准　要在充分掌握营养学基础知识和研究进展、不同动物对营养的需求和饲料营养成分的利用能力、原料的适口性和生物学效价、添加剂的添加效应以及卫生安全及环境保护等方面知识的基础上制定营养标准。

(2)原料质量标准　采购人员与技术服务部门协作，对原料进行选择和检验，建立各种原料营养成分和添加剂有效成分的信息库，并对原料营养成分的生物学利用率进行测定，在此基础上结合卫生安全指标制定饲料原料和添加剂的标准。

(3)加工质量标准　加工质量标准是对系统设计(包括避免交叉污染)以及生产能力评价的基础上制定的规范的操作程序。

(4)饲料卫生标准　饲料卫生标准是国家强制性标准，在规定产品质量目标时必须在符合所有的卫生质量指标的前提下进行。

2. 对饲料产品的质量标准进行分解

为了实现质量目标，对产品质量标准层层分解，规定出每一流程的相应产品及辅料标准、加工标准以及包装、保管、储运等标准，并同时确定检验手段。

3. 饲料产品的试制和鉴定

试制和鉴定就是通过加工与饲养实践来检验饲料产品的设计和工艺工作质量，以便及时发现和解决其中存在的问题，使设计和工艺的质量符合质量目标的要求。

二、饲料原料的质量控制

二维码 6-1　配合饲料质量管理

饲料原料是组成配合饲料的基础，其优劣程度直接影响饲料产品的质量。严格控制原料质量是产品质量控制(保证体系)的基础，是能否实现配方价值体现配方特点和确保饲料产品质量的重要保证。因此，把好原料质量关，是保证饲料产品质量的关键。饲料原料的质量控制主要包括原料的采购、接收、贮藏及库存量的确定等环节。

1. 饲料原料的采购管理

原料采购是保证原料质量的关键环节，因此，饲料企业应严格执行饲料原料的采购原则，确保原料的质量。

(1)掌握原料基本特性　饲料原料种类繁多，成分、性质各异。因此，选购原料时，除要求按照国家标准(包括原料标准与饲料卫生标准)和有关知识掌握各种原料的基本营养特性外，还应对原料是否含有毒性物质、是否适用于某种动物饲用以及生产工艺等都应有所了解。

(2)拟定采购标准　按照配方设计要求参照原料的国家标准或企业标准拟定原料的采购质量标准。通常，原料的采购应严格按照国家标准要求进行。对暂无国家标准的原料，允许参考行业或国外有关标准；也可由各地(厂)根据当地情况制定，或由购销双方商定。

(3)确定检验项目　根据原料的种类及实际情况确定保证原料质量的必检项目。检验是大多数中小型饲料企业普遍存在的薄弱环节。实际上，饲料企业在检验方面投入的人力、物力支出将获得几倍甚至几十倍的回报。因此，饲料企业应组建饲料检验实验室，设专职或兼职质量检验人员，对每批入厂的原料都进行检验、判定，并将检验结果及时反馈给配方师和有关部门领导，明确检验项目。

(4)了解原料生产厂家的基本情况　采购原料前，多渠道收集信息，广泛开拓采购渠道，力求能对原料生产厂家的生产状况及生产工艺有所了解，做好主要原料行情的预测和分析，建立稳定可靠的供货渠道。采购渠道不宜多变，一旦确定采购区或厂商，不宜经常更换厂商，以便使原料质量稳定。与信誉好、质量优的大型企业，建立长期业务往来，并通过合同的方式约束双方行为，以确保饲料原料的质量。

(5)实测水分　对拟选原料必须实测水分，北方地区要求不高于 14%，南方地区不高于 12.5%，同时还必须进行感官检查，必要时进行分析检测。

(6)考虑价格　在配合饲料总成本中，原料费约占 91.3%，加工费约占 7.1%，管理费约占 1.4%，其他费用约占 0.2%。因此，坚持原料选购原则，对原料进行适宜价格评定是降低配合饲料成本、确保配合饲料质量的前提，应予以高度重视。对于性质相同相近或作用类似的一些饲料，在不降低饲养效果的前提下，应该选用养分价格便宜的饲料。蛋白质饲料可按 1% 单位粗蛋白质的价格进行比较，能量饲料可按 1 MJ 消化能的价格进行比较，矿物质可按主要元素价格进行比较等。但最后确定选用某种原料，还应考虑到当地资源的利用、动物的适口性、采食量、营养的平衡性等。

(7)就地取材、择优选购　就地取材、择优选购廉价原料是获取低成本饲料配方的前提。特别在原料全部转为市场价、进货渠道多杂的情况下，就地取材，对原料进行适宜价格评定更显重要。

(8)订立质量保证合同　根据原料控制标准或合同双方议定，明确规定营养成分最低值、感官指标、物理性状、杂质含量最高值、卫生指标及供货与购货的一般信息。合同语言要准确无误，要求的项目可多列一些，特别对易掺杂使假的原料，应注明检验项目，赔偿办法等，有的即使不能检查，也可作为以后发生纠纷时谈判的筹码。

2. 饲料原料进厂/接收管理

(1)原料接收人员掌握原料基本情况　原料入厂时，必须按批次严格验收，弄清名称、品种、数量、等级、供货单位、质量指标、包装等情况。

(2)建立原料取样程序　确保接受人员严格执行取样程序要求，重点是取样方法、取样数量以及原料标识和贮藏样品。

(3)进厂的原料在卸货前应及时检验　原料的检验项目通常包括感官质量检验指标和理化质量检验指标。常用原料品种经过感官检验,无异常时,每批抽样取一个样品存库备查。新产品或有异常现象的常用品种,要抽样分析必要的理化检验指标,质量合格的方能使用。由于对原料进行分析化验需一定时间,因此,对入厂原料可通过下列特征来判断其质量的优劣。感官指标主要要求:颜色典型且色泽均匀并有光泽;具有特有的典型气味;松散,无结块,流动性好且无结块现象,没有湿的斑点;手感凉爽、没有发热的迹象;质地典型且均匀;无霉变,可以通过肉眼观察或气味来识别;泥土、棍棒、金属物、沙子、砾石、发霉和其他无关的杂质含量很少;没有鸟、啮齿动物、昆虫等污染的迹象。袋装原料还应检查包装袋是否完好,袋上标签与货物是否相符等。在接收原料过程中如发现有变色的或褪色的原料、发霉污斑点或结块现象、有陈腐、发霉或其他异味、有湿的斑点、有发热的斑点、颗粒过粗或过细、无关的原料和杂质过多、有啮齿动物或昆虫等污染迹象,则应立即取样,分析化验,质量合格方可入库。如饲料感官鉴定不合格,应停止卸货,并由主管部门做出恰当的处理决定,袋装原料的包装袋如有水浸、发硬、破袋以及袋上标签难以辨认的,也应送检。凡有霉变、污染等不符合饲料卫生标准的原料,饲料企业不得用于加工饲料。

(4)实施留样检验制度　质检部门应建立样品的理化分析和样品保留时间程序,分析的结果应记录复印送给特定人员。

(5)严格执行检验要求　接收人员应遵循不符合规格的样品坚决拒收的宗旨。

(6)以质论价　将化验结果与质量合同进行对比,做出恰当的裁决,做到以质论价。

3. 饲料原料的贮藏管理

饲料原料贮藏质量的优劣直接影响加工饲料产品的原料质量,进而影响饲料产品质量。因此,严格执行饲料原料的贮存原则是保证饲料原料质量的重要前提条件。

(1)分类垛放　饲料原料入库要确保送往正确的料仓,分类垛放,下有垫板,各垛间应留有间隙。做好原料标签,包括品名、时间、进货数量、来源,并按顺序垛放。

(2)控制害虫　定期打扫贮藏仓,严格执行消毒计划。

(3)先进先出　严格执行先进先出的原则,避免旧原料的集结。尤其是大豆粕、麦麸、鱼粉等饲料原料。

(4)贮藏条件适宜　原料应贮藏在干燥、阴凉、通风的地方,保持良好的温度和湿度。做好卫生消毒工作。勤打扫、勤翻料,防鼠、昆虫、鸟害。禁止与腐蚀性、易潮湿的物品放在一起,避光防止脂肪酸的氧化及对脂溶性维生素的破坏、变性。

4. 饲料原料库存量的确定

饲料企业为保证生产的连续性和均衡性,需要储备一定数量的饲料,但储备量是有一定限制的。原料过多,不仅占用大量的仓库面积,还可能由于长期积压,出现原料变质损坏,造成浪费,特别是还影响流动资金的周转,增加管理费用;原料过少,就会出现停工待料现象,影响生产和销售的正常开展。因此,加强饲料原料库存量的管理,控制好储备数量,使之经常保持在经济合理的水平上,以发挥现有仓库和资金的使用效率,是各饲料企业开展生产管理、提高经济效益的一项重要内容。通常需要制订原料经常储备定额和保险储备定额。经常储备是企业在前后两批原料运达的间隔期中,为满足日常生产领域的需要而建立的储备。这种储备随原料的采购进厂和生产消耗在不断变动。保险储备是企业为了防备原料运送误期或来料品种规格不符合要求等而建立的储备。在正常情况下,这种储备是不动用的。

5. ABC管理法在饲料原料质量控制中的应用

饲料企业生产经营的饲料原料，因品种繁多，规格复杂，用量不等，来源渠道各异，品种间价格悬殊，给原料的管理带来一定困难。ABC管理法的原理可概括为“区别主次，分类管理”。它将原料分为A、B、C三类，以A类作为重点管理对象。ABC管理法的关键在于区别一般的多数和极其重要的少数。不但可以降低库存占用资金，而且可提高原料保管质量，减少损耗，达到提高经济效益的目的。

(1)设定评分指标　首先分析饲料原料的各有关因素，将原料配用比例(用量大小)、原料耗用资金比例、原料对饲料产品质量的影响程度(重要程度)、原料因发霉变质或效价降低对贮存要求的难易程度及原料采购难易程度(货源供应)等五个方面设为评分指标。

(2)设定评分标准　对每项评分指标设定三级评分标准，如表6-5所示。

表6-5　饲料ABC管理法评分表

评分指标	用量大小/%			耗用资金/%			重要程度			贮藏要求			货源供应		
影响程度	≥30	30～5	<5	≥20	20～5	<5	大	一般	小	难	一般	易	难	一般	易
评定分数	20	15	10	30	20	10	20	15	10	20	15	10	10	5	3

(3)评分　按照评分标准对原料进行评分，得80分以上的原料为A类原料。根据我们的计分实践，属于A类的原料有玉米、鱼粉、氨基酸、多维素添加剂等，B类原料有大麦、豆饼、骨粉、食盐等，C类原料有麸皮、次粉、石粉、糠渣等。

(4)分类管理　原料类别划定后，可按表6-6提出的管理方式进行分类管理。运用ABC管理法，只要重点地管理A类原料，照顾C类原料，适当地对待B类原料，就能减少库存，加速资金周转，减少原料营养损失，保证饲料产品质量，增加经济效益。

表6-6　原料管理方式分类表

项目	A类	B类	C类
库存管理	重点管理，把库存压缩到最低水平	一般管理，以生产需要调节库存	集中订货，以较大库存来节省订货费用
订货批量与订货方式	按质量、经济批量定期订货	按质量、经济批量定期订货	按最高储备额定量订货
验收入库	检斤，全面理化验质	检斤，部分控制定额	按品种控制定额
定额程度	按品种、规格、质量控制用量定额	按品种控制定额	按品种控制定额
发料控制	限额发料	核实发料	控制用量
质量检查	经常检查	一般检查	按年度或季检查
统计要求	详细统计，按品种、规格、质量、产地等统计	一般统计，按规定项目统计	一般数量统计

三、饲料生产加工过程的质量控制

所谓饲料生产加工过程是指将各种饲料原料按照一定比例及加工工艺经机械加工生产为饲料产品的过程。它是能否实现配方价值、体现配方特点及确保饲料产品质量的重要保证。因此，饲料加工工艺与加工过程的质量控制是保证产品质量的关键。饲料的加工过程主要划分为原料的管理和加工、原料的混合及混合后饲料的管理和加工3个阶段，其质量控制主要涉及投料、粉碎与输送、称量与配料、混合、制粒、包装与仓储6个环节。

1. 投料过程的质量控制

(1)原料的接收核实　原料核实的目的在于保持原料处于清洁和不被污染的状态，并将每种原料投放到指定的地方贮存。

(2)原料的验质　原料虽然在入库过程中进行了严格的检验，但由于贮存环境、贮存时间等因素的影响，饲料原料的品质还会发生不同程度的变化，这种变化在使用时必须注意。如果发现原料结块、变质或异味，都应及时通知质检人员，杜绝不合格原料投入生产线。

(3)地坑格栅　一般大中型饲料厂投入原料时，原料大都是通过地下刮板输送进入生产线的，所以投料前应检查地坑的格栅是否安全就位，原料中有时有大块杂质或结块，如任意投入刮板机，大块杂质或原料就会影响饲料质地或损坏刮板输送机及其他设备。

(4)磁选　磁选装置的完好程度，将直接影响饲料加工设备的正常使用。在大批原料投入时，原料中不可避免地存在铁质杂质。因此，保证磁选装置的完好，是设备维护的关键步骤之一。另外，磁选装置还必须定期清理干净，一般每班至少清除1～2次。

(5)初清筛　主要是将进入生产线的原料中杂质进一步除去，因此，初清筛的完整和正常工作是非常重要的。初清筛必须定期清理，一般每班清理1次。

(6)振动筛　是在投料生产线上将不需粉碎的原料绕过粉碎机进入下一工序，筛上物进入粉碎机粉碎(有时根据工艺要求不同还将其他类似功能如成品料的颗粒分级等)。振动筛筛网的规格及完好程度将直接影响本道工序的加工质量，必须经常检查。

(7)原料仓　是配料过程中电子秤直接称取原料的缓冲仓，一般根据常用配方中物料的使用量来选配原料仓的大小。原料仓中的原料质量有时因物料水分过大粘在仓壁上或结块，有时因贮藏时间过长或漏雨等而发生变化，影响配合饲料的质量。因此，在生产加工前应检查原料仓的原料质量，并对原料仓定期(如每2个月)清扫和检查，以防物料在仓中发生结块影响生产，或发霉结块后进入饲料中影响饲料产品质量。如有质量问题必须停用仓中原料，并将仓中残留物清理干净，重新投入合格原料后使用。

2. 粉碎与输送过程的质量控制

粉碎与输送过程的主要目的是将饲料原料按照产品的设计要求粉碎成一定细度并运送到指定地点。原料的粉碎粒度直接影响饲料混合均匀度与饲料的外观粒度质量，也影响动物的采食量和消化利用率。不同饲料原料、不同动物种类、不同生长阶段等对饲料粒度都有不同的要求。因此在饲料的加工过程中，一定要根据配方的工艺要求对粉碎与输送过程进行质量控制。

(1)定期检查粉碎机　粉碎机是饲料加工过程中减小原料粒度的加工设备，它直接影响饲料的最终质地(粉料)和外观(颗粒料)。定期检查粉碎机锤片是否磨损，筛网有无漏洞、漏缝、错位等，一般每班检查 1 次。操作人员应经常注意观察粉碎机的粉碎能力和粉碎机排出的物料粒度。如发现粉碎机超出常规的粉碎能力(速度过快或粉碎机电流过小)，可能是因为粉碎机筛网被打漏而形成无过筛下料，物料粒度将会过大。如发现有整粒谷物(玉米等)或粒度过粗的情况，应及时停机检查粉碎机筛网有无漏洞或筛网错位与其侧挡板间形成漏缝，发现问题及时进行修理。应经常检查粉碎机有无发热现象，如有发热现象，应及时排除可能发生的粉碎机堵料现象。粉碎机下口输送设备故障或锤片磨损粉碎能力降低时，会使被粉碎的物料发热。检查粉碎机锤片和筛网，使饲料的粉碎粒度达到规定的指标。

(2)检查转向阀、分配器工作状态　转向阀是改变或控制物料流动方向的阀门。开机前操作人员应检查转向阀的方向是否正确、到位。如转向错误或转向不到位，物料就会不按规定的流程进入下一工序，造成混料或工序紊乱，生产出的产品就不可能是合格的产品。分配器的功能与转向阀类似，控制投入的原料进入规定的料仓。因此，在开机前或加工过程中也应检查分配器是否保持在正确位置上。

(3)定时清理溜管　一般溜管设计安装时都保持了一定的溜角，不会发生堵料现象，如有过大或过细的物料在其中溜过时，有时也有堵料现象。因此设备维护人员应定时清理以保障物料畅通。

(4)定时检查提升和输送过程　提升和输送过程的主要目的是把物料送至指定部位。应定期检查有无漏料或散落现象，同时检查提升和输送过程的磁铁口是否关紧。

3. 称量与配料过程的质量控制

称量是配料的关键，称量的准确与否，对饲料产品的质量至关重要。称量与配料过程的质量控制主要从 5 个方面进行。一是称量过程要严格按照饲料配方的要求，根据拟订的原料称量次序进行。二是应定期检查、校准和保养磅秤或电子秤，保持秤体清洁，保证称量准确，使误差控制在规定范围之内。三是如果用计算机控制配料过程，需要根据喂料器的大小，物料(饲料原料)容重的不同，调整下料速度及物料的落差，以保证在配料周期所规定的称重时间内完成配料称量，并且要达到所要求的计量精度。要及时发现并排除因原料在配料仓内结块而出现喂料速度过慢甚至输送器空转的现象。四是称量微量原料时，为了保证各种微量成分特别是药物性添加剂准确均匀地添加到饲料中，以保证其安全有效，要求使用灵敏度高的秤或天平，所用秤的灵敏度至少应达到 0.1%，并定期校准。要在接近秤的最大称量的情况下称量微量成分，可根据不同品种原料的实际称量来配备不同的秤。五是在配料过程中，原料的使用和库存每日每批都要有记录，有专人负责并定期对生产和库存情况进行核查。手工配料时，应使用不锈钢料铲，并做到专料专用，以免发生混料造成交叉污染。

4. 原料混合工序的质量控制

原料的混合工序是为了保证营养分在饲料产品中均匀分布，能够满足特定动物的需要。它是饲料加工环节的核心，也是质量控制最容易出现问题的工序。尤其对于微量成分如维生素、氨基酸、微量元素和药物等如果混合不均匀，不仅不能充分发挥其作用，而且还直接影响饲料的质量，影响动物的生产性能，并造成很大的浪费，甚至还会引起动物中毒。原料的混合质量通常用混合均匀度表示，它与混合机的类型、原料的添加顺序和混合时间密切相关。因此，原料混合工序的质量主要从 6 个方面进行控制。

(1)选择适宜的混合机　在饲料产品加工过程中，一定要按照原料特点和饲料产品的性能特点选择适宜的混合机。

(2)正确的原料添加顺序　原料的添加顺序直接影响饲料的混合均匀度。因此,在饲料加工过程中应严格按照饲料加工工艺规定的原料添加顺序进行。通常,在搅拌机中加入原料时,应当首先加入用量大的原料,用量越小的原料应在后面添加,如维生素、矿物质和药物等预混料,这些原料在总的配料过程中用量很小,不能直接添加到空的搅拌机内。如果需要添加油脂、水或其他液体原料,要从搅拌机上部的喷嘴喷洒,让液体原料以雾状形式喷入搅拌机中,在添加前所有的干饲料一定要混合均匀,并相应延长搅拌时间,以保证液体原料在饲料中均匀分布,尽可能将形成的饲料团都搅碎。有时在饲料中需要添加潮湿原料,应在最后添加,并延长搅拌时间。

(3)适宜的混合(搅拌)时间　最佳搅拌时间指达到混合均匀度最高(变异系数最小)时,所需要的最短搅拌时间。最佳搅拌时间与搅拌机类型、原料的物理性质如粒度、形状、形态、容重、流散性等有关。混合时间过短,饲料混合不均匀,影响饲料质量;混合时间过长,不仅浪费时间和能源,而且还会引起饲料原料的分级,影响搅拌均匀度。因此,确定最佳搅拌时间是十分必要的,生产中,一般应根据每台混合机的特点而定。卧式搅拌机的搅拌时间一般为 3～7 min,立式搅拌机一般为 8～15 min。

(4)定期检查混合均匀度　混合均匀度指混合机搅拌饲料能达到的均匀程度,是判断混合工序质量优劣的关键指标,一般用变异系数来表示。饲料的变异系数越小,说明饲料搅拌越均匀,混合效果越佳;反之,越不均匀,混合效果越差。一般生产成品饲料时,要求变异系数不大于 10%;生产预混料添加剂时,要求变异系数不大于 7%。因此,定期保养和维护混合机,并对混合机的混合均匀度进行检查,是保障饲料搅拌均匀的工作基础。

(5)防止交叉污染　混合机是造成交叉污染的重要场所。当更换饲料配方生产不同类型的饲料产品时,很容易发生交叉污染,即残留的上批饲料混入下批饲料。例如前批饲料中含有高剂量的药物,它会对下批饲料造成交叉污染,严重时会引起下批饲料中的药物浓度超过动物的耐受水平。为了避免交叉污染,每一饲料厂都应根据饲料产品类型确定相应的配料次序方案,按次序配料,同时用少量的粉碎谷物饲料和其他一些无害的或普通的可利用的原料清洗混合机。更换配方时,应将搅拌机中残留的饲料清理干净。

(6)防止饲料分级现象的发生　在混合饲料中,饲料分级是指一种或几种饲料原料或原料的碎片与混合饲料中的其他原料发生分离。饲料分级现象与机械的种类、原料的粒度大小、形状和密度等多种因素有关,可出现在混合机的缓冲仓、饲料的提升、气动输送、贮料仓、成品仓及打包仓等不同的加工环节中,也可发生在饲料贮藏、加工和运输过程中。饲料颗粒大小悬殊时容易在混合阶段发生分离,因此应尽可能减少原料之间在颗粒大小、形状和密度方面的差异。在饲料配方中添加糖蜜、油脂或水等液体,将不同大小的颗粒黏结在一起,可减少饲料分级现象的发生。但是,应在干饲料完全混合后再添加液体饲料。

5. 制粒过程的质量控制

颗粒饲料的粒度、长度、成型率是衡量制粒效果的重要加工质量指标,一般畜禽饲料的颗粒成型率要求大于 95%,鱼虾饲料的颗粒成型率要求大于 98%。直径在 4 mm 以下的饲料颗粒其长度为其粒径的 2～5 倍,直径在 4 mm 以上的饲料颗粒其长度为其粒径的 1.5～3 倍。为了达到要求的制粒标准,必须对制粒过程的各个环节进行质量控制。

(1)制粒设备的检查和维护　产前要对设备进行检查和维护,以确保产品的质量。主要包括每班清理制粒机上口的磁铁，检查环模和压辊的磨损情况，定时给压辊加润滑脂，保证压辊的正常工作。经常检查冷却器是否有物料积压，检查冷却器内的冷却盘或筛面是否损坏，确定颗粒分级效果。定期检查破碎机辊筒，如果辊筒波纹齿磨损变钝，会降低破碎能力，降低产品质量。每班检查分级筛筛面是否有破洞、堵塞和黏结现象，筛面必须完整无破损，以达到正确的颗粒分级效果。经常检查制粒机切刀，切刀磨损过钝，会使饲料粉末增加；检查蒸汽的气水分离器，以保证进入调质器的蒸汽质量，否则会影响生产能力和饲料颗粒质量。在换料时，应检查制粒机上方的缓冲仓和成品仓是否完全排空，以防止发生混料。

(2)调质控制　制粒前的调质处理直接影响饲料的制粒性能及颗粒成型率。调质指标主要包括调质时间、调质器温度、蒸汽压力、水分及制粒速度等。生产颗粒饲料时应根据制粒机性能、饲料配方特点和原料种类等调整适宜的调质参数，对制粒过程出现的问题及时做出正确的判断。一般调质器的调质时间在10～20 s，延长调质时间可增加淀粉糊化，提高饲料温度，减少有害微生物，改进生产效率，提高颗粒质量。蒸汽压力较低时，能更快地将热和水散发出去，为了提高调质效果，必须控制蒸汽压力。通常调质后饲料的水分控制在16%～18%，温度控制在75～85 ℃。

(3)调节压辊间隙　压辊间隙的正确调整，可以延长环模和压辊的使用寿命，提高生产效率和颗粒质量。通常将压辊调到当环模低速旋转时，压辊只碰到环模的高点，这可使环模和压辊间的金属接触减到最小，减少磨损，又保证足够的压力使压辊转动。应根据产品粒度要求更换环模及分级筛的筛片，调整切刀位置。

(4)保证原料适宜的粉碎粒度　应根据产品颗粒的粒度标准决定原料粉碎的粒度要求。粒度要求太细，加工速度低，生产效率下降；粒度太粗，颗粒成型率下降，颗粒易破损。可根据产品用途的不同来调整饲料的粒度，如肉鸡饲料的粒度可大些，在15～20目即可；鱼虾饲料的粒度要求细度高，一般在40～60目；一些特殊饲料的粒度要求更高，在80～120目。

(5)重视制粒后的冷却、破碎工序　根据冷却器内颗粒料的含水量、粒径大小及其成分变化，对冷却时间、冷却风量等做相应调整。

6. 包装和仓储过程的质量控制

产品包装是为保护产品数量与质量的完整性而必需的一道工序，是饲料加工过程的最后一道工序。由于产品的包装直接影响到产品的价值与销路，因而对绝大多数的产品来说，包装是产品运输、储存、销售不可缺少的必要条件。因此，对其进行科学的质量控制，是保证饲料产品质量的重要环节。

(1)包装前的质量检查　饲料经过包装，其外观质量缺陷不容易被发现。所以，包装前的检查是十分必要的。不同种类的饲料产品对包装材料有不同的要求。在包装前应检查包装袋是否符合饲料产品的包装要求，被包装的饲料和包装袋及饲料标签是否正确无误。包装秤的工作是否正常，包装秤设定的数量是否与要求的重量一致。质检人员应对待包装饲料的颜色、粒度、气味以及颗粒饲料的长度、光滑度、颗粒成型率等进行检查，并按规定要求对饲料取样，必要时进行理化指标分析。成品留样至少保存至产品有效期满后1个月，其存放条件应满足保存要求，保证发生质量争议时有样品备查。

(2)包装过程中的质量控制　包装饲料的重量应控制在规定的范围之内，一般误差应控制在1%～2%；打包人员应随时注意饲料的外观，发现异常情况及时报告质检人员，听候处理；缝包人员要保证缝包质量，不得将漏缝和掉线的包装饲料放入下一工序；质检人员应定时抽查检验，包括包装的外观质量和包重。

(3)散装饲料的质量控制　散装饲料的质量控制一般比袋装饲料简单。在装入运料车前对饲料的外观检查同袋装饲料；定期检查卡车地磅的称量精度；检查从成品仓到运料车间的所有分配器、输送设备和闸门的工作是否正常；检查运料车是否有残留饲料，如果运送不同品种的饲料要清理干净，防止不同饲料间的相互污染。

(4)饲料标签　饲料标签内容主要包括产品名称、产品成分分析保证值、原料组成、使用说明、产品标准编号、生产许可证和产品批准文号、净重、生产日期、保质期、生产者与经销者名称及地址等。饲料标签上应标有“本产品符合饲料卫生标准”字样，对于添加有药物饲料添加剂的饲料产品，其标签上必须标注“含有药物饲料添加剂”字样，并标明所添加药物的法定名称、药物的准确含量、配伍禁忌、停药期及其他注意事项。在贴标签之前仔细检查，标签和袋里饲料是否相符，严防错贴标签。

(5)产品说明书　各类饲料产品应有说明书，内容包括产品名称、等级、原料组成，主要营养成分及保证值，添加剂的组成成分及保证值，饲用对象，使用方法及注意事项，产品有效日期，包装规格及重量，饲料厂名称，地址等，添加有药物饲料添加剂的饲料应说明药品名称及含量。饲料标签可以代替产品说明书，但需要增添说明书中的内容。

(6)出厂合格证　饲料产品经检验合格，有出厂合格证的方能出厂，没有出厂合格证的不准出厂。

(7)饲料在仓储过程中的质量控制　成品饲料在库房中应码放整齐，合理安排使用库房空间。建立“先进先出”制，因为码放在下面和后面的饲料会因存放时间过长而变质。在同一库房中存放多种饲料时，要预留出足够的距离，以防发生混料或发错料。保持库房的清洁，对于因破袋而散落的饲料应及时重新装袋并包装，放入原来的料垛上，如果散落饲料发生混料或被污染，就应及时处理，不得再与原来的饲料放在一起。检查库房的顶部和窗户是否有漏雨现象。定期对饲料成品库进行清理，发现变质或过期饲料及时请有关人员处理。成品贮存应按品种及生产日期，存放于通风、透气、干燥的成品库内，做好防鼠灭虫工作，运输时防雨防水措施要有效。成品粉料在厂内贮存期一般不超过 7 d，出厂后宜在有效期内用完。

四、辅助生产过程的质量控制

饲料辅助生产过程就是生产前的各项物质(物资)及技术准备工作，是保障产品质量的基础。饲料辅助生产过程中的质量管理包括饲料原料等物资的供应、动力供应、设备维修、运输等环节。其中，物资供应中原料的质量管理控制部分已在前面讲述过。生产过程中的许多质量问题都与辅助生产过程中的质量管理密切相关，因此抓好辅助生产过程的质量管理十分重要。

1. 辅助生产过程的作用

(1)为生产过程提供优良的生产条件　例如，水、电、气的供给状况是否达到生产要求，设备维修是否达到规定的标准，以及饲料原料等物资的供应是否符合标准等。

(2)提高后勤服务质量　后勤的服务质量应达到及时供应、及时维修、方便生产的要求。

(3)抓好辅助生产部门的其他工作质量　包括减少设备故障发生，加速储备资金的周转，降低消耗和损耗，提高维修工时利用率，降低维修费用，提高车辆完好率和实载率等。

2. 辅助生产过程的质量控制

(1)计量器具的检定　保证所使用的计量器具准确有效。

(2)仪器的校准与试剂的标定　保证饲料常规分析所需仪器的正确使用及所用试剂的浓度准确,以保证所有分析数据的合格有效。同时,化验员要熟悉所化验项目的化验程序及工作过程。

(3)保证供应的原料质量　按规定的技术指标购进生产所需原料。

(4)仓储条件适宜　要具备能够保证原料及产品在规定期限内不发生质量变化的仓储条件。

(5)配件供应　辅助生产过程如配电、供气、生产车间用配件等应按规定的技术标准供应。任何环节的质量问题都会对产品质量造成影响,如锅炉供气压力不足,不仅影响颗粒料的生产能力,而且不能保证颗粒成型和熟化温度等。

(6)其他　与生产有关的其他服务工作,也应按规定的程序和标准保证服务质量。

五、使用过程中的质量控制

饲料产品质量的优劣最终要看用户的评价,只有用户满意的产品,才是完全合格的产品。因此,饲料产品的使用过程是考验产品实际质量的过程,是产品真正质量的最终检验过程,即饲料企业进行质量管理的归宿点,同时,饲料产品在使用过程中存在的问题又为饲料配方的设计、原料管理及生产过程的质量改进提供了依据。因此,使用过程的质量管理与控制又是饲料企业实行质量管理的新起点。使用过程的质量控制主要包括3个方面。

1. 对用户开展技术服务工作

对用户开展技术服务工作是保证产品使用效果与提高质量的基本环节。开展养殖技术咨询服务工作,使用户的养殖品种、养殖环境、养殖密度等条件都达到相应的规定要求,并正确地使用饲料,充分发挥饲料的效能,降低饲料系数,降低养殖成本。只有养殖户提高了经济效益,才是饲料质量优质的最终体现。

(1)售前　应初步了解用户的饲养规模、饲养水平和疾病防治情况,并帮助和指导用户根据品种、阶段,选择适宜类型的饲料。

(2)售中　应热情周到做好预约登记,送料上门,树立良好的企业形象。

(3)售后　由销售人员和技术人员组成售后服务队伍,定期走访重要客户、维系客户、稳定客户。通过现场咨询和分类指导,虚心听取用户意见,帮助用户解答应用中的实际问题、科学指导饲养。

2. 定期走访用户

定期收集用户对产品的使用效果和使用要求的反馈信息,并及时反馈给厂内,使产品质量不断改进和提高。

3. 认真处理出厂产品的质量问题

建立用户档案,认真客观地处理用户投诉,及时把用户意见进行分析,如发生质量事故必须及时查明原因,并承担相应的责任,不能损害用户利益。当用户对饲料产品质量提出异议时,企业不应该推托,而是应认真及时地处理,这样既可以消除用户的不满情绪,又可以挽回由此产生的负面影响。对用户提出的产品质量问题，企业首先是热情对待，及时进行调查，如属于不会使用或使用不当所造成的，则耐心帮助用户掌握使用技术和操作要领；如属于生产原因造成的，则及时负责包换或包退。由于生产原因造成的重大质量事故，往往是企业负责人亲自到现场调查了解，妥善处理；对造成严重经济损失的，企业还应主动负经济赔偿责任。

技能训练

技能一　饲料原料质量感官鉴定

【目的】通过实训，基本掌握饲料原料质量感官鉴定的方法步骤。

【材料】玉米、小麦麸、米糠、豆粕、菜籽粕、棉籽粕、花生粕、鱼粉、肉骨粉、血粉、磷酸氢钙。粗天平，感量 0.1 g；量筒，1 000 mL；药匙；镊子；放大镜；容重器。

【步骤】

学生按 6 人一组，在实训室对饲料厂或养殖场采集的饲料样品完成下列操作：

(1)完成玉米、小麦麸、米糠、豆粕、菜籽粕、棉籽粕、花生粕、鱼粉、肉骨粉、血粉、磷酸氢钙等的感官性状观察和检验，描述每种原料的感官特征，写出检验报告。

①视觉(眼看)。它是通过肉眼或放大镜观察饲料的外观、形状、色泽、颗粒大小、有无霉变、虫蛀、硬块、异物、夹杂物和均匀性等。观察时若发现原料结块，可能是水分过大或霉变。花生饼、胡麻饼、芝麻饼很容易发霉，特别是饼粕裂缝中常有黄曲霉污染。粉碎过筛时若发现粉料呈球块，一捻又成粉末时，除上述原因外，可能与脂肪含量较高，有黏性物存在有关。又如正常豆粕呈黄或淡黄色，若呈褐(棕褐色或棕黑色)，则可能加热过度。豆饼掺假的很多，有的豆饼中掺入玉米、豆皮、沙子、其他饼类，把饼掰开细心观察就会发现。

当然大宗原料种类较多，各种原料均有自己的特点。同种原料在不同的季节又有不同的特征。

②触觉(手摸)。用手感觉原料的温度、硬度，判断饲料的水分和掺假情况。手伸入饲料中，如果中心处和外层温差不明显，说明水分含量较低，反之水分含量高。季节不同，判定标准不一样，冬季袋子中心处的饲料温度较外层热，夏季中心处的饲料温度较外层凉，说明水分含量高。粉状饲料可抓一小把样品，握紧拳头后再慢慢松开，若留有手指压痕，说明其水分含量高。如手反复插入原料中，有细小的物质不易抖落，可能掺假。

③味觉(舌舔)。通过舌舔和牙咬来检查饲料的味道(咸、涩、甜、苦、哈、香等)，如硬度、口感等。干的原料咬起来又脆又硬且易碎，湿的则相反；咀嚼时感觉牙碜，说明掺杂有沙子、碎石等。检查原料有无刺激的异味、苦味或其他异味。如菜粕、花生粕，有时有大的团块，若把粕外的绿霉擦去，肉眼不易看出，通过舌舔和咀嚼就会尝到刺激性的异味。但应注意不要误尝对人体有毒、有害的物质。

④嗅觉。用鼻子闻原料的气味。每种饲料原料都具有特定气味，变质后或掺假后会有霉味、异味或是怪味。如肉骨粉、鱼粉、油脂等含油丰富的饲料原料，由于过期或不正确的贮存会酸败产生哈喇味；动物性蛋白中掺有皮革废弃物、毛发粉或蚕蛹粉会有一种强烈的皮革味。当然，鉴别时要避免环境中其他气味的干扰。

⑤过筛。使用 8 目、16 目、40 目的筛子，测定混入的异物及原料或成品的大约粒度。

⑦放大镜。使用放大镜(或实体显微镜)鉴定内容与视觉观察的内容基本相同。

(2)参照饲料容重检测方法,完成玉米、小麦麸、米糠、豆粕、菜籽粕、棉籽粕、花生粕、鱼粉、肉骨粉、血粉等容重的测定。

一定容积的重量称为容重,变通把1 L的重量称为1 L重。各种饲料原料均有其一定的容重,测定饲料样品的容重,并与标准纯品的容重进行比较,可判断有无异物混入和饲料的质量。精料和其他饲料的一定容积,其重量也是一定的。

简易测定法:

取代表性试样,仔细将试样放入1 000 mL的量筒中,用药匙调整容积,直到正好达1 000 mL刻度为止。将样品从量筒中倒出并称重。反复测量3次,取平均值,即为容重,常见饲料容重,见表6-7。

表6-7 常见饲料容重 g/L

饲料名称	重量	饲料名称	重量	饲料名称	重量
大麦(皮麦)	580	玉米	730	大麦混合糠	290
大麦(碎的)	460	玉米(碎的)	580	豆饼	340
黑麦	730	盐	830	豆饼(粉末)	520
燕麦	440	麸	350	棉籽饼	480
粟	630	米糠	360	亚麻籽饼	500
脱脂米糠	426	鱼粉	700	贝壳粉(细)	600
淀粉渣	340	石粉	850	贝壳粉(粗)	630

【作业】

(1)写出关于饲料原料质量感官鉴定方法、步骤,应注意的事项及实训报告。

(2)深入养猪场、养殖专业户、饲料厂调查饲料原料质量感官鉴定的应用情况。

【考核标准】

(1)实训学分比例:实训纪律占15分;实训练习占60分;实训报告占25分。

(2)考核方法与标准:

优秀(50~60分) 能熟练完成饲料原料质量感官鉴定,操作规范。

良好(40~50分) 能比较熟练完成饲料原料质量感官鉴定,操作基本正确。

及格(30分以上) 在教师的指导下才能完成饲料原料质量感官鉴定。

不及格(30分以下) 在教师的指导下,仍不能完成饲料原料质量感官鉴定。

技能二 配合饲料质量感官鉴定

【目的】通过实训,基本掌握配合饲料质量感官鉴定的方法步骤。

【材料】猪不同生产阶段各类配合饲料、浓缩饲料、添加剂预混料;勺子、镊子、放大镜、体视显微镜。

【步骤】

学生按6人一组,在实训室对饲料厂或养殖场采集的配合饲料、浓缩饲料、添加剂预混料样品完成下列操作：

完成猪不同生产阶段各类配合饲料、浓缩饲料、添加剂预混料的感官性状观察和检验，描述每种原料的感官特征，写出检验报告。

【作业】

(1)写出关于配合饲料质量感官鉴定方法、步骤，应注意的事项及实训报告。

(2)深入养猪场、养殖专业户、饲料厂调查配合饲料质量感官鉴定的应用情况。

(3)推广配合饲料质量感官鉴定方法。推广活动结束后，召开心得交流会。

【考核标准】

(1)实训学分比例：实训纪律占 15 分；实训练习占 60 分；实训报告占 25 分。

(2)考核方法与标准：

优秀(50～60 分)	能熟练完成配合饲料质量感官鉴定，操作规范。
良好(40～50 分)	能比较熟练完成配合饲料质量感官鉴定，操作基本正确。
及格(30 分以上)	在教师的指导下才能完成配合饲料质量感官鉴定。
不及格(30 分以下)	在教师的指导下，仍不能完成配合饲料质量感官鉴定。

技能三　猪场饲料供应计划编制

【目的】通过青海省格尔木市某规模化猪场饲料供应计划的编制，掌握猪场饲料计划的编制方法。

【材料】青海省格尔木市某规模化猪场各类猪群常年存栏量为：种公猪 26 头，后备公猪 10 头，青年母猪 180 头，空怀配种母猪 76 头，妊娠母猪 256 头，泌乳母猪 125 头，哺乳仔猪 1 175 头，保育仔猪 1 060 头，生长育肥猪 3 312 头。各类猪群的数量及日粮定额，如表 6-8 所示，饲料损耗率按 0.5%计算。试根据当地的饲料规格与单价，做出本场下一年度的饲料供应计划。

表 6-8　青海省格尔木市某规模化猪场各类猪群常年存栏数及日粮定额

猪群	日粮定额/kg	常年存栏猪群头数/头
种公猪	2.5	26
后备公猪	2.2	10
青年母猪	2.1	180
空怀配种母猪	2.0	76
妊娠期母猪	2.2	256
哺乳期母猪	5.0	125
15～35 日龄仔猪	0.3	1 175
36～70 日龄小猪	0.9	1 060
71～180 日龄肉猪	1.75	3 312
总计		6 220

【步骤】

第一步：根据公式，饲料需要量＝猪群头数×日粮定额×饲养天数，代入表 6-8 提供的数据，计算出各类猪群的每天、每周、每季(计 13 周)、全年(计 52 周)的饲料需要量，并填入表 6-9 中。

表 6-9 青海省格尔木市某规模化猪场各类猪群饲料需要量计算结果 kg

猪群	饲粮需要量			
	每天	每周	每季(13 周)	全年(52 周)
种公猪	65.0	455.0	5 915.0	23 660.0
后备公猪	22.0	154.0	2 002.0	8 008.0
青年母猪	378.0	2 646.0	34 398.0	137 592.0
空怀配种母猪	152.0	1 064.0	13 832.0	55 328.0
妊娠期母猪	563.2	3 942.4	51 251.2	205 004.8
哺乳期母猪	625.0	4 375.0	56 875.0	227 500.0
15～35 日龄仔猪	352.5	2 467.5	32 077.5	128 310.0
36～70 日龄小猪	954.0	6 678.0	86 814.0	347 256.0
71～180 日龄肉猪	5 796.0	40 572.0	527 436.0	2 109 744.0
总计	8 907.7	62 353.9	810 600.7	3 242 402.8

第二步:根据计算结果,饲料损耗率按 0.5%计,制定各种配合饲料的季度供应量计划,并填入表 6-10 中。

表 6-10 青海省格尔木市某规模化猪场各类猪群季度饲料损耗量与供应 kg

饲料名称	日均用量	季需要量	损耗量	季供应量
种公猪料	65.0	5 915.0	295.8	6 210.8
后备公猪料	22.0	2 002.0	100.1	2 102.1
青年母猪料	378.0	34 398.0	1 719.9	36 117.9
空怀配种母猪料	152.0	13 832.0	691.6	14 523.6
妊娠期母猪料	563.2	51 251.2	2 562.6	53 813.8
哺乳期母猪料	625.0	56 875.0	2 843.8	59 718.8
15～35 日龄仔猪料	352.5	32 077.5	1 603.9	33 681.4
36～70 日龄小猪料	954.0	86 814.0	4 340.7	91 154.7
71～180 日龄肉猪料	5 796.0	527 436.0	26 371.8	553 807.8
总计	8 907.7	810 600.7	40 530.2	851 130.9

第三步:经市场调查或问询猪场,了解饲料单价,计算金额后填入饲料供应计划表 6-11 中。

表 6-11 青海省格尔木市某规模化猪场年度饲料供应计划

序号	饲料名称	计量单位/kg	日均用量/kg	单价/(元/kg)	金额/(元/d)	每季供应量/kg				备注
						一季度	二季度	三季度	四季度	
1	仔猪料									
2	玉米									
⋮	⋮									

【考核标准】猪场饲料供应计划编制考核标准，见表 6-12。

表 6-12　猪场饲料供应计划编制考核标准

评价项目	评价标准	满分	评价结果	得分
配合饲料的种类	种类表述全面准确	10		
配合饲料的生产流程	能画出正确的饲料加工工艺流程图	20		
配合饲料的生产设备	主要的加工设备表述全面	20		
质量管理措施	能陈述 3 个以上质量管理措施	20		
配合饲料经营策略	能陈述 3 个以上经营策略	15		
实验报告	内容齐全，书写规范	15		
总分		100		

学习评价

1. 如何正确合理地开发和使用浓缩饲料？
2. 简述饲料配方设计过程的质量控制。
3. 为什么要加强配合饲料的质量管理？简述加强配合饲料质量管理的重要措施。

信息链接

1. 中国饲料工业信息网　http://www.chinafeed.com.cn。
2. 养猪第一网　http://www.zgyzool.com。
3. 畜牧人　http://www.xumuren.cn。

二维码 6-2　配合饲料的营养价值

附 录

附录一 NY/T 65—2004 猪饲养标准(节选)

本标准引用中华人民共和国农业行业标准(NY/T 65—2004),规定了猪对能量、蛋白质、氨基酸、矿物元素和维生素的需要量。可作为配合饲料厂、各种类型的养猪场、养猪专业户和农户配制猪饲粮的依据。

1. 瘦肉型生长肥育猪饲养标准(附表 1-1 和附表 1-2)。

附表 1-1 瘦肉型生长肥育猪每千克饲粮养分含量[a](自由采食,88%干物质)

体重 BW(kg)	3～8	8～20	20～35	35～60	60～90
平均体重 Average Bw (kg)	5.5	14.0	27.5	47.5	75.0
日增重 ADG (kg/d)	0.24	0.44	0.61	0.69	0.80
采食量 ADFI (kg/d)	0.30	0.74	1.43	1.90	2.50
饲料/增重 F/G	1.25	1.59	2.34	2.75	3.13
饲粮消化能含量 DE [MJ/kg(kcal①/kg)]	14.02(3 350)	13.60(3 250)	13.39(3 200)	13.39(3 200)	13.39(3 200)
饲粮代谢能含量 ME [MJ/kg(kcal/kg)][b]	13.46(3 215)	13.06(3 120)	12.86(3 070)	12.86(3 070)	12.86(3 070)
粗蛋白质 CP(%)	21.0	19.0	17.8	16.4	14.5
能量蛋白比 DE/CP [kJ/%(kcal/%)]	668(160)	716(170)	752(180)	817(195)	923(220)
赖氨酸能量比 Lys/DE [g/MJ(g/Mcal)]	1.01(4.24)	0.85(3.56)	0.68(2.83)	0.61(2.56)	0.53(2.19)
氨基酸[c](%)					
赖氨酸 Lys	1.42	1.16	0.90	0.82	0.70
蛋氨酸 Met	0.40	0.30	0.24	0.22	0.19
蛋氨酸+胱氨酸 Met+Cys	0.81	0.66	0.51	0.48	0.40
苏氨酸 Thr	0.94	0.75	0.58	0.56	0.48
色氨酸 Trp	0.27	0.21	0.16	0.15	0.13
异亮氨酸 Ile	0.79	0.64	0.48	0.46	0.39
亮氨酸 Leu	1.42	1.13	0.85	0.78	0.63
精氨酸 Arg	0.56	0.46	0.35	0.30	0.21
缬氨酸 Val	0.98	0.80	0.61	0.57	0.47
组氨酸 His	0.45	0.36	0.28	0.26	0.21
苯丙氨酸 Phe	0.85	0.69	0.52	0.48	0.40
苯丙氨酸+酪氨酸 Phe+Tyr	1.33	1.07	0.82	0.77	0.64

① cal 为非法定计量单位,1 cal=4.184 kJ。

续附表 1-1

体重 BW(kg)		3～8	8～20	20～35	35～60	60～90
矿物元素[d](%或每千克饲粮含量)	钙 Ca(%)	0.88	0.74	0.62	0.55	0.49
	总磷 Total P(%)	0.74	0.58	0.53	0.48	0.43
	非植酸磷(%)	0.54	0.36	0.25	0.20	0.17
	钠 Na(%)	0.25	0.15	0.12	0.10	0.10
	氯 Cl(%)	0.25	0.15	0.10	0.09	0.08
	镁 Mg(%)	0.04	0.04	0.04	0.04	0.04
	钾 K(%)	0.30	0.26	0.24	0.21	0.18
	铜 Cu(mg)	6.00	6.00	4.50	4.00	3.50
	碘 I(mg)	0.14	0.14	0.14	0.14	0.14
	铁 Fe(mg)	105	105	70	60	50
	锰 Mn(mg)	4.00	4.00	3.00	2.00	2.00
	硒 Se(mg)	0.30	0.30	0.30	0.25	0.25
	锌 Zn(mg)	110	110	70	60	50
维生素和脂肪酸[e](%或每千克饲粮含量)	维生素 A(IU[f])	2 200	1 800	1 500	1 400	1 300
	维生素 D_3(IU[g])	220	200	170	160	150
	维生素 E(IU[h])	16	11	11	11	11
	维生素 K(mg)	0.50	0.50	0.50	0.50	0.50
	硫胺素(mg)	1.50	1.00	1.00	1.00	1.00
	核黄素(mg)	4.00	3.50	2.50	2.00	2.00
	泛酸(mg)	12.00	10.00	8.00	7.50	7.00
	烟酸(mg)	20.00	15.00	10.00	8.50	7.50
	吡哆醇(mg)	2.00	1.50	1.00	1.00	1.00
	生物素(mg)	0.08	0.05	0.05	0.05	0.05
	叶酸(mg)	0.30	0.30	0.30	0.30	0.30
	维生素 B_{12}(μg)	20.00	17.50	11.00	8.00	6.00
	胆碱(g)	0.60	0.50	0.35	0.30	0.30
	亚油酸(%)	0.10	0.10	0.10	0.10	0.10

注：a. 瘦肉率高于 56%的公母混养猪群(阉公猪和青年母猪各一半)。

b. 假定代谢能为消化能的 96%。

c. 3～20 kg 猪的赖氨酸百分比是根据试验和经验数据的估测值，其他氨基酸需要量是根据其与赖氨酸的比例(理想蛋白质)的估测值；20～90 kg 猪的赖氨酸需要量是结合生长模型、试验数据和经验数据的估测值，其他氨基酸需要量是根据其与赖氨酸的比例(理想蛋白质)的估测值。

d. 矿物质需要量包括饲料原料中提供的矿物质量；对于发育公猪和后备母猪，钙、总磷和有效磷的需要量应提高 0.05～0.1 个百分点。

e. 维生素需要量包括饲料原料中提供的维生素量。

f. 1 IU 维生素 A=0.344 μg 维生素 A 醋酸酯。

g. 1 IU 维生素 D_3=0.025 μg 胆钙化醇。

h. 1 IU 维生素 E=0.67 mg *D-α*-生育酚或 1 mg *DL-α*-生育酚醋酸酯。

附表 1-2　瘦肉型生长肥育猪每日每头养分需要量[a]（自由采食，88%干物质）

体重 BW(kg)		3～8	8～20	20～35	35～60	60～90
平均体重(kg)		5.5	14.0	27.5	47.5	75.0
日增重 ADG(kg)		0.24	0.44	0.61	0.69	0.80
采食量 ADFI(kg/d)		0.30	0.74	1.43	1.90	2.50
饲料/增重 F/G		1.25	1.59	2.34	2.75	3.13
饲粮消化能摄入量 DE [MJ/d(Mcal/d)]		4.21(1 005)	10.06(2 405)	19.15(4 575)	25.44(6 080)	33.48(8 000)
饲粮代谢能摄入量[b] ME [MJ/d(Mcal/d)]		4.04(965)	9.66(2 310)	18.39(4 390)	24.43(5 835)	32.15(7 675)
粗蛋白质 CP(g/d)		63	141	255	312	363
氨基酸[c](g/d)	赖氨酸 Lys	4.3	8.6	12.9	15.6	17.5
	蛋氨酸 Met	1.2	2.2	3.4	4.2	4.8
	蛋氨酸+胱氨酸 Met+Cys	2.4	4.9	7.3	9.1	10.0
	苏氨酸 Thr	2.8	5.6	8.3	10.6	12.0
	色氨酸 Trp	0.8	1.6	2.3	2.9	3.3
	异亮氨酸 Ile	2.4	4.7	6.7	8.7	9.8
	亮氨酸 Leu	4.3	8.4	12.2	14.8	15.8
	精氨酸 Arg	1.7	3.4	5.0	5.7	5.5
	缬氨酸 Val	2.9	5.9	8.7	10.8	11.8
	组氨酸 His	1.4	2.7	4.0	4.9	5.5
	苯丙氨酸 Phe	2.6	5.1	7.4	9.1	10.0
	苯丙氨酸+酪氨酸 Phe+Tyr	4.0	7.9	11.7	14.6	16.0
矿物元素[d](g 或 mg/d)	钙(g)	2.64	5.48	8.87	10.45	12.25
	总磷(g)	2.22	4.29	7.58	9.12	10.75
	非植酸磷(g)	1.62	2.66	3.58	3.80	4.25
	钠(g)	0.75	1.11	1.72	1.90	2.50
	氯(g)	0.75	1.11	1.43	1.71	2.00
	镁(g)	0.12	0.30	0.57	0.76	1.00
	钾(g)	0.90	1.92	3.43	3.99	4.50
	铜(mg)	1.80	4.44	6.44	7.60	8.75
	碘(mg)	0.04	0.10	0.20	0.27	0.35
	铁(mg)	31.50	77.70	100.10	114.00	125.00
	锰(mg)	1.20	2.96	4.29	3.80	5.00
	硒(mg)	0.09	0.22	0.43	0.48	0.63
	锌(mg)	33.00	81.40	100.10	114.00	125.00

续附表 1-2

体重 BW(kg)		3～8	8～20	20～35	35～60	60～90
维生素和脂肪酸[e](IU、g、mg 或 μg/d)	维生素 A(IU[f])	660	1 330	2 145	2 660	3 250
	维生素 D_3(IU[g])	66	148	243	304	375
	维生素 E(IU[h])	5	8.5	16	21	28
	维生素 K(mg)	0.15	0.37	0.72	0.95	1.25
	硫胺素(mg)	0.45	0.74	1.43	1.90	2.50
	核黄素(mg)	1.20	2.59	3.58	3.80	5.00
	泛酸(mg)	3.60	7.40	11.44	14.25	17.5
	烟酸(mg)	6.00	11.10	14.30	16.15	18.75
	吡哆醇(mg)	0.60	1.11	1.43	1.90	2.50
	生物素(mg)	0.02	0.04	0.07	0.10	0.13
	叶酸(mg)	0.09	0.22	0.43	0.57	0.75
	维生素 B_{12}(μg)	6.00	12.95	15.73	15.20	15.00
	胆碱(g)	0.18	0.37	0.50	0.57	0.75
	亚油酸(g)	0.30	0.74	1.43	1.90	2.50

注：a. 瘦肉率高于 56%的公母混养猪群(阉公猪和青年母猪各一半)。

b. 假定代谢能为消化能的 96%。

c. 3～20 kg 猪的赖氨酸每日需要量是用附表 1-1 中的百分率乘以采食量的估测值，其他氨基酸需要量是根据其与赖氨酸的比例(理想蛋白质)的估测值；20～90 kg 猪的赖氨酸需要量是根据生长模型的估测值，其他氨基酸需要量是根据其与赖氨酸的比例(理想蛋白质)的估测值。

d. 矿物质需要量包括饲料原料中提供的矿物质量，对于发育公猪和后备母猪，钙、总磷和有效磷的需要量应提高 0.05～0.1 个百分点。

e. 维生素需要量包括饲料原料中提供的维生素量。

f. 1 IU 维生素 A=0.344 μg 维生素 A 醋酸酯。

g. 1 IU 维生素 D_3=0.025 μg 胆钙化醇。

h. 1 IU 维生素 E=0.67 mg *D*-α-生育酚或 1 mg *DL*-α-生育酚醋酸酯。

2. 瘦肉型母猪饲养标准(附表 1-3 和附表 1-4)。

附表 1-3 瘦肉型妊娠母猪每千克饲粮养分含量[a](自由采食,88%干物质)

妊娠期		妊娠前期			妊娠后期		
配种体重(kg)[b]		120～150	150～180	>180	120～150	150～180	>180
预期窝产仔数		10	11	11	10	11	11
采食量(kg/d)		2.10	2.10	2.00	2.60	2.80	3.00
饲粮消化能含量[MJ/kg(kcal/kg)]		12.75(3 050)	12.35(2 950)	12.15(2 950)	12.75(3 050)	12.55(3 000)	12.55(3 000)
饲粮代谢能含量[c][MJ/kg(kcal/kg)]		12.25(2 930)	11.85(2 830)	11.65(2 830)	12.25(2 930)	12.05(2 880)	12.05(2 880)
粗蛋白质[d](%)		13.0	12.0	12.0	14.0	13.0	12.0
能量蛋白比[kJ/%(kcal/%)]		981(235)	1 029(246)	1 013(246)	911(218)	965(231)	1 045(250)
赖氨酸能量比[g/MJ(g/Mcal)]		0.42 (1.74)	0.40(1.67)	0.38(1.58)	0.42(1.74)	0.41(1.70)	0.38(1.60)
氨基酸(%)	赖氨酸	0.53	0.49	0.46	0.53	0.51	0.48
	蛋氨酸	0.14	0.13	0.12	0.14	0.13	0.12
	蛋氨酸+胱氨酸	0.34	0.32	0.31	0.34	0.33	0.32
	苏氨酸	0.40	0.39	0.37	0.40	0.40	0.38
	色氨酸	0.10	0.09	0.09	0.10	0.09	0.09
	异亮氨酸	0.29	0.28	0.26	0.29	0.29	0.27
	亮氨酸	0.45	0.41	0.37	0.45	0.42	0.38
	精氨酸	0.06	0.02	0.00	0.06	0.02	0.00
	缬氨酸	0.35	0.32	0.30	0.35	0.33	0.31
	组氨酸	0.17	0.16	0.15	0.17	0.17	0.16
	苯丙氨酸	0.29	0.27	0.25	0.29	0.28	0.26
	苯丙氨酸+酪氨酸	0.49	0.45	0.43	0.49	0.47	0.44

续附表 1-3

妊娠期		妊娠前期	妊娠后期
矿物元素[e]（%或每千克饲粮含量）	钙(%)	0.68	
	总磷(%)	0.54	
	非植酸磷(%)	0.32	
	钠(%)	0.14	
	氯(%)	0.11	
	镁(%)	0.04	
	钾(%)	0.18	
	铜(mg)	5.0	
	碘(mg)	0.13	
	铁(mg)	75.0	
	锰(mg)	18.0	
	硒(mg)	0.14	
	锌(mg)	45.0	
维生素和脂肪酸[f]（%或每千克饲粮含量）	维生素 A(IU[g])	3 620	
	维生素 D_3(IU[h])	180	
	维生素 E(IU[i])	40	
	维生素 K(mg)	0.50	
	硫胺素(mg)	0.90	
	核黄素(mg)	3.40	
	泛酸(mg)	11	
	烟酸(mg)	9.05	
	吡哆醇(mg)	0.90	
	生物素(mg)	0.19	
	叶酸(mg)	1.20	
	维生素 B_{12}(μg)	14	
	胆碱(g)	1.15	
	亚油酸(%)	0.10	

注：a. 消化能、氨基酸是根据国内试验报告、企业经验数据和 NRC(1998)妊娠模型得到的。

b. 妊娠前期指妊娠前 12 周，妊娠后期指妊娠后 4 周；“120～150 kg”阶段适用于初产母猪和因泌乳期消耗过度的经产母猪，“150～180 kg”阶段适用于自身尚有生长潜力的经产母猪，“180 kg 以上”指达到标准成年体重的经产母猪，其对养分的需要量不随体重增长而变化。

c. 假定代谢能为消化能的 96%。

d. 以玉米-豆粕型日粮为基础确定的。

e. 矿物质需要量包括饲料原料中提供的矿物质。

f. 维生素需要量包括饲料原料中提供的维生素量。

j. 1 IU 维生素 A=0.344 μg 维生素 A 醋酸酯。

g. 1 IU 维生素 D_3=0.025 μg 胆钙化醇。

h. 1 IU 维生素 E=0.67 mg *D*-α-生育酚或 1 mg *DL*-α-生育酚醋酸酯。

附表 1-4 瘦肉型泌乳母猪每千克饲粮养分含量[a]（自由采食，88%干物质）

分娩体重(kg)		140～180		180～240	
饲粮代谢能含量[MJ/kg(kcal/kg)][b]		13.25(3 170)	13.25(3 170)	13.25(3 170)	13.25(3 170)
粗蛋白质(%)[c]		17.5	18.0	18.0	18.5
能量蛋白比[kJ/%(Mcal/%)]		789(189)	767(183)	767(183)	746(178)
赖氨酸能量比[g/MJ(g/Mcal)]		0.64(2.67)	0.67(2.82)	0.66(2.76)	0.68(2.85)
氨基酸(%)	赖氨酸	0.88	0.93	0.91	0.94
	蛋氨酸	0.22	0.24	0.23	0.24
	蛋氨酸＋胱氨酸	0.42	0.45	0.44	0.45
	苏氨酸	0.56	0.59	0.58	0.60
	色氨酸	0.16	0.17	0.17	0.18
	异亮氨酸	0.49	0.52	0.51	0.53
	亮氨酸	0.95	1.01	0.98	1.02
	精氨酸	0.48	0.48	0.47	0.47
	缬氨酸	0.74	0.79	0.77	0.81
	组氨酸	0.34	0.36	0.35	0.37
	苯丙氨酸	0.47	0.50	0.48	0.50
	苯丙氨酸＋酪氨酸	0.97	1.03	1.00	1.04
矿物元素[d](%或每千克饲粮含量)	钙(%)	0.77			
	总磷(%)	0.62			
	有效酸磷(%)	0.36			
	钠(%)	0.21			
	氯(%)	0.16			
	镁(%)	0.04			
	钾(%)	0.21			
	铜(mg)	5.0			
	碘(mg)	0.14			
	铁(mg)	80.0			
	锰(mg)	20.5			
	硒(mg)	0.15			
	锌(mg)	51.0			
维生素和脂肪酸[e](%或每千克饲粮含量)	维生素 A(IU[f])	2 050			
	维生素 D_3(IU[g])	205			
	维生素 E(IU[h])	45			
	维生素 K(mg)	0.5			
	硫胺素(mg)	1.00			
	核黄素(mg)	3.85			
	泛酸(mg)	12			
	烟酸(mg)	10.25			
	吡哆醇(mg)	1.00			
	生物素(mg)	0.21			

续附表 1-4

分娩体重(kg)		140～180	180～240
维生素和脂肪酸[e]（%或每千克饲粮含量）	叶酸(mg)	1.35	
	维生素 B_{12}(μg)	15.0	
	胆碱(g)	1.00	
	亚油酸(%)	0.10	

注：a. 由于国内缺乏哺乳母猪的试验数据，消化能和氨基酸是根据国内一些企业的经验数据和 NRC(1998)的泌乳模型得到的。

b. 假定代谢能为消化能的 96%。

c. 以玉米-豆粕型日粮为基础确定的。

d. 矿物质需要量包括饲料原料中提供的矿物质。

e. 维生素需要量包括饲料原料中提供的维生素量。

f. 1 IU 维生素 A=0.344 μg 维生素 A 醋酸酯。

g. 1 IU 维生素 D_3=0.025 μg 胆钙化醇。

h. 1 IU 维生素 E=0.67 mg *D*-α-生育酚或 1 mg *DL*-α-生育酚醋酸酯。

3. 瘦肉型种公猪饲养标准(附表 1-5)。

附表 1-5 配种公猪每千克饲粮和每日每头养分需要量[a](自由采食,88%干物质)

饲粮消化能含量[MJ/kg(kcal/kg)]			12.95(3 100)	12.95(3 100)
饲粮代谢能含量[MJ/kg(kcal/kg)][b]			12.45(2 975)	12.45(975)
消化能摄入量[MJ/kg(kcal/kg)]			21.70(6 820)	21.70(6 820)
代谢能含量[MJ/kg(kcal/kg)]			20.85(6 545)	20.85(6 545)
采食量(kg/d)[d]			2.2	2.2
粗蛋白质(%)[c]			13.50	13.50
能量蛋白比[kJ/%(kcal/%)]			959(230)	959(230)
赖氨酸能量比[g/MJ(g/Mcal)]			0.42(1.78)	0.42(1.78)
			每千克饲粮中含量	每日需要量
需要量	氨基酸	赖氨酸	0.55%	12.1 g
		蛋氨酸	0.15%	3.31 g
		蛋氨酸+胱氨酸	0.38%	8.4 g
		苏氨酸	0.46%	10.1 g
		色氨酸	0.11%	2.4 g
		异亮氨酸	0.32%	7.0 g
		亮氨酸	0.47%	10.3 g
		精氨酸	0.00%	0.0 g
		缬氨酸	0.36%	7.9 g
		组氨酸	0.17%	3.7 g
		苯丙氨酸	0.30%	6.6 g
		苯丙氨酸+酪氨酸	0.52%	11.4 g
	矿物元素[e]	钙	0.70%	15.4 g
		总磷	0.55%	12.1 g
		有效磷	0.32%	7.04 g
		钠	0.14%	3.08 g
		氯	0.11%	2.42 g
		镁	0.04%	0.88 g
		钾	0.20%	4.40 g
		铜	5 mg	11.0 mg
		碘	0.15 mg	0.33 mg
		铁	80 mg	176.00 mg
		锰	20 mg	44.00 mg
		硒	0.15 mg	0.33 mg
		锌	75 mg	165 mg

续附表 1-5

			每千克饲粮中含量	每日需要量
需要量	维生素和脂肪酸[f]	维生素 A[g]	4 000 IU	8 800 IU
		维生素 D_3[h]	220 IU	485 IU
		维生素 E[i]	45 IU	100 U
		维生素 K	0.50 mg	1.10 mg
		硫胺素	1.0 mg	2.20 mg
		核黄素	3.5 mg	7.70 mg
		泛酸	12 mg	26.4 mg
		烟酸	10 mg	22 mg
		吡哆醇	1.0 mg	2.20 mg
		生物素	0.20 mg	0.44 mg
		叶酸	1.30 mg	2.86 mg
		维生素（B_{12}）	15 μg	33 μg
		胆碱	1.25 g	2.75 g
		亚油酸	0.1%	2.2 g

注：a. 需要量的制定以每日采食 2.2 kg 饲粮为基础，采食量需根据公猪的体重和期望的增重进行调整。

b. 假定代谢能为消化能的 96%。

c. 以玉米-豆粕型日粮为基础。

d. 配种前一个月采食量增加 20%～25%，冬季严寒期采食量增加 10%～20%。

e. 矿物质需要量包括饲料原料中提供的矿物质。

f. 维生素需要量包括饲料原料中提供的维生素量。

g. 1 IU 维生素 A=0.344 μg 维生素 A 醋酸酯。

h. 1 IU 维生素 D_3=0.025 μg 胆钙化醇。

i. 1 IU 维生素 E=0.67 mg *D*-α-生育酚或 1 mg *DL*-α-生育酚醋酸酯。

附录二　中国饲料营养成分及营养价值表

（2020 年第 31 版，中国饲料数据库，节选）

附表 2-1　饲料描述及常规成分*

序号	中国饲料号 CFN	饲料名称 Feed Name	饲料描述 Description	干物质 DM(%)	粗蛋白质 CP(%)	粗脂肪 EE(%)	粗纤维 CF(%)	无氮浸出物 NFE(%)	粗灰分 Ash (%)	中性洗涤纤维 NDF(%)	酸性洗涤纤维 ADF(%)	淀粉 Starch (%)	钙 Ca(%)	总磷 P(%)	有效磷 A-P (%)
1	4-07-0278	玉米 corn grain	成熟，高蛋白，优质	88.0	9.0	3.5	2.8	71.5	1.2	9.1	3.3	61.7	0.01	0.31	0.09
2	4-07-0288	玉米 corn grain	成熟，高赖氨酸，优质	86.0	8.5	5.3	2.6	68.3	1.3	9.4	3.5	59.0	0.16	0.25	0.05
3	4-07-0279	玉米 corn grain	成熟，GB 1353—2018 1 级	86.0	8.7	3.6	1.6	70.7	1.4	9.3	2.7	65.4	0.02	0.27	0.05
4	4-07-0280	玉米 corn grain	成熟，GB 1353—2018 2 级	86.0	8.0	3.6	2.3	71.8	1.2	9.9	3.1	63.5	0.02	0.27	0.05
5	4-07-0272	高粱 sorghum grain	成熟，GB 8231—87	88.0	8.7	3.4	1.4	70.7	1.8	17.4	8.0	68.0	0.13	0.36	0.09
6	4-07-0270	小麦 wheat grain	混合小麦，成熟，GB 1351—2008 2 级	88.0	13.4	1.7	1.9	69.1	1.9	13.3	3.9	54.6	0.17	0.41	0.21
7	4-07-0274	大麦（裸）naked barley grain	裸大麦，成熟，GB/T 11760—2008 2 级	87.0	13.0	2.1	2.0	67.7	2.2	10.0	2.2	50.2	0.04	0.39	0.12
8	4-07-0277	大麦（皮）barley grain	皮大麦，成熟，GB 10367—89 1 级	87.0	11.0	1.7	4.8	67.1	2.4	18.4	6.8	52.2	0.09	0.33	0.10
9	4-07-0281	黑麦 rye	籽粒，进口	88.0	9.5	1.5	2.2	73.0	1.8	12.3	4.6	56.5	0.05	0.30	0.14
10	4-07-0273	稻谷 paddy	成熟，晒干 NY/T 2 级	86.0	7.8	1.6	8.2	63.8	4.6	27.4	13.7	63.0	0.03	0.36	0.15
11	4-07-0276	糙米 rough rice	除去外壳的大米 GB/T 18810-2002 1 级	87.0	8.8	2.0	0.7	74.2	1.3	1.6	0.8	47.8	0.03	0.35	0.13
12	4-07-0275	碎米 broken rice	加工精米后的副产品 GB/T 5503-2009 1 级	88.0	10.4	2.2	1.1	72.7	1.6	0.8	0.6	51.6	0.06	0.35	0.12
13	4-07-0479	粟（谷子）millet grain	合格，带壳，成熟	86.5	9.7	2.3	6.8	65.0	2.7	15.2	13.3	63.2	0.12	0.30	0.09
14	4-04-0067	木薯干 cassava tuber flake	木薯干片，晒干 GB 10369—89 合格	87.0	2.5	0.7	2.5	79.4	1.9	8.4	6.4	71.6	0.27	0.09	0.03
15	4-04-0068	甘薯干 sweet potato tuber flake	甘薯干片，晒干 NY/T 121—1989 合格	87.0	4.0	0.8	2.8	76.4	3.0	8.1	4.1	64.5	0.19	0.02	—
16	4-08-0104	次粉 wheat middling and reddog	黑面，黄粉，下面 NY/T 211—1992 1 级	88.0	15.4	2.2	1.5	67.1	1.5	18.7	4.3	37.8	0.08	0.48	0.17

续附表 2-1

序号	中国饲料号 CFN	饲料名称 Feed Name	饲料描述 Description	干物质 DM(%)	粗蛋白质 CP(%)	粗脂肪 EE(%)	粗纤维 CF(%)	无氮浸出物 NFE(%)	粗灰分 Ash (%)	中性洗涤纤维 NDF(%)	酸性洗涤纤维 ADF(%)	淀粉 Starch (%)	钙 Ca(%)	总磷 P(%)	有效磷 A-P (%)
17	4-08-0105	次粉 wheat middling and reddog	黑面，黄粉，下面 NY/T 211—1992 2 级	87.0	13.6	2.1	2.8	66.7	1.8	31.9	10.5	36.7	0.08	0.48	0.17
18	4-08-0069	小麦麸 wheat bran	传统制粉工艺 GB 10368—1989 1 级	87.0	15.7	3.9	6.5	56.0	4.9	37.0	13.0	22.6	0.11	0.92	0.32
19	4-08-0070	小麦麸 wheat bran	传统制粉工艺 GB 10368—1989 2 级	87.0	14.3	4.0	6.8	57.1	4.8	41.3	11.9	19.8	0.10	0.93	0.33
20	4-08-0041	米糠 rice bran	新鲜，不脱脂 NY/T 2 级	90.0	14.5	15.5	6.8	45.6	7.6	20.3	11.6	27.4	0.05	2.37	0.35
21	4-10-0025	米糠饼 rice bran meal(exp.)	未脱脂，机榨 NY/T 1 级	90.0	15.0	9.2	7.6	49.3	8.9	28.3	11.9	30.9	0.14	1.73	0.25
22	4-10-0018	米糠粕 rice bran meal(sol.)	浸提或预压浸提 NY/T 1 级	87.0	15.1	2.0	7.5	53.6	8.8	23.3	10.9	25.0	0.15	1.82	0.25
23	5-09-0127	大豆 soybean	黄大豆，成熟 GB 1352—86 2 级	87.0	35.5	17.3	4.3	25.7	4.2	7.9	7.3	2.6	0.27	0.48	0.12
24	5-09-0128	全脂大豆 full-fat soybean	微粒化 GB/T 20411-2006	88.0	35.5	18.7	4.6	25.2	4.0	11.0	6.4	6.7	0.32	0.40	0.10
25	5-10-0241	大豆饼 soybean meal(exp.)	机榨 GB 10379—1989 2 级	89.0	41.8	5.8	4.8	30.7	5.9	18.1	15.5	3.6	0.31	0.50	0.13
26	5-10-0103	去皮大豆粕 soybean meal(sol.)	去皮，浸提或预压浸提 NY/T 1 级	89.0	47.9	1.5	3.3	29.7	4.9	8.8	5.3	1.8	0.34	0.65	0.24
27	5-10-0102	大豆粕 soybean meal(sol.)	浸提或预压浸提 GB/T 19541-2017	89.0	44.2	1.9	5.9	28.3	6.1	13.6	9.6	3.5	0.33	0.62	0.16
28	5-10-0118	棉籽饼 cottonseed meal(exp.)	机榨 NY/T 129—1989 2 级	88.0	36.3	7.4	12.5	26.1	5.7	32.1	22.9	3.0	0.21	0.83	0.21
29	5-10-0119	棉籽粕 cottonseed meal(sol.)	浸提 GB 21264—2007 1 级	90.0	47.0	0.5	10.2	26.3	6.0	22.5	15.3	1.5	0.25	1.10	0.28
30	5-10-0117	棉籽粕 cottonseed meal(sol.)	浸提 GB 21264—2007 2 级	90.0	43.5	0.5	10.5	28.9	6.6	28.4	19.4	1.8	0.28	1.04	0.26
31	5-10-0220	棉籽蛋白 cottonseed protein	脱酚，低温一次浸出，分步萃取	92.0	51.1	1.0	6.9	27.3	5.7	20.0	13.7	0.9	0.29	0.89	0.22
32	5-10-0183	菜籽饼 rapeseed meal(exp.)	机榨 NY/T 1799—2009 2 级	88.0	35.7	7.4	11.4	26.3	7.2	33.3	26.0	3.8	0.59	0.96	0.20
33	5-10-0121	菜籽粕 rapeseed meal(sol.)	浸提 GB/T 23736-2009 2 级	88.0	38.6	1.4	11.8	28.9	7.3	20.7	16.8	6.1	0.65	1.02	0.25
34	5-10-0116	花生仁饼 peanut meal (exp.)	机榨 NY/T 132—2019 2 级	88.0	44.7	7.2	5.9	25.1	5.1	14.0	8.7	6.6	0.25	0.53	0.16
35	5-10-0115	花生仁粕 peanut meal(sol.)	浸提 GB 10382—1989 2 级	88.0	47.8	1.4	6.2	27.2	5.4	15.5	11.7	6.7	0.27	0.56	0.17
36	1-10-0031	向日葵仁饼 sunflower meal(exp.)	壳仁比 35:65 NY/T 128—1989 3 级	88.0	29.0	2.9	20.4	31.0	4.7	41.4	29.6	2.0	0.24	0.87	0.22

续附表 2-1

序号	中国饲料号 CFN	饲料名称 Feed Name	饲料描述 Description	干物质 DM(%)	粗蛋白质 CP(%)	粗脂肪 EE(%)	粗纤维 CF(%)	无氮浸出物 NFE(%)	粗灰分 Ash (%)	中性洗涤纤维 NDF(%)	酸性洗涤纤维 ADF(%)	淀粉 Starch (%)	钙 Ca(%)	总磷 P(%)	有效磷 A-P (%)
37	5-10-0242	向日葵仁粕 sunflower meal(sol.)	壳仁比 16:84 GB 10377—89 T 2 级	88.0	36.5	1.0	10.5	34.4	5.6	14.9	13.6	6.2	0.27	1.13	0.29
38	5-10-0243	向日葵仁粕 sunflower meal(sol.)	壳仁比 24:76 GB 10377—89 T 2 级	88.0	33.6	1.0	14.8	38.8	5.3	32.8	23.5	4.4	0.26	1.03	0.26
39	5-10-0119	亚麻仁饼 linseed meal(exp.)	机榨 NY/T 216—1992 2 级	88.0	32.2	7.8	7.8	34.0	6.2	29.7	27.1	11.4	0.39	0.88	0.22
40	5-10-0120	亚麻仁粕 linseed meal(sol.)	浸提或预压浸提 NY/T 216—1992 2 级	88.0	34.8	1.8	8.2	36.6	6.6	21.6	14.4	13.0	0.42	0.95	0.24
41	5-10-0246	芝麻饼 sesame meal(exp.)	机榨，CP 40%	92.0	39.2	10.3	7.2	24.9	10.4	18.0	13.2	1.8	2.24	1.19	0.31
42	5-11-0001	玉米蛋白粉 corn gluten meal	去胚芽、淀粉后的面筋部分 NY/T 685—20031 级	90.1	63.5	5.4	1.0	19.2	1.0	8.7	4.6	17.2	0.07	0.44	0.16
43	5-11-0002	玉米蛋白粉 corn gluten meal	同上，中等蛋白质产品，CP 50% NY/T 685—2003 2 级	88.0	56.3	4.7	1.3	23.4	2.3	8.2	5.1	16.1	0.04	0.44	0.15
44	5-11-0008	玉米蛋白粉 corn gluten meal	同上，中等蛋白质产品，CP 40% NY/T 685—2003 3 级	89.9	44.3	6.0	1.6	37.1	0.9	29.1	8.2	20.6	0.12	0.50	0.31
45	5-11-0003	玉米蛋白饲料 corn gluten feed	玉米去胚芽、淀粉后的含皮残渣	88.0	18.3	7.5	7.8	47.0	5.4	33.6	10.5	21.5	0.15	0.70	0.17
46	4-10-0026	玉米胚芽饼 corn germ meal(exp.)	玉米湿磨后的胚芽，机榨	90.0	16.7	9.6	6.3	50.8	6.6	28.5	7.4	13.5	0.04	0.50	0.15
47	4-10-0244	玉米胚芽粕 corn germ meal(sol.)	玉米湿磨后的胚芽，浸提	90.0	20.8	2.0	6.5	54.8	5.9	38.2	10.7	14.2	0.06	0.50	0.15
48	5-11-0007	DDGS(distiller dried grains with solubles)	玉米酒精糟及可溶物，脱水	89.2	27.5	10.1	6.6	39.9	5.1	38.3	12.5	4.2	0.06	0.71	0.48
49	5-11-0009	蚕豆粉浆蛋白粉 broad bean gluten meal	蚕豆去皮制粉丝后的浆液，脱水	88.0	66.3	4.7	4.1	10.3	2.6	13.7	9.7	—		0.59	0.18
50	5-11-0004	麦芽根 barley malt sprouts	大麦芽副产品，干燥	89.7	28.3	1.4	12.5	41.4	6.1	40.0	15.1	7.2	0.22	0.73	0.18
51	5-13-0044	鱼粉(CP 67%) fish meal	进口 GB/T 19164-2003，特级	92.4	67.0	8.4	0.2	0.4	16.4				4.56	2.88	2.88
52	5-13-0046	鱼粉(CP 60.2%) fish meal	沿海产的海鱼粉，脱脂，12 样平均值	90.0	60.2	4.9	0.5	11.6	12.8				4.04	2.90	2.90
53	5-13-0077	鱼粉(CP 53.5%) fish meal	沿海产的海鱼粉，脱脂，11 样平均值	90.0	53.5	10.0	0.8	4.9	20.8				5.88	3.20	3.20
54	5-13-0036	血粉 blood meal	鲜猪血喷雾干燥，国产	88.0	82.8	0.4		1.6	3.2				0.29	0.31	0.29
55	5-13-0037	羽毛粉 feather meal	纯净羽毛，水解，国产	88.0	77.9	2.2	0.7	1.4	5.8				0.20	0.68	0.61
56	5-13-0038	皮革粉 leather meal	废牛皮，水解，国产	88.0	74.7	0.8	1.6		10.9				4.40	0.15	0.13

续附表 2-1

序号	中国饲料号 CFN	饲料名称 Feed Name	饲料描述 Description	干物质 DM(%)	粗蛋白质 CP(%)	粗脂肪 EE(%)	粗纤维 CF(%)	无氮浸出物 NFE(%)	粗灰分 Ash (%)	中性洗涤纤维 NDF(%)	酸性洗涤纤维 ADF(%)	淀粉 Starch (%)	钙 Ca(%)	总磷 P(%)	有效磷 A-P (%)
57	5-13-0047	肉骨粉 meat and bone meal	屠宰下脚，带骨干燥粉碎	93.0	50.0	8.5	2.8		31.7				9.20	4.70	4.37
58	5-13-0048	肉粉 meat meal	脱脂，国产	94.0	54.0	12.0	1.4	4.3	22.3				7.69	3.88	3.61
59	1-05-0074	苜蓿草粉(CP 19%)alfalfa meal	一茬盛花期烘干 NY/T 140—2002 1 级	87.0	19.1	2.3	22.7	35.3	7.6	36.7	25.0	6.1	1.40	0.51	0.51
60	1-05-0075	苜蓿草粉(CP 17%)alfalfa meal	一茬盛花期烘干 NY/T 140—2002 2 级	87.0	17.2	2.6	25.6	33.3	8.3	39.0	28.6	3.4	1.52	0.22	0.22
61	1-05-0076	苜蓿草粉(CP 14%～15%)alfalfa meal	NY/T 140—2002 3 级	87.0	14.3	2.1	29.8	33.8	10.1	36.8	29.0	3.5	1.34	0.19	0.19
62	5-11-0005	啤酒糟 brewers dried grain	大麦酿造副产品	88.0	24.3	5.3	13.4	40.8	4.2	39.4	24.6	11.5	0.32	0.42	0.14
63	7-15-0001	啤酒酵母 brewers dried yeast	啤酒酵母菌粉 QB/T 1940—94	91.7	52.4	0.4	0.6	33.6	4.7	6.1	1.8	1.0	0.16	1.02	0.46
64	4-13-0075	乳清粉 whey，dehydrated	乳清，脱水，乳糖含量 73%	97.2	11.5	0.8	0.1	76.8	8.0				0.62	0.69	0.52
65	5-01-0162	酪蛋白 casein	脱水，来源于牛奶	91.7	89.0	0.2		0.4	2.1				0.20	0.68	0.67
66	5-14-0503	明胶 gelatin	食用	90.0	88.6	0.5		0.6	0.3				0.49		
67	4-06-0076	牛奶乳糖 milk lactose	进口，含乳糖 80%以上	96.0	3.5	0.5		82.0	10.0				0.52	0.62	0.62
68	4-06-0077	乳糖 lactose	食用	96.0	0.3			95.7							
69	4-06-0078	葡萄糖 glucose	食用	90.0	0.3			89.7							
70	4-06-0079	蔗糖 sucrose	食用	99.0				98.5	0.5				0.04		
71	4-02-0889	玉米淀粉 corn starch	食用	99.0	0.3	0.2		98.5				98.0		0.03	0.01
72	4-17-0001	牛脂 beef tallow		99.0		98.0*		0.5	0.5						
73	4-17-0002	猪油 lard		99.0		98.0*		0.5	0.5						
74	4-17-0003	家禽脂肪 poultry fat		99.0		98.0*		0.5	0.5						
75	4-17-0004	鱼油 fish oil		99.0		98.0*		0.5	0.5						
76	4-17-0005	菜籽油 rapeseed oil		99.0		98.0*		0.5	0.5						
77	4-17-0006	椰子油 coconut oil		99.0		98.0*		0.5	0.5						
78	4-07-0007	玉米油 corn oil		99.0		98.0*		0.5	0.5						
79	4-17-0008	棉籽油 cottonseed oil		99.0		98.0*		0.5	0.5						
80	4-17-0009	棕榈油 palm oil		99.0		98.0*		0.5	0.5						
81	4-17-0010	花生油 peanuts oil		99.0		98.0*		0.5	0.5						
82	4-17-0011	芝麻油 sesame oil		99.0		98.0*		0.5	0.5						
83	4-17-0012	大豆油 soybean oil	粗制	99.0		98.0*		0.5	0.5						
84	4-17-0013	葵花油 sunflower oil		99.0		98.0*		0.5	0.5						

注：① * 代表典型值(下同)；②“ * ”空的数据项代表为“0”(下同)；③从表所示所有数据，无特别说明者，均表示为饲喂状态的含量数据。

附表 2-2 饲料中有效能值

序号	中国饲料号 CFN	饲料名称 Feed Name	干物质 DM(%)	粗蛋白质 CP(%)	猪消化能 DE		猪代谢能 ME		猪净能 NE		鸡代谢能 AME		肉牛维持净能 NEm		肉牛增重净能 NEg		奶牛产奶净能 NEl		羊消化能 DE	
					Mcal/kg	MJ/kg	Mcal/kg	MJ/kg	Mcal/kg	MJ/kg	Mcal/kg	MJ/kg	Mcal/kg	MJ/kg	Mcal/kg	MJ/kg	Mcal/kg	MJ/kg	Mcal/kg	MJ/kg
1	4-07-0278	玉米	86.0	9.4	3.44	14.39	3.24	13.57	2.66	11.14	3.18	13.31	2.20	9.19	1.68	7.02	1.83	7.66	3.40	14.23
2	4-07-0288	玉米	86.0	8.5	3.45	14.43	3.25	13.60	2.67	11.17	3.25	13.60	2.24	9.39	1.72	7.21	1.84	7.70	3.41	14.27
3	4-07-0279	玉米	86.0	8.7	3.41	14.27	3.21	13.43	2.64	11.04	3.24	13.56	2.21	9.25	1.69	7.09	1.84	7.70	3.41	14.27
4	4-07-0280	玉米	86.0	8.0	3.42	14.33	3.34	13.98	2.66	11.14	3.22	13.47	2.19	9.16	1.67	7.00	1.83	7.66	3.38	14.14
5	4-07-0272	高粱	86.0	9.0	3.15	13.18	2.97	12.43	2.44	10.20	2.94	12.30	1.86	7.80	1.30	5.44	1.59	6.65	3.12	13.05
6	4-07-0270	小麦	88.0	13.4	3.39	14.18	3.16	13.22	2.54	10.64	3.04	12.72	2.09	8.73	1.55	6.46	1.75	7.32	3.40	14.23
7	4-07-0274	大麦(裸)	87.0	13.0	3.24	13.56	3.03	12.68	2.43	10.17	2.68	11.21	1.99	8.31	1.43	5.99	1.68	7.03	3.21	13.43
8	4-07-0277	大麦(皮)	87.0	11.0	3.02	12.64	2.83	11.84	2.27	9.48	2.70	11.30	1.90	7.95	1.35	5.64	1.62	6.78	3.16	13.22
9	4-07-0281	黑麦	88.0	11.0	3.31	13.85	3.10	12.97	2.50	10.46	2.69	11.25	1.98	8.27	1.42	5.95	1.68	7.03	3.39	14.18
10	4-07-0273	稻谷	86.0	7.8	2.69	11.25	2.54	10.63	1.91	7.99	2.63	11.00	1.80	7.54	1.28	5.33	1.53	6.40	3.02	12.64
11	4-07-0276	糙米	87.0	8.8	3.44	14.39	3.24	13.57	2.68	11.21	3.36	14.06	2.22	9.28	1.71	7.16	1.84	7.70	3.41	14.27
12	4-07-0275	碎米	88.0	10.4	3.60	15.06	3.38	14.14	2.64	11.05	3.40	14.23	2.40	10.05	1.92	8.03	1.97	8.24	3.43	14.35
13	4-07-0479	粟(谷子)	86.5	9.7	3.09	12.93	2.91	12.18	2.32	9.71	2.84	11.88	1.97	8.25	1.43	6.00	1.67	6.99	3.00	12.55
14	4-04-0067	木薯干	87.0	2.5	3.13	13.10	2.97	12.43	2.51	10.50	2.96	12.38	1.67	6.99	1.12	4.70	1.43	5.98	2.99	12.51
15	4-04-0068	甘薯干	87.0	4.0	2.82	11.80	2.68	11.21	2.26	9.46	2.34	9.79	1.85	7.76	1.33	5.57	1.57	6.57	3.27	13.68
16	4-08-0104	次粉	88.0	15.4	3.27	13.68	3.04	12.72	2.27	9.50	3.05	12.76	2.41	10.10	1.92	8.02	1.99	8.32	3.32	13.89
17	4-08-0105	次粉	87.0	13.6	3.21	13.43	2.99	12.51	2.23	9.33	2.99	12.51	2.37	9.92	1.88	7.87	1.95	8.16	3.25	13.60
18	4-08-0069	小麦麸	87.0	15.7	2.24	9.37	2.08	8.70	1.52	6.36	1.36	5.69	1.67	7.01	1.09	4.55	1.46	6.11	2.91	12.18
19	4-08-0070	小麦麸	87.0	14.3	2.23	9.33	2.07	8.66	1.52	6.36	1.35	5.65	1.66	6.95	1.07	4.50	1.45	6.08	2.89	12.10
20	4-08-0041	米糠	87.0	12.8	3.02	12.64	2.82	11.80	2.22	9.29	2.68	11.21	2.05	8.58	1.40	5.85	1.78	7.45	3.29	13.77
21	4-10-0025	米糠饼	88.0	14.7	2.99	12.51	2.78	11.63	2.12	8.87	2.43	10.17	1.72	7.20	1.11	4.65	1.50	6.28	2.85	11.92
22	4-10-0018	米糠粕	87.0	15.1	2.76	11.55	2.57	10.75	1.96	8.20	1.98	8.28	1.45	6.06	0.90	3.75	1.26	5.27	2.39	10.00
23	5-09-0127	大豆	87.0	35.5	3.97	16.61	3.53	14.77	2.72	11.38	3.24	13.56	2.16	9.03	1.42	5.93	1.90	7.95	3.91	16.36
24	5-09-0128	全脂大豆	88.0	35.5	4.24	17.74	3.77	15.77	2.76	11.55	3.48	14.55	2.20	9.19	1.44	6.01	1.94	8.12	3.99	16.99
25	5-10-0241	大豆饼	89.0	41.8	3.44	14.39	3.01	12.59	2.01	8.41	2.52	10.54	2.02	8.44	1.36	5.67	1.75	7.32	3.37	14.10
26	5-10-0103	去皮大豆粕	89.0	47.9	3.60	15.06	3.11	13.01	2.09	8.74	2.53	10.58	2.07	8.68	1.45	6.06	1.78	7.45	3.42	14.31
27	5-10-0102	大豆粕	89.0	44.2	3.37	14.26	2.97	12.43	2.02	8.45	2.39	10.00	2.08	8.71	1.48	6.20	1.78	7.45	3.41	14.27
28	5-10-0118	棉籽饼	88.0	36.3	2.37	9.92	2.10	8.79	1.33	5.56	2.16	9.04	1.79	7.51	1.13	4.72	1.58	6.61	3.16	13.22

续附表 2-2

序号	中国饲料号 CFN	饲料名称 Feed Name	干物质 DM(%)	粗蛋白质 CP(%)	猪消化能 DE		猪代谢能 ME		猪净能 NE		鸡代谢能 AME		肉牛维持净能 NEm		肉牛增重净能 NEg		奶牛产奶净能 NEl		羊消化能 DE	
					Mcal/kg	MJ/kg	Mcal/kg	MJ/kg	Mcal/kg	MJ/kg	Mcal/kg	MJ/kg	Mcal/kg	MJ/kg	Mcal/kg	MJ/kg	Mcal/kg	MJ/kg	Mcal/kg	MJ/kg
29	5-10-0119	棉籽粕	90.0	47.0	2.25	9.41	1.95	8.28	1.37	5.73	1.86	7.78	1.78	7.44	1.13	4.73	1.56	6.53	3.12	13.05
30	5-10-0117	棉籽粕	90.0	43.5	2.31	9.68	2.01	8.43	1.41	5.90	2.03	8.49	1.76	7.35	1.12	4.69	1.54	6.44	2.98	12.47
31	5-10-0220	棉籽蛋白	92.0	51.1	2.45	10.25	2.13	8.91	1.49	6.23	2.16	9.04	1.87	7.82	1.20	5.02	1.82	7.61	3.16	13.22
32	5-10-0183	菜籽饼	88.0	35.7	2.88	12.05	2.56	10.71	1.78	7.45	1.95	8.16	1.59	6.64	0.93	3.90	1.42	5.94	3.14	13.14
33	5-10-0121	菜籽粕	88.0	38.6	2.53	10.59	2.23	9.33	1.47	6.15	1.77	7.41	1.57	6.56	0.95	3.98	1.39	5.82	2.88	12.05
34	5-10-0116	花生仁饼	88.0	44.7	3.08	12.89	2.68	11.21	1.88	7.87	2.78	11.63	2.37	9.91	1.73	7.22	2.02	8.45	3.44	14.39
35	5-10-0115	花生仁粕	88.0	47.8	2.97	12.43	2.56	10.71	1.67	6.99	2.60	10.88	2.10	8.80	1.48	6.20	1.80	7.53	3.24	13.56
36	5-10-0031	向日葵仁饼	88.0	29.0	1.89	7.91	1.70	7.11	1.00	4.18	1.59	6.65	1.43	5.99	0.82	3.41	1.28	5.36	2.10	8.79
37	5-10-0242	向日葵仁粕	88.0	36.5	2.78	11.63	2.46	10.29	1.33	5.56	2.32	9.71	1.75	7.33	1.14	4.76	1.53	6.40	2.54	10.63
38	5-10-0243	向日葵仁粕	88.0	33.6	2.49	10.42	2.22	9.29	1.19	4.98	2.03	8.49	1.58	6.60	0.93	3.90	1.41	5.90	2.04	8.54
39	5-10-0119	亚麻仁饼	88.0	32.2	2.90	12.13	2.60	10.88	1.74	7.28	2.34	9.79	1.90	7.96	1.25	5.23	1.66	6.95	3.20	13.39
40	5-10-0120	亚麻仁粕	88.0	34.8	2.37	9.92	2.11	8.83	1.40	5.86	1.90	7.95	1.78	7.44	1.17	4.89	1.54	6.44	2.99	12.51
41	5-10-0246	芝麻饼	92.0	39.2	3.20	13.39	2.82	11.80	1.89	7.91	2.14	8.95	1.92	8.02	1.23	5.13	1.69	7.07	3.51	14.69
42	5-11-0001	玉米蛋白粉	90.1	63.5	3.60	15.06	3.00	12.55	2.16	9.04	3.88	16.23	2.32	9.71	1.58	6.61	2.02	8.45	4.39	18.37
43	5-11-0002	玉米蛋白粉	88.0	56.3	3.73	15.61	3.19	13.35	2.24	9.37	3.41	14.27	2.14	8.96	1.40	5.85	1.89	7.91	3.56	14.90
44	5-11-0008	玉米蛋白粉	89.9	44.3	3.59	15.02	3.13	13.10	2.15	9.00	3.18	13.31	1.93	8.08	1.26	5.26	1.74	7.28	3.28	13.73
45	5-11-0003	玉米蛋白饲料	88.0	19.3	2.48	10.38	2.28	9.54	1.69	7.07	2.02	8.45	2.00	8.36	1.36	5.69	1.70	7.11	3.20	13.39
46	4-10-0026	玉米胚芽饼	90.0	16.7	3.51	14.69	3.25	13.60	2.21	9.25	2.24	9.37	2.06	8.62	1.40	5.86	1.75	7.32	3.29	13.77
47	4-10-0244	玉米胚芽粕	90.0	20.8	3.28	13.72	3.01	12.59	2.07	8.66	2.07	8.66	1.87	7.83	1.27	5.33	1.60	6.69	3.01	12.60
48	5-11-0007	玉米 DDGS	89.2	27.5	3.43	14.35	3.10	12.97	2.25	9.41	2.20	9.20	1.86	7.78	1.57	6.58	2.14	8.97	3.50	14.64
49	5-11-0009	蚕豆粉浆蛋白粉	88.0	66.3	3.23	13.51	2.69	11.25	1.87	7.82	3.47	14.52	2.16	9.03	1.47	6.16	1.92	8.03	3.61	15.11
50	5-11-0004	麦芽根	89.7	28.3	2.31	9.67	2.09	8.74	1.25	5.23	1.41	5.90	1.60	6.69	1.02	4.29	1.43	5.98	2.73	11.42
51	5-13-0044	鱼粉(CP 67%)	92.4	67.0	3.22	13.47	2.67	11.16	1.93	8.08	3.10	12.97	1.72	7.20	1.10	4.60	2.33	9.75	3.09	12.93
52	5-13-0046	鱼粉(CP 60.2%)	90.0	60.2	3.00	12.55	2.52	10.54	1.80	7.53	2.82	11.80	1.86	7.77	1.19	4.98	1.63	6.82	3.07	12.85
53	5-13-0077	鱼粉(CP 53.5%)	90.0	53.5	3.09	12.93	2.63	11.00	1.85	7.74	2.90	12.13	1.85	7.72	1.21	5.05	1.61	6.74	3.14	13.14
54	5-13-0036	血粉	88.0	82.8	2.73	11.42	2.16	9.04	1.42	5.94	2.46	10.29	1.45	6.08	0.75	3.13	1.34	5.61	2.40	10.04
55	5-13-0037	羽毛粉	88.0	77.9	2.77	11.59	2.22	9.29	1.43	5.98	2.73	11.42	1.46	6.10	0.76	3.19	1.34	5.61	2.54	10.63
56	5-13-0038	皮革粉	88.0	74.7	2.75	11.51	2.23	9.33	1.32	5.52	1.48	6.19	0.67	2.81	0.37	1.55	0.74	3.10	2.64	11.05
57	5-13-0047	肉骨粉	93.0	50.0	2.83	11.84	2.43	10.17	1.61	6.74	2.38	9.96	1.65	6.91	1.08	4.53	1.43	5.98	2.77	11.59

续附表 2-2

序号	中国饲料号 CFN	饲料名称 Feed Name	干物质 DM(%)	粗蛋白质 CP(%)	猪消化能 DE		猪代谢能 ME		猪净能 NE		鸡代谢能 AME		肉牛维持净能 NEm		肉牛增重净能 NEg		奶牛产奶净能 NEl		羊消化能 DE	
					Mcal/kg	MJ/kg	Mcal/kg	MJ/kg	Mcal/kg	MJ/kg	Mcal/kg	MJ/kg	Mcal/kg	MJ/kg	Mcal/kg	MJ/kg	Mcal/kg	MJ/kg	Mcal/kg	MJ/kg
58	5-13-0048	肉粉	94.0	54.0	2.70	11.30	2.30	9.62	1.54	6.44	2.20	9.20	1.66	6.95	1.05	4.39	1.34	5.61	2.52	10.55
59	1-05-0074	苜蓿草粉（CP 19%）	87.0	19.1	1.66	6.95	1.53	6.40	0.81	3.39	0.97	4.06	1.29	5.40	0.73	3.04	1.15	4.81	2.36	9.87
60	1-05-0075	苜蓿草粉（CP 17%）	87.0	17.2	1.46	6.11	1.35	5.65	0.70	2.93	0.87	3.64	1.29	5.38	0.73	3.05	1.14	4.77	2.29	9.58
61	1-05-0076	苜蓿草粉（CP 14%～15%）	87.0	14.3	1.49	6.23	1.39	5.82	0.69	2.89	0.84	3.51	1.11	4.66	0.57	2.40	1.00	4.18	1.87	7.83
62	5-11-0005	啤酒糟	88.0	24.3	2.25	9.41	2.05	8.58	1.24	5.19	2.37	9.92	1.56	6.55	0.93	3.90	1.39	5.82	2.58	10.80
63	7-15-0001	啤酒酵母	91.7	52.4	3.54	14.81	3.02	12.64	1.95	8.16	2.52	10.54	1.90	7.93	1.22	5.10	1.67	6.99	3.21	13.43
64	4-13-0075	乳清粉	91.7	11.5	3.49	14.60	3.42	14.31	2.70	11.29	2.73	11.42	2.05	8.56	1.53	6.39	1.72	7.20	3.43	14.35
65	5-01-0162	酪蛋白	97.2	88.9	4.13	17.28	3.53	14.77	2.09	8.74	4.13	17.28	3.14	13.14	2.36	9.88	2.31	9.67	4.28	17.90
66	5-14-0503	明胶	90.0	88.6	2.80	11.72	2.19	9.16	1.43	5.98	2.36	9.87	1.80	7.53	1.36	5.70	1.56	6.53	3.36	14.06
67	4-06-0076	牛奶乳糖	96.0	3.5	3.37	14.10	3.21	13.43	2.79	11.67	2.69	11.25	2.32	9.72	1.85	7.76	1.91	7.99	3.48	14.56
68	4-06-0077	乳糖	96.0	0.3	3.53	14.77	3.39	14.18	2.93	12.26	2.70	11.30	2.31	9.67	1.84	7.70	2.06	8.62	3.92	16.41
69	4-06-0078	葡萄糖	90.0	0.3	3.36	14.06	3.22	13.47	2.79	11.67	3.08	12.89	2.66	11.13	2.13	8.92	1.76	7.36	3.28	13.73
70	4-06-0079	蔗糖	99.0		3.80	15.90	3.65	15.27	3.15	13.18	3.90	16.32	3.37	14.10	2.69	11.26	2.06	8.62	4.02	16.82
71	4-02-0889	玉米淀粉	99.0	0.3	4.00	16.74	3.84	16.07	3.28	13.72	3.16	13.22	2.73	11.43	2.20	9.12	1.87	7.82	3.50	14.65
72	4-17-0001	牛油	99.0		8.00	33.47	7.68	32.13	7.19	30.08	7.78	32.55	4.76	19.90	3.52	14.73	4.23	17.70	7.62	31.86
73	4-17-0002	猪油	99.0		8.29	34.69	7.96	33.30	7.39	30.92	9.11	38.11	5.60	23.43	4.15	17.37	4.86	20.34	8.51	35.60
74	4-17-0003	家禽脂肪	99.0		8.52	35.65	8.18	34.23	7.55	31.59	9.36	39.16	5.47	22.89	4.10	17.00	4.96	20.76	8.68	36.30
75	4-17-0004	鱼油	99.0		8.44	35.31	8.10	33.89	7.50	31.38	8.45	35.35	9.55	39.92	5.26	21.20	4.64	19.40	8.36	34.95
76	4-17-0005	菜籽油	99.0		8.76	36.65	8.41	35.19	7.72	32.32	9.21	38.53	10.14	42.30	5.68	23.77	5.01	20.97	8.92	37.33
77	4-17-0006	玉米油	99.0		8.75	36.61	8.40	35.15	7.71	32.29	9.66	40.42	10.44	43.64	5.75	24.10	5.26	22.01	9.42	39.42
78	4-17-0007	椰子油	99.0		8.40	35.11	8.06	33.69	7.47	31.27	8.81	36.83	9.78	40.92	5.58	23.35	4.79	20.05	8.63	36.11
79	4-17-0008	棉籽油	99.0		8.60	35.98	8.26	34.43	7.61	31.86	9.05	37.87	10.20	42.68	5.72	23.94	4.92	20.06	8.91	37.25
80	4-17-0009	棕榈油	99.0		8.01	33.51	7.69	32.17	7.20	30.30	5.80	24.27	6.56	27.45	3.94	16.50	3.16	13.23	5.76	24.10
81	4-17-0010	花生油	99.0		8.73	36.53	8.38	35.06	7.70	32.24	9.36	39.16	10.50	43.89	5.57	23.31	5.09	21.30	9.17	38.33
82	4-17-0011	芝麻油	99.0		8.75	36.61	8.40	35.15	7.72	32.30	8.48	35.48	9.60	40.14	5.20	21.76	4.61	19.29	8.35	34.91
83	4-17-0012	大豆油	99.0		8.75	36.61	8.40	35.15	7.72	32.23	8.37	35.02	9.38	39.21	5.44	22.76	4.55	19.04	8.29	34.69
84	4-17-0013	葵花油	99.0		8.76	36.65	8.41	35.19	7.73	32.32	9.66	40.42	10.44	43.64	5.43	22.72	5.26	22.01	9.47	39.63

附表 2-3 饲料中氨基酸含量

序号	中国饲料号 CFN	饲料名称 Feed Name	干物质 DM(%)	粗蛋白质 CP(%)	精氨酸 Arg(%)	组氨酸 His(%)	异亮氨酸 Ile(%)	亮氨酸 Leu(%)	赖氨酸 Lys(%)	蛋氨酸 Met(%)	胱氨酸 Cys(%)	苯丙氨酸 Phe(%)	酪氨酸 Tyr(%)	苏氨酸 Thr(%)	色氨酸 Trp(%)	缬氨酸 Val(%)
1	4-07-0278	玉米 corn grain	86.0	9.4	0.38	0.23	0.26	1.03	0.26	0.19	0.22	0.43	0.34	0.31	0.08	0.40
2	4-07-0288	玉米 corn grain	86.0	8.5	0.50	0.29	0.27	0.74	0.36	0.15	0.18	0.37	0.28	0.30	0.08	0.46
3	4-07-0279	玉米 corn grain	86.0	8.7	0.39	0.21	0.25	0.93	0.24	0.18	0.20	0.41	0.33	0.30	0.07	0.38
4	4-07-0280	玉米 corn grain	86.0	8.0	0.37	0.23	0.27	0.96	0.24	0.17	0.17	0.37	0.31	0.29	0.06	0.35
5	4-07-0272	高粱 sorghum grain	88.0	8.7	0.33	0.20	0.34	1.08	0.21	0.15	0.15	0.41		0.28	0.09	0.42
6	4-07-0270	小麦 wheat grain	88.0	13.4	0.62	0.30	0.46	0.89	0.35	0.21	0.30	0.61	0.37	0.38	0.15	0.56
7	4-07-0274	大麦(裸)naked barley grain	87.0	13.0	0.64	0.16	0.43	0.87	0.44	0.14	0.25	0.68	0.40	0.43	0.16	0.63
8	4-07-0277	大麦(皮)barley grain	87.0	11.0	0.65	0.24	0.52	0.91	0.42	0.18	0.18	0.59	0.35	0.41	0.12	0.64
9	4-07-0281	黑麦 rye	88.0	9.5	0.48	0.22	0.30	0.58	0.35	0.15	0.21	0.42	0.26	0.31	0.10	0.43
10	4-07-0273	稻谷 paddy	86.0	7.8	0.57	0.15	0.32	0.58	0.29	0.19	0.16	0.40	0.37	0.25	0.10	0.47
11	4-07-0276	糙米 rough rice	87.0	8.8	0.65	0.17	0.30	0.61	0.32	0.20	0.14	0.35	0.31	0.28	0.12	0.49
12	4-07-0275	碎米 broken rice	88.0	10.4	0.78	0.27	0.39	0.74	0.42	0.22	0.17	0.49	0.39	0.38	0.12	0.57
13	4-07-0479	粟(谷子)millet grain	86.5	9.7	0.30	0.20	0.36	1.15	0.15	0.25	0.20	0.49	0.26	0.35	0.17	0.42
14	4-04-0067	木薯干 cassava tuber flake	87.0	2.5	0.40	0.05	0.11	0.15	0.13	0.05	0.04	0.10	0.04	0.10	0.03	0.13
15	4-04-0068	甘薯干 sweet potato tuber flake	87.0	4.0	0.16	0.08	0.17	0.26	0.16	0.06	0.08	0.19	0.13	0.18	0.05	0.27
16	4-08-0104	次粉 wheat middling and reddog	88.0	15.4	0.86	0.41	0.55	1.06	0.59	0.23	0.37	0.66	0.46	0.50	0.21	0.72
17	4-08-0105	次粉 wheat middling and reddog	87.0	13.6	0.85	0.33	0.48	0.98	0.52	0.16	0.33	0.63	0.45	0.50	0.18	0.68
18	4-08-0069	小麦麸 wheat bran	87.0	15.7	1.00	0.41	0.51	0.96	0.63	0.23	0.32	0.62	0.43	0.50	0.25	0.71
19	4-08-0070	小麦麸 wheat bran	87.0	14.3	0.88	0.37	0.46	0.88	0.56	0.22	0.31	0.57	0.34	0.45	0.18	0.65
20	4-08-0041	米糠 rice bran	87.0	14.5	1.20	0.44	0.71	1.13	0.84	0.28	0.21	0.71	0.56	0.54	0.16	0.91
21	4-10-0025	米糠饼 rice bran meal(exp.)	88.0	15.0	1.19	0.43	0.72	1.06	0.66	0.26	0.30	0.76	0.51	0.53	0.15	0.99
22	4-10-0018	米糠粕 rice bran meal(sol.)	87.0	15.1	1.28	0.46	0.78	1.30	0.72	0.28	0.32	0.82	0.55	0.57	0.17	1.07
23	5-09-0127	大豆 soybeans	87.0	35.5	2.57	0.59	1.28	2.72	2.20	0.56	0.70	1.42	0.64	1.41	0.45	1.50
24	5-09-0128	全脂大豆 full-fat soybeans	88.0	35.5	2.62	0.95	1.63	2.64	2.20	0.53	0.57	1.77	1.25	1.43	0.45	1.69
25	5-10-0241	大豆饼 soybean meal(exp.)	89.0	41.8	2.53	1.10	1.57	2.75	2.43	0.60	0.62	1.79	1.53	1.44	0.64	1.70
26	5-10-0103	去皮大豆粕 soybean meal(sol.)	89.0	47.9	3.43	1.22	2.10	3.57	2.99	0.68	0.73	2.33	1.57	1.85	0.65	2.26
27	5-10-0102	大豆粕 soybean meal(sol.)	89.0	44.2	3.38	1.17	1.99	3.35	2.68	0.59	0.65	2.21	1.47	1.71	0.57	2.09
28	5-10-0118	棉籽饼 cottonseed meal(exp.)	88.0	36.3	3.94	0.90	1.16	2.07	1.40	0.41	0.70	1.88	0.95	1.14	0.39	1.51
29	5-10-0119	棉籽粕 cottonseed meal(sol.)	88.0	47.0	5.44	1.28	1.41	2.60	2.13	0.65	0.75	2.47	1.46	1.43	0.57	1.98
30	5-10-0117	棉籽粕 cottonseed meal(sol.)	90.0	43.5	4.65	1.19	1.29	2.47	1.97	0.58	0.68	2.28	1.05	1.25	0.51	1.91
31	5-10-0220	棉籽蛋白 cottonseed protein	92.0	51.1	6.08	1.58	1.72	3.13	2.26	0.86	1.04	2.94	1.42	1.60		2.48
32	5-10-0183	菜籽饼 rapeseed meal(exp.)	88.0	35.7	1.82	0.83	1.24	2.26	1.33	0.60	0.82	1.35	0.92	1.40	0.42	1.62
33	5-10-0121	菜籽粕 rapeseed meal(sol.)	88.0	38.6	1.83	0.86	1.29	2.34	1.30	0.63	0.87	1.45	0.97	1.49	0.43	1.74

续附表 2-3

序号	中国饲料号 CFN	饲料名称 Feed Name	干物质 DM(%)	粗蛋白质 CP(%)	精氨酸 Arg(%)	组氨酸 His(%)	异亮氨酸 Ile(%)	亮氨酸 Leu(%)	赖氨酸 Lys(%)	蛋氨酸 Met(%)	胱氨酸 Cys(%)	苯丙氨酸 Phe(%)	酪氨酸 Tyr(%)	苏氨酸 Thr(%)	色氨酸 Trp(%)	缬氨酸 Val(%)
34	5-10-0116	花生仁饼 peanut meal(exp.)	88.0	44.7	4.60	0.83	1.18	2.36	1.32	0.39	0.38	1.81	1.31	1.05	0.42	1.28
35	5-10-0115	花生仁粕 peanut meal(sol.)	88.0	47.8	4.88	0.88	1.25	2.50	1.40	0.41	0.40	1.92	1.39	1.11	0.45	1.36
36	5-10-0031	向日葵仁饼 sunflower meal(exp.)	88.0	29.0	2.44	0.62	1.19	1.76	0.96	0.59	0.43	1.21	0.77	0.98	0.28	1.35
37	5-10-0242	向日葵仁粕 sunflower meal(sol.)	88.0	36.5	3.17	0.81	1.51	2.25	1.22	0.72	0.62	1.56	0.99	1.25	0.47	1.72
38	5-10-0243	向日葵仁粕 sunflower meal(sol.)	88.0	33.6	2.89	0.74	1.39	2.07	1.13	0.69	0.50	1.43	0.91	1.14	0.37	1.58
39	5-10-0119	亚麻仁饼 linseed meal(exp.)	88.0	32.2	2.35	0.51	1.15	1.62	0.73	0.46	0.48	1.32	0.50	1.00	0.48	1.44
40	5-10-0120	亚麻仁粕 linseed meal(sol.)	88.0	34.8	3.59	0.64	1.33	1.85	1.16	0.55	0.55	1.51	0.93	1.10	0.70	1.51
41	5-10-0246	芝麻饼 sesame meal(exp.)	92.0	39.2	2.38	0.81	1.42	2.52	0.82	0.82	0.75	1.68	1.02	1.29	0.49	1.84
42	5-11-0001	玉米蛋白粉 corn gluten meal	90.1	63.5	2.01	1.23	2.92	10.50	1.10	1.60	0.99	3.94	3.19	2.11	0.36	2.94
43	5-11-0002	玉米蛋白粉 corn gluten meal	88.0	56.3	1.73	1.17	2.21	8.91	0.92	1.38	1.00	3.38	3.04	1.88	0.28	2.58
44	5-11-0008	玉米蛋白粉 corn gluten meal	89.9	44.3	1.31	0.78	1.63	7.08	0.71	1.04	0.65	2.61	2.03	1.38	-	1.84
45	5-11-0003	玉米蛋白饲料 corn gluten feed	88.0	18.3	0.74	0.54	0.54	1.57	0.55	0.30	0.39	0.62	0.50	0.66	0.08	0.87
46	4-10-0026	玉米胚芽饼 corn germ meal(exp.)	90.0	16.7	1.16	0.45	0.53	1.25	0.70	0.31	0.47	0.64	0.54	0.64	0.16	0.91
47	4-10-0244	玉米胚芽粕 corn germ meal(sol.)	90.0	20.8	1.51	0.62	0.77	1.54	0.75	0.21	0.28	0.93	0.66	0.68	0.18	1.66
48	5-11-0007	玉米 DDGS	89.2	27.5	1.12	0.75	0.97	3.13	0.71	0.57	0.54	1.28	1.09	0.99	0.20	1.32
49	5-11-0009	蚕豆粉浆蛋白粉 broad bean gluten meal	88.0	66.3	5.96	1.66	2.90	5.88	4.44	0.60	0.57	3.34	2.21	2.31	-	3.20
50	5-11-0004	麦芽根 barley malt sprouts	89.7	28.3	1.22	0.54	1.08	1.58	1.30	0.37	0.26	0.85	0.67	0.96	0.42	1.44
51	5-13-0044	鱼粉(CP 67%)fish meal	92.4	67.0	3.93	2.01	2.61	4.94	4.97	1.86	0.60	2.61	1.97	2.74	0.77	3.11
52	5-13-0046	鱼粉(CP 60.2%)fish meal	90.0	60.2	3.57	1.71	2.68	4.80	4.72	1.64	0.52	2.35	1.96	2.57	0.70	3.17
53	5-13-0077	鱼粉(CP 53.5%)fish meal	90.0	53.5	3.24	1.29	2.30	4.30	3.87	1.39	0.49	2.22	1.70	2.51	0.60	2.77
54	5-13-0036	血粉 blood meal	88.0	82.8	2.99	4.40	0.75	8.38	6.67	0.74	0.98	5.23	2.55	2.86	1.11	6.08
55	5-13-0037	羽毛粉 feather meal	88.0	77.9	5.30	0.58	4.21	6.78	1.65	0.59	2.93	3.57	1.79	3.51	0.40	6.05
56	5-13-0038	皮革粉 leather meal	88.0	74.7	4.45	0.40	1.06	2.53	2.18	0.80	0.16	1.56	0.63	0.71	0.50	1.91
57	5-13-0047	肉骨粉 meat and bone meal	93.0	50.0	3.35	0.96	1.70	3.20	2.60	0.67	0.33	1.70	1.26	1.63	0.26	2.25
58	5-13-0048	肉粉 meat meal	94.0	54.0	3.60	1.14	1.60	3.84	3.07	0.80	0.60	2.17	1.40	1.97	0.35	2.66
59	1-05-0074	苜蓿草粉(CP 19%) alfalfa meal	87.0	19.1	0.78	0.39	0.68	1.20	0.82	0.21	0.22	0.82	0.58	0.74	0.43	0.91
60	1-05-0075	苜蓿草粉(CP 17%) alfalfa meal	87.0	17.2	0.74	0.32	0.66	1.10	0.81	0.20	0.16	0.81	0.54	0.69	0.37	0.85
61	1-05-0076	苜蓿草粉(CP 14%～15%) alfalfa meal	87.0	14.3	0.61	0.19	0.58	1.00	0.60	0.18	0.15	0.59	0.38	0.45	0.24	0.58
62	5-11-0005	啤酒糟 brewers dried grain	88.0	24.3	0.98	0.51	1.18	1.08	0.72	0.52	0.35	2.35	1.17	0.81	0.28	1.66
63	7-15-0001	啤酒酵母 brewers dried yeast	91.7	52.4	2.67	1.11	2.85	4.76	3.38	0.83	0.50	4.07	0.12	2.33	0.21	3.40
64	4-13-0075	乳清粉 whey, dehydrated	97.2	11.5	0.26	0.21	0.64	1.11	0.88	0.17	0.26	0.35	0.27	0.71	0.20	0.61
65	5-01-0162	酪蛋白 casein	91.7	88.9	3.13	2.57	4.49	8.24	6.87	2.52	0.45	4.49	4.87	3.77	1.33	5.81
66	5-14-0503	明胶 gelatin	90.0	88.6	6.60	0.66	1.42	2.91	3.62	0.76	0.12	1.74	0.43	1.82	0.05	2.26
67	4-06-0076	牛奶乳糖 milk lactose	96.0	3.5	0.25	0.09	0.09	0.16	0.14	0.03	0.04	0.09	0.02	0.09	0.09	0.09

附表 2-4 矿物质及维生素含量

序号	中国饲料号 CFN	饲料名称 Feed Name	钠 Na (%)	氯 Cl (%)	镁 Mg (%)	钾 K (%)	铁 Fe (mg/kg)	铜 Cu (mg/kg)	锰 Mn (mg/kg)	锌 Zn (mg/kg)	硒 Se (mg/kg)	胡萝卜素 (mg/kg)	维生素 E (mg/kg)	维生素 B_1 (mg/kg)	维生素 B_2 (mg/kg)	泛酸 (mg/kg)	烟酸 (mg/kg)	生物素 (mg/kg)	叶酸 (mg/kg)	胆碱 (mg/kg)	维生素 B_6 (mg/kg)	维生素 B_{12} (μg/kg)	亚油酸 (%)
1	4-07-0278	玉米 corn grain	0.01	0.04	0.11	0.29	36	3.4	5.8	21.1	0.04	2.0	22.0	3.5	1.1	5.0	24.0	0.06	0.15	620	10.00		2.20
2	4-07-0272	高粱 sorghum grain	0.03	0.09	0.15	0.34	87	7.6	17.1	20.1	0.05		7.0	3.0	1.3	12.4	41.0	0.26	0.20	668	5.20		1.13
3	4-07-0270	小麦 wheat grain	0.06	0.07	0.11	0.50	88	7.9	45.9	29.7	0.05	0.4	13.0	4.6	1.3	11.9	51.0	0.11	0.36	1 040	3.70		0.59
4	4-07-0274	大麦(裸)naked barley grain	0.04		0.11	0.60	100	7.0	18.0	30.0	0.16		48.0	4.1	1.4		87.0				19.30		
5	4-07-0277	大麦(皮)barley grain	0.02	0.15	0.14	0.56	87	5.6	17.5	23.6	0.06	4.1	20.0	4.5	1.8	8.0	55.0	0.15	0.07	990	4.00		0.83
6	4-07-0281	黑麦 rye	0.02	0.04	0.12	0.42	117	7.0	53.0	35.0	0.40		15.0	3.6	1.5	8.0	16.0	0.06	0.60	440	2.60		0.76
7	4-07-0273	稻谷 paddy	0.04	0.07	0.07	0.34	40	3.5	20.0	8.0	0.04		16.0	3.1	1.2	3.7	34.0	0.08	0.45	900	28.00		0.28
8	4-07-0276	糙米 rough rice	0.04	0.06	0.14	0.34	78	3.3	21.0	10.0	0.07		13.5	2.8	1.1	11.0	30.0	0.08	0.40	1 014	0.04		
9	4-07-0275	碎米 broken rice	0.07	0.08	0.11	0.13	62	8.8	47.5	36.4	0.06		14.0	1.4	0.7	8.0	30.0	0.08	0.20	800	28.00		
10	4-07-0479	粟(谷子)millet grain	0.04	0.14	0.16	0.43	270	24.5	22.5	15.9	0.08	1.2	36.3	6.6	1.6	7.4	53.0		15.00	790			0.84
11	4-04-0067	木薯干 cassava tuber flake	0.03		0.11	0.78	150	4.2	6.0	14.0	0.04			1.7	0.8	1.0	3.0				1.00		0.10
12	4-04-0068	甘薯干 sweet potato tuber flake	0.16		0.08	0.36	107	6.1	10.0	9.0	0.07												
13	4-08-0104	次粉 wheat middling and reddog	0.60	0.04	0.41	0.60	140	11.6	94.2	73.0	0.07	3.0	20.0	16.5	1.8	15.6	72.0	0.33	0.76	1 187	9.00		1.74
14	4-08-0105	次粉 wheat middling and reddog	0.60	0.04	0.41	0.60	140	11.6	94.2	73.0	0.07	3.0	20.0	16.5	1.8	15.6	72.0	0.33	0.76	1 187	9.00		1.74
15	4-08-0069	小麦麸 wheat bran	0.07	0.07	0.52	1.19	170	13.8	104.3	96.5	0.07	1.0	14.0	8.0	4.6	31.0		0.36	0.63	980	7.00		1.70
16	4-08-0070	小麦麸 wheat bran	0.07	0.07	0.47	1.19	157	16.5	80.6	104.7	0.05	1.0	14.0	8.0	4.6	31.0	186.0	0.36	0.63	980	7.00		1.70
17	4-08-0041	米糠 rice bran	0.07	0.07	0.90	1.73	304	7.1	175.9	50.3	0.09		60.0	22.5	2.5	23.0	293.0	0.42	2.20	1 135	14.00		3.57
18	4-10-0025	米糠饼 rice bran meal (exp.)	0.08		1.26	1.80	400	8.7	211.6	56.4	0.09		11.0	24.0	2.9	94.9	689.0	0.70	0.88	1 700	54.00	40.00	
19	4-10-0018	米糠粕 rice bran meal (sol.)	0.09	0.10		1.80	432	9.4	228.4	60.9	0.10												
20	5-09-0127	大豆 soybeans	0.02	0.03	0.28	1.70	111	18.1	21.5	40.7	0.06		40.0	12.3	2.9	17.4	24.0	0.42	2.00	3 200	12.00	0.00	8.00
21	5-09-0128	全脂大豆 full-fat soybeans	0.02	0.03	0.28	1.70	111	18.1	21.5	40.7	0.06		40.0	12.3	2.9	17.4	24.0	0.42	4.00	3 200	12.00	0.00	8.00
22	5-10-0241	大豆饼 soybean meal (exp.)	0.02	0.02	0.25	1.77	187	19.8	32.0	43.4	0.04		6.6	1.7	4.4	13.8	37.0	0.32	0.45	2 673	10.00	0.00	
23	5-10-0103	去皮大豆粕 soybean meal(sol.)	0.03	0.05	0.28	2.05	185	24.0	38.2	46.4	0.10	0.2	3.1	4.6	3.0	16.4	30.7	0.33	0.81	2 858	6.10	0.00	0.51

续附表 2-4

序号	中国饲料号 CFN	饲料名称 Feed Name	钠 Na (%)	氯 Cl (%)	镁 Mg (%)	钾 K (%)	铁 Fe (mg/kg)	铜 Cu (mg/kg)	锰 Mn (mg/kg)	锌 Zn (mg/kg)	硒 Se (mg/kg)	胡萝卜素 (mg/kg)	维生素 E (mg/kg)	维生素 B_1 (mg/kg)	维生素 B_2 (mg/kg)	泛酸 (mg/kg)	烟酸 (mg/kg)	生物素 (mg/kg)	叶酸 (mg/kg)	胆碱 (mg/kg)	维生素 B_6 (mg/kg)	维生素 B_{12} (μg/kg)	亚油酸 (%)
24	5-10-0102	大豆粕 soybean meal (sol.)	0.03	0.05	0.28	1.72	185	24.0	28.0	46.4	0.06	0.2	3.1	4.6	3.0	16.4	30.7	0.33	0.81	2 858	6.10	0.00	0.51
25	5-10-0118	棉籽饼 cottonseed meal (exp.)	0.04	0.14	0.52	1.20	266	11.6	17.8	44.9	0.11	0.2	16.0	6.4	5.1	10.0	38.0	0.53	1.65	2 753	5.30	0.00	2.47
26	5-10-0119	棉籽粕 cottonseed meal (sol.)	0.04	0.04	0.40	1.16	263	14.0	18.7	55.5	0.15	0.2	15.0	7.0	5.5	12.0	40.0	0.30	2.51	2 933	5.10	0.00	1.51
27	5-10-0117	棉籽粕 cottonseed meal (sol.)	0.04	0.04	0.40	1.16	263	14.0	18.7	55.5	0.15	0.2	15.0	7.0	5.5	12.0	40.0	0.30	2.51	2 933	5.10	0.00	1.51
28	5-10-0183	菜籽饼 rapeseed meal (exp.)	0.02			1.34	687	7.2	78.1	59.2	0.29												
29	5-10-0121	菜籽粕 rapeseed meal (sol.)	0.09	0.11	0.51	1.40	653	7.1	82.2	67.5	0.16		54.0	5.2	3.7	9.5	160.0	0.98	0.95	6 700	7.20	0.00	0.42
30	5-10-0116	花生仁饼 peanut meal (exp.)	0.04	0.03	0.33	1.14	347	23.7	36.7	52.5	0.06		3.0	7.1	5.2	47.0	166.0	0.33	0.40	1 655	10.00	0.00	1.43
31	5-10-0115	花生仁粕 peanut meal (sol.)	0.07	0.03	0.31	1.23	368	25.1	38.9	55.7	0.06		3.0	5.7	11.0	53.0	173.0	0.39	0.39	1 854	10.00	0.00	0.24
32	1-10-0031	向日葵仁饼 sunflower meal(exp.)	0.02	0.01	0.75	1.17	424	45.6	41.5	62.1	0.09		0.9		18.0	4.0	86.0	1.40	0.40	800			
33	5-10-0242	向日葵仁粕 sunflower meal(sol.)	0.20	0.01	0.75	1.00	226	32.8	34.5	82.7	0.06		0.7	4.6	2.3	39.0	22.0	1.70	1.60	3 260	17.20		
34	5-10-0243	向日葵仁粕 sunflower meal(sol.)	0.20	0.10	0.68	1.23	310	35.0	35.0	80.0	0.08			3.0	3.0	29.9	14.0	1.40	1.14	3 100	11.10		0.98
35	5-10-0119	亚麻仁饼 linseed meal (exp.)	0.09	0.04	0.58	1.25	204	27.0	40.3	36.0	0.18		7.7	2.6	4.1	16.5	37.4	0.36	2.90	1 672	6.10		1.07
36	5-10-0120	亚麻仁粕 linseed meal (sol.)	0.14	0.05	0.56	1.38	219	25.5	43.3	38.7	0.18	0.2	5.8	7.5	3.2	14.7	33.0	0.41	0.34	1 512	6.00	200.00	0.36
37	5-10-0246	芝麻饼 sesame meal (exp.)	0.04	0.05	0.50	1.39	1 780	50.4	32.0	2.4	0.21	0.2	0.3	2.8	3.6	6.0	30.0	2.40	—	1 536	12.50	0.00	1.90
38	5-11-0001	玉米蛋白粉 corn gluten meal	0.01	0.05	0.08	0.30	230	1.9	5.9	19.2	0.02	44.0	25.5	0.3	2.2	3.0	55.0	0.15	0.20	330	6.90	50.00	1.17
39	5-11-0002	玉米蛋白粉 corn gluten meal	0.02			0.35	332	10.0	78.0	49.0													
40	5-11-0008	玉米蛋白粉 corn gluten meal	0.02	0.08	0.05	0.40	400	28.0	7.0		1.00	16.0	19.9	0.2	1.5	9.6	54.5	0.15	0.22	330			
41	5-11-0003	玉米蛋白饲料 corn gluten feed	0.12	0.22	0.42	1.30	282	10.7	77.1	59.2	0.23	8.0	14.8	2.0	2.4	17.8	75.5	0.22	0.28	1 700	13.00	250.00	1.43
42	4-10-0026	玉米胚芽饼 corn germ meal(exp.)	0.01	0.12	0.10	0.30	99	12.8	19.0	108.1		2.0	87.0		3.7	3.3	42.0			1 936			1.47

续附表 2-4

序号	中国饲料号 CFN	饲料名称 Feed Name	钠 Na (%)	氯 Cl (%)	镁 Mg (%)	钾 K (%)	铁 Fe (mg/kg)	铜 Cu (mg/kg)	锰 Mn (mg/kg)	锌 Zn (mg/kg)	硒 Se (mg/kg)	胡萝卜素 (mg/kg)	维生素 E (mg/kg)	维生素 B_1 (mg/kg)	维生素 B_2 (mg/kg)	泛酸 (mg/kg)	烟酸 (mg/kg)	生物素 (mg/kg)	叶酸 (mg/kg)	胆碱 (mg/kg)	维生素 B_6 (mg/kg)	维生素 B_{12} (μg/kg)	亚油酸 (%)
43	4-10-0244	玉米胚芽粕 corn germ meal	0.01		0.16	0.69	214	7.7	23.3	126.6	0.33	2.0	80.8	1.1	4.0	4.4	37.7	0.22	0.20	2 000			1.47
44	5-11-0007	DDGS distiller dried grainswith solubles	0.24	0.17	0.91	0.28	98	5.4	15.2	52.3		3.5	40.0	3.5	8.6	11.0	75.0	0.30	0.88	2 637	2.28	10.00	2.15
45	5-11-0009	蚕豆粉浆蛋白粉 broad bean gluten meal	0.01			0.06		22.0	16.0														
46	5-11-0004	麦芽根 barley malt sprouts	0.06	0.59	0.16	2.18	198	5.3	67.8	42.4	0.60		4.2	0.7	1.5	8.6	43.3		0.20	1 548			0.46
47	5-13-0044	鱼粉(CP 67%)fish meal	1.04	0.71	0.23	0.74	337	8.4	11.0	102.0	2.70		5.0	2.8	5.8	9.3	82.0	1.30	0.90	5 600	2.30	210.00	0.20
48	5-13-0046	鱼粉(CP 60.2%)fish meal	0.97	0.61	0.16	1.10	80	8.0	10.0	80.0	1.50		7.0	0.5	4.9	9.0	55.0	0.20	0.30	3 056	4.00	104.00	0.12
49	5-13-0077	鱼粉(CP 53.5%)fish meal	1.15	0.61	0.16	0.94	292	8.0	9.7	88.0	1.94		5.6	0.4	8.8	8.8	65.0			3 000		143.00	
50	5-13-0036	血粉 blood meal	0.31	0.27	0.16	0.90	2 100	8.0	2.3	14.0	0.70		1.0	0.4	1.6	1.2	23.0	0.09	0.11	800	4.40	50.00	0.10
51	5-13-0037	羽毛粉 feather meal	0.31	0.26	0.20	0.18	73	6.8	8.8	53.8	0.80		7.3	0.1	2.0	10.0	27.0	0.04	0.20	880	3.00	71.00	0.83
52	5-13-0038	皮革粉 leather meal					131	11.1	25.2	89.8													
53	5-13-0047	肉骨粉 meat and bone meal	0.73	0.75	1.13	1.40	500	1.5	12.3	90.0	0.25		0.8	0.2	5.2	4.4	59.4	0.14	0.60	2 000	4.60	100.00	0.72
54	5-13-0048	肉粉 meat meal	0.80	0.97	0.35	0.57	440	10.0	10.0	94.0	0.37		1.2	0.6	4.7	5.0	57.0	0.08	0.50	2 077	2.40	80.00	0.80
55	1-05-0074	苜蓿草粉(CP 19%) alfalfa meal	0.09	0.38	0.30	2.08	372	9.1	30.7	17.1	0.46	94.6	144.0	5.8	15.5	34.0	40.0	0.35	4.36	1 419	8.00		0.44
56	1-05-0075	苜蓿草粉(CP 17%) alfalfa meal	0.17	0.46	0.36	2.40	361	9.7	30.7	21.0	0.46	94.6	125.0	3.4	13.6	29.0	38.0	0.30	4.20	1 401	6.50		0.35
57	1-05-0076	苜蓿草粉(CP 14%～15%)alfalfa meal	0.11	0.46	0.36	2.22	437	9.1	33.2	22.6	0.48	63.0	98.0	3.0	10.6	20.8	41.8	0.25	1.54	1 548			
58	5-11-0005	啤酒糟 brewers dried grain	0.25	0.12	0.19	0.08	274	20.1	35.6	104.0	0.41	0.2	27.0	0.6	1.5	8.6	43.0	0.24	0.24	1 723	0.70		2.94
59	7-15-0001	啤酒酵母 brewers dried yeast	0.10	0.12	0.23	1.70	248	61.0	22.3	86.7	1.00		2.2	91.8	37.0	109.0	448.0	0.63	9.90	3 984	42.80	999.90	0.04
60	4-13-0075	乳清粉 whey, dehydrated	0.94	1.40	0.13	1.96	57	6.6	3.0	9.9	0.12		0.3	4.0	4.1	47.0	10.0	0.27	0.85	1 820	4.00	23.00	0.01
61	5-01-0162	酪蛋白 casein	0.01	0.04	0.01	0.01	14	4.0	4.0	30.0	0.16			0.4	1.5	2.7	1.0	0.04	0.51	205	0.40		
62	5-14-0503	明胶 gelatin			0.05																		
63	4-06-0076	牛奶乳糖 milk lactose			0.15	2.40																	

参考文献

[1] 王建华，冯定远．饲料卫生学．西安：西安地图出版社，2000．
[2] 于炎湖．饲料毒物学附毒物分析．北京：农业出版社，1992．
[3] 冯定远．生物技术在饲料工业中的应用．广州：广东科技出版社，2001．
[4] 卢德勋．2000 动物营养研究进展．北京：中国农业出版社，2001．
[5] 刘德芳．配合饲料学．北京：北京农业大学出版社，1993．
[6] 农业部畜牧兽医局．饲料工业标准汇编 2002．北京：中国标准出版社，2002．
[7] 张子仪．中国饲料学．北京：中国农业出版社，2000．
[8] 李德发．中国饲料大全．北京：中国农业出版社，2001．
[9] 李德发，范石军．饲料工业手册．北京：中国农业大学出版社，2002．
[10] 李德发．动物营养与饲料加工技术．北京：中国农业大学出版社，2000．
[11] 杨凤．动物营养学．北京：农业出版社，1993．
[12] 杨胜．饲料分析及饲料质量检测技术．北京：北京农业大学出版社，1993．
[13] 胡坚．动物饲养学．长春：吉林科学技术出版社，1990．
[14] 洪平．饲料原料要览．北京：海洋出版社，1996．
[15] 姜懋武，孙秉忠．配合饲料原料实用手册．沈阳：辽宁科学技术出版社，2000．
[16] 郭仁东，冯定远．饲料安全管理与研究应用．广州：广东科技出版社，2002．
[17] 韩友文．饲料与饲养学．北京：中国农业出版社，1997．
[18] 彭国华．家畜饲养学．南宁：广西科学技术出版社，1992．
[19] 饶应昌．饲料加工工艺与设备．北京：中国农业出版社，1996．